全国环境影响评价工程师职业资格考试系列参考资料

环境影响评价技术导则与标准基础过关800题

（2018年版）

徐　颂　主编

中国环境出版社·北京

图书在版编目（CIP）数据

环境影响评价技术导则与标准基础过关800题：2018年版/徐颂主编. —11版. —北京：中国环境出版社，2018.2

全国环境影响评价工程师职业资格考试系列参考资料

ISBN 978-7-5111-3515-5

Ⅰ. ①环… Ⅱ. ①徐… Ⅲ. ①环境影响—评价—资格考试—习题集 Ⅳ. ①X820.3-44

中国版本图书馆CIP数据核字（2018）第022728号

出 版 人 武德凯
责任编辑 黄晓燕
文字编辑 陈雪云 侯华华
责任校对 任 丽
封面制作 宋 瑞

更多信息，请关注
中国环境出版社
第一分社

出版发行 中国环境出版社
（100062 北京市东城区广渠门内大街16号）
网 址：http://www.cesp.com.cn
电子邮箱：bjgl@cesp.com.cn
联系电话：010-67112765（编辑管理部）
联系电话：010-67112735（第一分社）
发行热线：010-67125803，010-67113405（传真）

印 刷 北京市联华印刷厂
经 销 各地新华书店
版 次 2007年1月第1版 2018年2月第11版
印 次 2018年2月第1次印刷
开 本 787×960 1/16
印 张 16.5
字 数 300千字
定 价 45.00元

本书编委会

前 言

环境影响评价是我国环境管理制度之一，是从源头上预防环境污染的主要手段。环境影响评价工程师职业资格考试制度是提高环境影响评价水平的一种有效举措，它的实施将有助于整体提高我国环境影响评价从业人员的专业素质。环境影响评价工程师职业资格考试于2005年开始实施，考试的科目设《环境影响评价相关法律法规》《环境影响评价技术导则与标准》《环境影响评价技术方法》《环境影响评价案例分析》，其中前三个科目的考试全部采用客观题（单项选择题和不定项选择题）。

为帮助广大考生省时高效地复习应考，我们在总结十一年考试试题的基础上，精心编写了这套参考书。编写本书的原则就是强调实战，急考生所急，有的放矢，在短时间内快速提高考生的应考能力。因为在复习过程中，做练习是检验复习效果的有效方法，是提高考试成绩的理想途径。

本丛书严格按2018年考试大纲的要求，以最新的法律、法规、各种技术导则、标准和方法为依据，按考试大纲逐条逐项编制而成。全部试题完全按照考试形式和考试要求编写，题目涵盖了大纲所有的考点，知识点突出、覆盖面广，出题角度新颖，仿真性强，部分练习在答案中附有详细解析，方便考生使用。

本书可作为环境影响评价工程师考试的辅导材料，并可供高等院校环境科学、环境工程等相关专业教学时参考。

本书在编写过程中，参阅了大量国内外相关文献和书籍，在此一并感谢。同时感谢中国环境出版社黄晓燕编辑为本书付出的劳动。

尽管我们付出了艰辛的劳动，精心编写，但由于水平有限，本书可能存在疏漏，不足之处在所难免，敬请同行和读者批评指正。编者联系方式：xuson@yeah.net。

编　者

2018年2月

目　录

第一章　环境标准管理办法

一、单项选择题（每题的备选项中，只有一个最符合题意）

1．按我国环境标准体系构成的分类，环境标准可分为（　　）。

A．地方与行业　　　　　　　　B．海洋与陆域

C．国家级与地方级　　　　　　D．国家、省（市）、区县级

2．下列关于不同环境功能区执行的环境质量标准等级或类别的表述，正确的是（　　）。

A．一类环境空气质量功能区执行大气二级质量标准

B．三类环境空气质量功能区执行大气二级质量标准

C．集中式生活饮用水地表水源地一级保护区，执行Ⅱ类地表水环境质量标准

D．集中式生活饮用水地表水源地二级保护区，执行Ⅱ类地表水环境质量标准

3．以下不属于国家已颁布污染物排放标准的是（　　）。

A．《加油站大气污染物排放标准》　B．《钢铁工业大气污染物排放标准》

C．《水泥工业大气污染物排放标准》　D．《炼焦炉大气污染物排放标准》

4．以下环境功能区类别划分为三类的是（　　）。

A．土壤环境　　　　　　　　B．地下水环境

C．地表水环境　　　　　　　D．声环境

5．国家环境质量标准是（　　）。

A．污染源控制的标准　　　　　B．环境质量的技术标准

C．环境质量的基础标准　　　　D．环境质量的目标标准

6．对环境标准工作中的技术术语、符号、代号（代码）、图形、指南、导则、量纲单位及信息编码等作统一规定，这类环境标准称（　　）。

A．国家环境标准样品标准　　　B．国家环境基础标准

C．国家环保总局标准　　　　　D．国家环境质量标准

7．关于国家环境标准与地方环境标准的关系，说法正确的是（　　）。

A．执行上，地方环境标准优先于国家环境标准

B．执行上，国家环境标准优先于地方环境标准

C．执行上，地方环境监测方法标准优先于国家环境监测方法标准

D．执行上，国家污染物排放标准优先于地方污染物排放标准

8．下列关于跨行业综合性污染物排放标准与行业污染物排放标准的说法，错误的是（　　）。

A．有行业性排放标准的执行行业排放标准

B．《锅炉大气污染物排放标准》属专项排放标准

C．没有行业排放标准的执行综合排放标准

D．综合性排放标准与行业性排放标准有时可交叉执行

9．下列关于各类环境标准之间的关系，说法错误的是（　　）。

A．环境方法标准是制定、执行环境质量标准、污染物排放标准的主要技术依据之一

B．污染物排放标准是实现环境质量标准的主要手段、措施

C．环境基础标准为制定环境质量标准、污染物排放标准、环境方法标准确定总的原则、程序和方法

D．环境质量标准是环境质量的目标，是制定污染物排放标准的最主要依据

二、不定项选择题（每题的备选项中至少有一个符合题意）

1．某省 2000 年发布了严于国家的地方大气污染物排放标准，规定 A 污染物和 B 污染物排放分别执行 80 mg/m^3 和 400 mg/m^3。2003 年国家修订“大气污染物排放标准”，要求 A 污染物和 B 污染物排放分别执行 100 mg/m^3 和 200 mg/m^3。目前该省 A 污染物和 B 污染物排放标准应分别执行（　　）mg/m^3。

A．A 污染物 80　　B．A 污染物 100

C．B 污染物 200　　D．B 污染物 400

2．根据我国环境标准管理的有关规定，省级人民政府可组织制定（　　）。

A．环境基础标准　　B．监测方法标准

C．环境质量标准　　D．污染物排放标准

3．按照国家与地方环境保护标准相关关系的有关规定，对于国家环境保护标准已做规定的项目，以下可由省级人民政府制定的地方环境保护标准有（　　）。

A．严于国家的大气污染物排放标准　　B．严于国家的环境空气质量标准

C．严于国家的地表水环境质量标准　　D．严于国家的水污染物排放标准

4．环境质量标准分级一般与环境功能区类别相对应，以下关于前述对应关系表述正确的有（　　）。

A．环境空气质量功能区分为 3 类，分别执行一级～三级标准值

B．地表水环境质量功能区分为 5 类，分别执行Ⅰ类～Ⅴ类标准值

C．声环境功能区分为 5 类，分别执行 1 类～5 类标准值

D．土壤环境质量分为3类，分别执行一级～三级标准值

5．关于地方环境标准制定，说法正确的有（　）。

A．对国家环境质量标准中未作规定的项目，可以制定地方环境质量标准

B．对国家污染物排放标准中未作规定的项目，可以制定地方污染物排放标准

C．对国家环境质量标准中已作规定的项目，可以制定严于国家的地方环境质量标准

D．对国家污染物排放标准中已作规定的项目，可以制定严于国家的地方污染物排放标准

6．我国环境标准可分为（　）。

A．国家环境保护标准　　B．地方环境保护标准

C．环境保护基础标准　　D．环境保护部标准

7．我国环境标准体系中的地方环境保护标准可以分为（　）。

A．地方环境监测方法标准　　B．地方环境质量标准

C．地方污染物排放（控制）标准　　D．地方环境标准样品标准

8．下列标准属我国环境标准体系中的国家环境保护标准的是（　）。

A．国家环境标准样品标准　　B．国家环境基础标准

C．国家环境监测方法标准　　D．国家环境质量标准

9．下列关于地方污染物排放（控制）标准，说法正确的是（　）。

A．国家污染物排放标准中未做规定的项目可以制定地方污染物排放标准

B．国家污染物排放标准已规定的项目，可以制定严于国家污染物排放标准的地方污染物排放标准

C．省、自治区、直辖市人民政府制定机动车船大气污染物地方排放标准严于国家排放标准的，须报经国务院批准

D．地方污染物排放（控制）标准是对国家环境标准的补充和完善

10．国家环境监测方法标准包括（　）。

A．监测环境质量和污染物排放分析方法的统一规定

B．监测环境质量和污染物排放测定方法的统一规定

C．监测环境质量和污染物排放采样方法的统一规定

D．监测环境质量和污染物排放数据处理的统一规定

11．国家环境基础标准包括（　）。

A．标准中需要统一的信息编码

B．编制环境质量标准和排放标准的基础数据

C．标准中需要统一的符号图形

D．标准中需要统一的技术术语

12．下列可以由省、自治区、直辖市人民政府制定的标准是（　　）。

A．地方监测方法标准　　B．地方环境质量标准

C．地方环境基础标准　　D．地方污染物排放（控制）标准

13．下列有权制定地方环境质量标准的机构是（　　）。

A．自治区人民政府　　B．自治州人民政府

C．省级环境保护行政主管部门　　D．直辖市人民政府

14．下列关于环境标准的实施与实施监督的说法，正确的有（　　）。

A．实行总量控制区域的建设项目，除应执行的污染物排放标准外，还应确定排污单位应执行的污染物排放总量控制指标

B．从国外引进的项目，国内无相应污染物排放指标时，执行项目输出国或发达国家现行的该污染物排放标准，无需经当地环境保护行政主管部门批准

C．建设项目在设计、施工、验收及投产后，均应执行经环境保护行政主管部门批准的建设项目环境影响报告书（表）中所确定的污染物排放标准

D．标准实施监督中的排污单位的自我监督属于标准实施监督系统的一个重要组成部分，管理性监督主要由县级以上环保行政主管部门负责

15．下列关于环境标准的实施与实施监督的说法，正确的有（　　）。

A．被环境质量标准和污染物排放标准等强制性标准引用的方法标准具有强制性，必须执行

B．配制标准溶液应使用国家环境标准样品

C．环境保护档案、信息进行分类和编码时可以不执行国家基础标准或环境保护部标准

D．县级以上地方人民政府环保部门在向同级人民政府和上级环保部门汇报环保工作时，应将标准执行情况作为一项重要内容

参考答案

一、单项选择题

1．C

2．C　【解析】集中式生活饮用水地表水源地一级保护区执行Ⅱ类，二级保护区执行Ⅲ类。

3．B　【解析】目前，已颁布《钢铁工业水污染物排放标准》，而不是大气污染物排放标准，但有些地方颁布了钢铁工业大气污染物排放标准。

4．A　【解析】土壤环境划分为三类，环境空气目前划为二类，其余均为五类。

5. D　6. B

7. A　【解析】目前，环境监测方法标准都是由国家制定的。

8. D

9. D　【解析】选项D的正确说法应该是“环境质量标准是环境质量的目标，是制定污染物排放标准的主要依据之一”。

二、不定项选择题

1. AC

2. CD　【解析】省级人民政府可组织制订地方标准，地方标准包含排放标准和质量标准。

3. ABCD　【解析】《环境保护法》（2014年）第十五条：“省、自治区、直辖市人民政府对国家环境质量标准中未作规定的项目，可以制定地方环境质量标准；对国家环境质量标准中已作规定的项目，可以制定严于国家环境质量标准的地方环境质量标准。”地方污染物排放标准的有关内容在第十六条中也有类似规定。

4. BD　【解析】环境空气质量功能区分为二类，声环境功能区分为5类，分别执行0～4类标准值。

5. ABCD　【解析】该考点是高频考点。

6. ABD　【解析】环境保护基础标准是国家环境保护标准的一种。

7. BC　8. ABCD　9. ABCD　10. ABCD　11. ACD

12. BD　【解析】在我国，地方环境质量标准和地方污染物排放（控制）标准可由省、自治区、直辖市人民政府制定。“监测方法标准”和“环境基础标准”只有“国家级”的标准，没有地方标准之说。

13. AD　【解析】地方环境标准由省、自治区、直辖市人民政府制定。自治州人民政府不是省级政府机构，属于地市级。

14. AC　【解析】选项B的正确说法是：建设从国外引进的项目，其排放的污染物在国家和地方污染物排放标准中无相应污染物排放指标时，该建设项目引进单位应提交项目输出国或发达国家现行的该污染物排放标准及有关技术资料，由市（地）人民政府环境保护行政主管部门结合当地环境条件和经济技术状况，提出该项目应执行的排污指标，经省、自治区、直辖市人民政府环境保护行政主管部门批准后实行，并报环境保护部备案。选项D的正确说法是：管理性监督主要由各级环保行政主管部门负责。

15. ABD

第二章 建设项目环境影响评价技术导则 总纲

一、单项选择题（每题的备选项中，只有一个最符合题意）

1. 根据《建设项目环境影响评价技术导则 总纲》，关于“污染源源强核算”的定义，说法正确的是（ ）。

A. 选用可行的方法确定规划项目单位时间内污染物的产生量或排放量

B. 选用可行的方法确定建设项目单位时间内污染物的产生量或排放量

C. 选用可行的方法确定建设项目单位产品污染物的产生量或排放量

D. 选用各种方法确定建设项目单位时间内污染物的产生量或排放量

2. 根据《建设项目环境影响评价技术导则 总纲》，关于“环境保护目标”的定义，说法正确的是（ ）。

A. 依法设立的各级各类自然、文化保护地，以及对建设项目的某类污染因子或者生态影响因子特别敏感的区域

B. 依法设立的的环境敏感区及需要特殊保护的对象

C. 环境影响评价范围内的环境敏感区及需要特殊保护的对象

D. 所有的环境敏感区及需要特殊保护的对象

3. 根据《建设项目环境影响评价技术导则 总纲》，下列（ ）不属于环境影响评价原则。

A. 突出重点原则　　B. 科学评价原则

C. 早期介入原则　　D. 依法评价原则

4. 根据《建设项目环境影响评价技术导则 总纲》，下列（ ）属于环境影响评价原则。

A. 广泛参与原则　　B. 完整性原则

C. 信息化原则　　D. 突出重点原则

5. 根据《建设项目环境影响评价技术导则 总纲》，环境影响评价总的原则是（ ）。

A. 突出环境影响评价的源头预防作用，坚持保护和改善环境质量

B. 以人为本、建设资源节约型、环境友好型社会和科学发展的要求

C. 早期介入原则

D．完整性原则

6．根据《建设项目环境影响评价技术导则　总纲》，不属于建设项目环境影响评价技术导则体系的是（　　）。

A．建设项目环境影响经济损益分析技术导则

B．造纸行业污染源源强核算技术指南

C．建设项目人群健康风险评价技术导则

D．规划环境影响评价技术导则　总纲

7．根据《建设项目环境影响评价技术导则　总纲》，属于专题环境影响评价技术导则的是（　　）。

A．固体废物环境影响评价技术导则

B．海洋工程环境影响评价技术导则

C．污染源源强核算技术指南

D．环境影响评价技术导则　大气环境

8．根据《建设项目环境影响评价技术导则　总纲》，不属于专题环境影响评价技术导则的是（　　）。

A．环境影响经济损益分析技术导则

B．建设项目环境风险评价技术导则

C．建设项目人群健康风险评价技术导则

D．环境影响评价技术导则　公众参与

9．根据《建设项目环境影响评价技术导则　总纲》，环境影响评价工作一般分三个阶段，即（　　）。

A．准备阶段，正式工作阶段，报告书编制阶段

B．调查分析和工作方案制定阶段，分析论证和预测评价阶段，环境影响评价文件编制阶段

C．前期准备、调研和工作方案，分析论证和预测评价，环境影响评价文件编制

D．调查分析和工作方案制定阶段，分析论证和预测评价阶段，环境影响报告书（表）编制阶段

10．根据《建设项目环境影响评价技术导则　总纲》，“给出污染物排放清单”在环境影响评价工作中的（　　）完成。

A．调查分析和工作方案制定阶段

B．分析论证和预测评价阶段

C．环境影响报告书（表）编制阶段

D．前期准备、调研和工作方案阶段

11．根据《建设项目环境影响评价技术导则　总纲》，下列工作内容中，不属

于第二阶段（分析论证和预测评价阶段）环境影响评价工作内容的是（　　）。

A. 建设项目工程分析

B. 环境现状调查、监测与评价

C. 环境影响因素识别与评价因子筛选

D. 各环境要素环境影响预测与评价

12. 根据《建设环境影响评价技术导则　总纲》，下列工作中，不属于第二阶段（分析论证和预测评价阶段）环境影响评价工作内容的是（　　）。

A. 建设项目工程分析　　B. 确定环境保护目标

C. 各专题环境影响分析与评价　　D. 各要素环境影响预测与评价

13. 根据《建设项目环境影响评价技术导则　总纲》，关于环境影响报告书（表）的编制要求，说法错误的是（　　）。

A. 环境影响报告书的编制应强化先进信息技术的应用，图表信息应满足环境质量现状评价和环境影响预测评价的要求

B. 环境影响报告书（表）内容涉及国家秘密的，按国家涉密管理有关规定处理

C. 环境影响报告书中的总则可简要说明建设项目的特点、环境影响评价的工作过程、分析判定相关情况、关注的主要环境问题及环境影响、环境影响评价的主要结论等

D. 环境影响报告表可根据工程特点、环境特征，有针对性突出环境要素或设置专题开展评价

14. 根据《建设项目环境影响评价技术导则　总纲》，环境影响因素识别应结合建设项目所在区域（　　），分析可能受上述行为影响的环境影响因素。

A. 土地利用规划、环境保护规划、环境功能区划、生态功能区划及环境现状

B. 发展规划、环境保护规划、环境功能区划、生态功能区划及环境现状

C. 国土利用规划、环境保护规划、环境功能区划、生态功能区划

D. 发展规划、环境保护规划、环境功能区划、生态功能区划

15. 根据《建设项目环境影响评价技术导则　总纲》，下列关于评价因子筛选的说法，错误的是（　　）。

A. 根据环境影响的主要特征，筛选确定评价因子

B. 根据评价标准和环境制约因素，筛选确定评价因子

C. 结合区域环境功能要求，筛选确定评价因子

D. 根据建设项目污染防治措施成果，筛选确定评价因子

16. 根据《建设项目环境影响评价技术导则　总纲》，评价因子筛选可不考虑的因素是（　　）。

A. 环境制约因素　　B. 环境保护目标

C．区域经济发展目标　　D．区域环境功能要求

17．根据《建设项目环境影响评价技术导则　总纲》，筛选确定评价因子可不考虑的因素是（　　）。

A．项目环保投资　　B．评价标准

C．环境影响的主要特征　　D．建设项目的特点

18．根据《建设项目环境影响评价技术导则　总纲》，所列出的环境影响因素识别方法有（　　）和地理信息系统（GIS）支持下的叠加图法。

A．矩阵法、类比调查法　　B．矩阵法、专业判断法

C．网络法、专业判断法　　D．矩阵法、网络法

19．根据《建设项目环境影响评价技术导则　总纲》，在划分各环境要素、各专题评价工作等级时，下列依据错误的是（　　）。

A．环境制约因素　　B．相关法律法规、标准及规划

C．环境功能区划　　D．所在地区的环境特征

20．根据《建设项目环境影响评价技术导则　总纲》，环境影响评价技术导则中未明确具体评价范围的，根据建设项目（　　）确定环境影响评价范围。

A．可能影响程度　　B．可能影响范围

C．排污特征　　D．所处区域环境敏感程度

21．根据《建设项目环境影响评价技术导则　总纲》，环境影响评价范围的确定是指建设项目（　　）。

A．部分实施后可能对环境造成的影响范围

B．建设阶段可能对环境造成的影响范围

C．服务期满后可能对环境造成的影响范围

D．整体实施后可能对环境造成的影响范围

22．根据《建设项目环境影响评价技术导则　总纲》，环境保护目标依据（　　）确定。

A．建设项目的特点　　B．环境影响因素识别结果

C．区域环境功能要求　　D．评价标准

23．根据《建设项目环境影响评价技术导则　总纲》，确定环境影响评价执行标准的依据有（　　）。

A．评价等级　　B．评价因子

C．评价方法　　D．环境功能区划

24．根据《建设项目环境影响评价技术导则　总纲》，对尚未划定环境功能区的区域，由（　　）确认各环境要素应执行的环境质量标准和相应的污染物排放标准。

A．省级人民政府环境保护主管部门　　B．市级人民政府环境保护主管部门

C．地方人民政府环境保护主管部门　　D．地方人民政府

25．根据《建设项目环境影响评价技术导则　总纲》，对环境影响评价技术导则规定了评价方法的，说法正确的是（　　）。

A．应优先采用规定的方法　　B．应采用规定的方法

C．可以采用其他方法　　D．鼓励采用规定的方法

26．根据《建设项目环境影响评价技术导则　总纲》，下列（　　）内容不属于建设项目概况的基本内容。

A．主体工程　　B．投资工程

C．辅助工程　　D．依托工程

27．根据《建设项目环境影响评价技术导则　总纲》，污染影响因素分析的内容遵循（　　）的理念，从工艺的环境友好性、工艺过程的主要产污节点以及末端治理措施的协同性等方面，选择可能对环境产生较大影响的主要因素进行深入分析。

A．清洁生产　　B．循环经济

C．可持续发展　　D．生态文明

28．根据《建设项目环境影响评价技术导则　总纲》，污染影响因素分析内容遵循清洁生产的理念，从工艺的环境友好性、工艺过程的主要产污节点以及末端治理措施的协同性等方面，选择可能对环境产生（　　）的主要因素进行深入分析。

A．最大影响　　B．较大影响

C．较小影响　　D．最小影响

29．根据《建设项目环境影响评价技术导则　总纲》，关于污染影响因素分析内容的叙述，错误的是（　　）。

A．绘制包含产污环节的生产工艺流程图

B．存在较大潜在人群健康风险的建设项目，应开展影响人群健康的潜在环境风险因素识别

C．对建设阶段和生产运行期间，可能发生突发性事件或事故，引起有毒有害、易燃易爆等物质泄漏，对环境及人身造成影响和损害的建设项目，应开展建设和生产运行过程的风险因素识别

D．给出噪声、热、光、振动、放射性及电磁辐射等污染的来源、特性及强度

30．根据《建设项目环境影响评价技术导则　总纲》，下列工况中，属于生产运行阶段非正常工况的是（　　）。

A．开车、停车、事故　　B．停车、检修、事故

C．开车、停车、检修　　D．开车、检修、事故

31．根据《建设项目环境影响评价技术导则　总纲》，生态影响因素分析内容

的重点为（　　）。

A．直接性影响、区域性影响、短期性影响以及累积性影响等特有生态影响因素的分析

B．间接性影响、区域性影响、长期性影响以及累积性影响等特有生态影响因素的分析

C．影响程度大、范围广、历时长或涉及环境敏感区的作用因素和影响源

D．区域性影响以及累积性影响等特有生态影响因素的分析

32．根据《建设项目环境影响评价技术导则　总纲》，下列统计量中，不纳入污染源源强核算的是（　　）。

A．有组织排放量　　B．无组织排放量

C．事故工况排放量　　D．非正常工况排放量

33．根据《建设项目环境影响评价技术导则　总纲》，对于环境现状调查与评价的基本要求，收集和利用评价范围内各例行监测点、断面或站位的环境监测资料的时间要求是（　　）。

A．近一年　　B．近二年　　C．近三年　　D．近五年

34．根据《建设项目环境影响评价技术导则　总纲》，对于环境现状调查与评价的基本要求，下列说法错误的是（　　）。

A．对与建设项目有密切关系的环境要素应全面、详细调查，给出定量的数据并作出分析或评价

B．对于自然环境的现状调查，可根据建设项目情况进行必要说明

C．对与建设项目有密切关系的环境要素应全面、详细调查，给出定性的分析或评价

D．符合相关规划环境影响评价结论及审查意见的建设项目，可直接引用符合时效的相关规划环境影响评价的环境调查资料及有关结论

35．根据《建设项目环境影响评价技术导则　总纲》，下列（　　）不属于环境现状调查与评价的内容。

A．自然环境现状调查与评价　　B．社会环境现状调查与评价

C．环境保护目标调查　　D．环境质量现状调查与评价

36．根据《建设项目环境影响评价技术导则　总纲》，下列（　　）不属于自然环境现状调查与评价的内容。

A．地质　　B．海洋

C．水土流失　　D．放射性及辐射

37．根据《建设项目环境影响评价技术导则　总纲》，建设项目环境影响预测与评价时，均应根据其评价工作等级、工程特点与环境特性、当地的环境保护要求

而定的是（　　）。

A．环境影响预测与评价的范围、时段、内容及方法

B．环境影响预测与评价的范围、时段、内容

C．环境影响预测与评价的时段、内容及方法

D．环境影响预测与评价的范围、时段、方法

38．根据《建设项目环境影响评价技术导则　总纲》，建设项目在进行预测和评价时，须考虑环境质量背景与环境影响评价范围内（　　）项目同类污染物环境影响的叠加。

A．在建和未建　　B．已建

C．已建、在建和未建　　D．在建

39．根据《建设项目环境影响评价技术导则　总纲》，建设项目环境影响预测与评价时，对于环境质量不符合环境功能要求或环境质量改善目标的，应结合（　　）对环境质量变化进行预测。

A．总量控制指标　　B．环境整治计划

C．环境功能区划　　D．区域限期达标规划

40．根据《建设项目环境影响评价技术导则　总纲》，下列（　　）不属于推荐的预测与评价的方法。

A．数学模式法　　B．专业判断法

C．类比调查法　　D．物理模型法

41．根据《建设项目环境影响评价技术导则　总纲》，建设项目的环境影响预测与评价应重点预测建设项目（　　）。

A．生产运行阶段正常工况、非正常工况、事故排放等情况的环境影响

B．建设阶段正常工况、非正常工况、事故排放等情况的环境影响

C．生产运行阶段环境风险评价和人群健康风险评价

D．生产运行阶段正常工况和非正常工况等情况的环境影响

42．根据《建设项目环境影响评价技术导则　总纲》，对以生态影响为主的建设项目，环境影响预测与评价应重点分析（　　）。

A．项目建设和生产运行对环境保护目标的影响

B．项目生产运行对环境保护目标的影响

C．项目建设阶段对环境保护目标的影响

D．项目建设和生产运行生态系统组成和服务功能的影响

43．根据《建设项目环境影响评价技术导则　总纲》，关于各类环境保护措施的有效性判定，说法错误的是（　　）。

A．环保措施可以用同类措施的实际运行效果为依据

B．没有实际运行经验的环保措施，可提供工程化实验数据为依据

C．没有实际运行经验的环保措施，可提供中试阶段的实验数据为依据

D．环保措施可以用相同措施的实际运行效果为依据

44．根据《建设项目环境影响评价技术导则　总纲》，对于环境质量不达标的区域，关于采取各类环境保护措施的说法，错误的是（　　）。

A．环保措施应采取国内外先进可行的环境保护措施

B．环保措施应采取国内外中等可行的环境保护措施

C．结合区域限期达标规划及实施情况，分析建设项目实施对区域环境质量改善目标的贡献

D．结合区域限期达标规划及实施情况，分析建设项目实施对区域环境质量改善目标的影响

45．根据《建设项目环境影响评价技术导则　总纲》，环境保护投入不包括下列（　　）费用。

A．环保设施的建设

B．直接为建设项目服务的环境管理

C．相关环保科研

D．环保罚金

46．根据《建设项目环境影响评价技术导则　总纲》，环境影响经济损益分析方式应采取（　　）。

A．定性与定量相结合的方式　　B．定量的方式

C．定性为主，定量为辅的方式　　D．定性的方式

47．根据《建设项目环境影响评价技术导则　总纲》，关于污染物排放的管理要求，说法错误的是（　　）。

A．给出工程组成及原辅材料组分

B．拟采取的环境保护措施及主要运行参数

C．排放的污染物种类、排放浓度和总量指标

D．日常环境管理制度

48．根据《建设项目环境影响评价技术导则　总纲》，环境监测计划应包括（　　）。

A．污染源监测计划

B．环境质量监测计划

C．污染源监测计划和环境质量监测计划

D．污染源监测计划和环境管理监测计划

49．根据《建设项目环境影响评价技术导则　总纲》，下列（　　）不属于环

境监测计划的内容。

A．监测因子　　B．监测频次

C．采样分析方法　　D．监测时间

50．根据《建设项目环境影响评价技术导则　总纲》，对以生态影响为主的建设项目，环境监测计划应提出（　　）。

A．环境监理要求　　B．生态监测方案

C．环境跟踪监测计划　　D．定期跟踪监测方案

51．根据《建设项目环境影响评价技术导则　总纲》，对存在较大潜在人群健康风险的建设项目，环境监测计划应提出（　　）。

A．剂量-效应评价要求　　B．毒理监测方案

C．环境跟踪监测计划　　D．健康监测方案

52．根据《建设项目环境影响评价技术导则　总纲》，关于累积影响的定义，说法正确的是（　　）。

A．指当一个项目的环境影响与另一个项目的环境影响以协同的方式进行结合时的后果

B．指当一种活动的影响与过去、现在及将来可预见活动的影响叠加时，造成环境影响的后果

C．指当若干个项目对环境系统产生的影响在时间上过于频繁或在空间上过于密集，以致于各单个项目的影响得不到及时消纳时的后果

D．指当多种活动的影响与过去、现在及将来可预见活动的影响叠加时，造成环境影响的后果

二、不定项选择题（每题的备选项中至少有一个符合题意）

1．根据《建设项目环境影响评价技术导则　总纲》，下列属于环境影响评价原则的是（　　）。

A．依法评价原则　　B．科学评价原则

C．广泛参与原则　　D．突出重点原则

2．根据《建设项目环境影响评价技术导则　总纲》，下列不属于环境影响评价原则的是（　　）。

A．广泛参与原则　　B．完整性原则

C．早期介入原则　　D．依法评价原则

3．根据《建设项目环境影响评价技术导则　总纲》，下列属于环境影响评价原则的是（　　）。

A．突出重点原则　　B．信息化原则

C．与规划环境影响评价联动原则　　　D．科学评价原则

4．根据《建设项目环境影响评价技术导则　总纲》，属于建设项目环境影响评价技术导则体系的是（　　）。

A．污染源源强核算技术指南

B．环境要素环境影响评价技术导则

C．专题环境影响评价技术导则

D．行业建设项目环境影响评价技术导则

5．根据《建设项目环境影响评价技术导则　总纲》，属于建设项目环境影响评价技术导则体系的是（　　）。

A．《建设项目环境影响评价技术导则　总纲》

B．污染源源强核算准则

C．人群健康风险评价技术导则

D．《环境影响评价技术导则　煤炭采选工程》

6．根据《建设项目环境影响评价技术导则　总纲》，属于专题环境影响评价技术导则的有（　　）。

A．《环境影响评价技术导则　总纲》

B．《建设项目环境风险评价技术导则》

C．《环境影响评价技术导则　地下水环境》

D．《环境影响评价技术导则　石油化工建设项目》

7．根据《建设项目环境影响评价技术导则　总纲》，属于建设项目环境影响评价技术导则体系的是（　　）。

A．《建设项目环境影响评价技术导则　总纲》

B．《环境影响评价技术导则　生态影响》

C．《建设项目环境风险评价技术导则》

D．《环境影响评价技术导则　水利水电工程》

8．根据《建设项目环境影响评价技术导则　总纲》，下列（　　）是“分析论证和预测评价”阶段完成的工作。

A．提出环境保护措施，进行技术经济论证

B．建设项目工程分析

C．环境现状调查、监测与评价

D．给出污染物排放清单

9．根据《建设项目环境影响评价技术导则　总纲》，下列（　　）是“调查分析和工作方案制定”阶段完成的工作。

A．初步工程分析

B. 确定评价重点和环境保护目标

C. 环境现状调查监测与评价

D. 给出污染物排放清单

10. 根据《建设项目环境影响评价技术导则　总纲》，下列工作内容中，属于环境影响评价第三阶段（环境影响报告书（表）编制）工作的有（　　）。

A. 建设项目工程分析

B. 给出污染物排放清单

C. 各环境要素环境影响预测与评价

D. 提出环境保护措施，进行技术经济论证

11. 根据《建设项目环境影响评价技术导则　总纲》，下列关于作为开展环境影响评价工作的前提和基础的说法，正确的有（　　）。

A. 建设项目的规模、性质、工艺路线等与国家、地方产业政策的相符性

B. 建设项目的选址选线与规划环境影响评价结论及审查意见的符合性

C. 建设项目的选址选线、规模、性质和工艺路线等与有关环境保护法律法规、标准、政策、规范等的符合性

D. 建设项目的规模、性质、工艺路线等与清洁生产的相符性

12. 根据《建设项目环境影响评价技术导则　总纲》，下列（　　）是环境影响报告书可以不包括的内容。

A. 环境影响经济损益分析　　B. 清洁生产

C. 公众参与　　D. 环境管理与监测计划

13. 根据《建设项目环境影响评价技术导则　总纲》，下列（　　）是环境影响报告书可以不包括的内容。

A. 建设项目工程分析　　B. 水土保持

C. 环境影响预测与评价　　D. 项目建设的必要性

14. 根据《建设项目环境影响评价技术导则　总纲》，关于环境影响报告书（表）的编制要求，说法错误的是（　　）。

A. 环境影响报告书的内容一般应包括概述、总则、产业政策符合性、建设项目工程分析、环境现状调查与评价、水土保持、占用耕地等内容

B. 环境影响报告书应概括地反映环境影响评价的全部工作成果，突出重点

C. 环境影响报告书提出的环境保护措施应可行、先进、有效，评价结论应明确

D. 文字应简洁、准确，文本应规范，计量单位应标准化，数据应真实、可信

15. 根据《建设项目环境影响评价技术导则　总纲》，环境影响因素识别的内容包括（　　）。

A. 明确建设项目在不同阶段的各种行为与可能受影响的环境要素间的作用

效应关系

B．定性分析建设项目对各环境要素可能产生的污染影响与生态影响

C．定量分析建设项目对各环境要素可能产生的污染影响与生态影响

D．明确建设项目在建设阶段、生产运行、服务期满后等不同阶段的各种行为与可能受影响的环境要素间的影响性质、影响范围、影响程度等

16．根据《建设项目环境影响评价技术导则　总纲》，环境影响因素识别方法可采用（　　）。

A．网络法　　B．矩阵法

C．GIS 支持下的叠加图法　　D．类比调查法

17．根据《建设项目环境影响评价技术导则　总纲》，筛选确定评价因子时，下列（　　）需考虑。

A．环境影响的主要特征　　B．区域环境功能要求

C．环境保护目标　　D．建设项目特点

18．根据《建设项目环境影响评价技术导则　总纲》，各环境要素、各专题评价工作等级按（　　）等因素进行划分。

A．建设项目特点　　B．相关法律法规、标准及规划

C．所在地区的环境特征　　D．环境功能区划

19．根据《建设项目环境影响评价技术导则　总纲》，关于环境影响评价范围的确定，说法正确的是（　　）。

A．环境影响评价范围的确定具体根据环境要素和专题环境影响评价技术导则的要求确定

B．环境影响评价技术导则中未明确具体评价范围的，根据建设项目可能影响范围确定

C．各环境要素和专题的评价范围按可能影响程度确定评价范围

D．当评价范围外有环境敏感区的，应适当外延

20．根据《建设项目环境影响评价技术导则　总纲》，说明环境保护目标时需列出下列（　　）。

A．名称　　B．功能

C．与建设项目的位置关系　　D．环境保护要求

21．根据《建设项目环境影响评价技术导则　总纲》，关于环境影响评价标准的确定原则，说法正确的是（　　）。

A．根据环境影响评价范围内各环境要素的环境功能区划确定各评价因子适用的环境质量标准

B．根据环境影响评价范围内各环境要素的建设项目的特点确定各评价因子适用的污染物排放标准

C. 尚未划定环境功能区的区域，由地方人民政府确认各环境要素应执行的环境质量标准和相应的污染物排放标准

D. 尚未划定环境功能区的区域，由地方人民政府环境保护主管部门确认各环境要素应执行的环境质量标准和相应的污染物排放标准

22. 根据《建设项目环境影响评价技术导则　总纲》，下列关于环境影响评价方法选取的说法，错误的是（　　）。

A. 采用定量评价与定性评价相结合的方法，应以量化评价为主

B. 采用定量评价与定性评价相结合的方法，应以定性评价为主

C. 不能选用非环境影响评价技术导则规定的方法

D. 应优先选用成熟的技术方法，鼓励使用先进的技术方法

23. 根据《建设项目环境影响评价技术导则　总纲》，建设项目有多个建设方案、涉及环境敏感区或环境影响显著时，应重点从（　　）等方面进行建设方案环境比选。

A. 环境制约因素　　B. 技术可行性

C. 环境影响程度　　D. 经济合理性

24. 根据《建设项目环境影响评价技术导则　总纲》，当建设项目涉及下列（　　）时，应重点从环境制约因素、环境影响程度等方面进行建设方案环境比选。

A. 建设项目有多个建设方案　　B. 涉及环境敏感区

C. 环境影响显著　　D. 跨行政区域

25. 根据《建设项目环境影响评价技术导则　总纲》，下列（　　）属于建设项目概况的基本内容。

A. 主体工程　　B. 环保工程

C. 储运工程　　D. 依托工程

26. 根据《建设项目环境影响评价技术导则　总纲》，以污染影响为主的建设项目概况，下列（　　）应明确。

A. 平面布置　　B. 总投资

C. 现场布置　　D. 环境保护投资

27. 根据《建设项目环境影响评价技术导则　总纲》，以生态影响为主的建设项目概况，下列（　　）应明确。

A. 施工方式　　B. 施工时序

C. 占地规模　　D. 建设周期

28. 根据《建设项目环境影响评价技术导则　总纲》，改扩建及异地搬迁建设项目概况应包括（　　）。

A. 现有工程的基本情况　　B. 存在的环境保护问题

C．污染物排放及达标情况　　　　D．拟采取的整改方案

29．根据《建设项目环境影响评价技术导则　总纲》，关于污染影响因素分析内容的叙述，正确的是（　　）。

A．按照各环节分析包括常规污染物、特征污染物在内的污染物产生、排放情况（包括正常工况和开停工及维修等非正常工况）

B．常规污染物、特征污染物应明确其来源、转移途径和流向

C．说明各种源头防控、过程控制、末端治理、回收利用等环境影响减缓措施状况

D．给出主要原辅材料及其他物料的理化性质、毒理特征，产品及中间体的性质、数量等

30．根据《建设项目环境影响评价技术导则　总纲》，关于生态影响因素分析内容的叙述，正确的是（　　）。

A．结合建设项目特点和区域环境特征，分析建设项目建设和运行过程对生态环境的作用因素与影响源

B．结合建设项目特点和区域环境特征，分析建设项目建设和运行过程对生态环境的作用因素与影响方式、影响范围和影响程度

C．重点为影响程度大、范围广、历时长或涉及环境敏感区的作用因素和影响源

D．重点关注间接性影响、区域性影响、长期性影响以及累积性影响等特有生态影响因素的分析

31．根据《建设项目环境影响评价技术导则　总纲》，污染源源强核算时，需核算建设项目（　　）的污染物产生和排放强度，给出污染因子及其产生和排放的方式、浓度、数量等。

A．有组织与无组织　　　　B．正常工况与事故工况下

C．事故工况　　　　D．正常工况与非正常工况下

32．根据《建设项目环境影响评价技术导则　总纲》，对改扩建项目的污染物排放量的统计，应分别给出（　　）。

A．现有项目的污染物产生量、排放量

B．在建项目的污染物产生量、排放量

C．改扩建项目实施后的污染物产生量、排放量及其变化量

D．核算改扩建项目建成后最终的污染物排放量

33．根据《建设项目环境影响评价技术导则　总纲》，对于环境现状调查与评价的基本要求，当现有资料不能满足要求时，应进行现场调查和测试，现状监测和观测网点布点原则有（　　）。

A．根据各环境要素环境影响评价技术导则要求布设

B．兼顾均布性

C．兼顾放射性

D．兼顾代表性

34．根据《建设项目环境影响评价技术导则　总纲》，对于环境现状调查与评价的基本要求，下列说法正确的有（　　）。

A．对与建设项目有密切关系的环境要素应全面、详细调查，给出定量的数据并作出分析或评价

B．充分收集和利用评价范围内各例行监测点、断面或站位的近五年环境监测资料或背景值调查资料

C．当现有资料不能满足要求时，应进行现场调查和测试，现状监测和观测网点应根据均布性和代表性原则布设

D．符合相关规划环境影响评价结论及审查意见的建设项目，可直接引用符合时效的相关规划环境影响评价的环境调查资料及有关结论

35．根据《建设项目环境影响评价技术导则　总纲》，环境现状调查与评价的内容有（　　）。

A．自然环境现状调查与评价　　B．环境保护目标调查

C．环境质量现状调查与评价　　D．区域污染源调查

36．根据《建设项目环境影响评价技术导则　总纲》，环境质量现状调查与评价的内容有（　　）。

A．根据建设项目特点、可能产生的环境影响和当地环境特征选择环境要素进行调查与评价

B．环境保护目标调查

C．评价区域环境质量现状

D．自然环境现状调查与评价

37．根据《建设项目环境影响评价技术导则　总纲》，区域污染源调查的对象有（　　）。

A．建设项目常规污染因子

B．建设项目特征污染因子

C．影响评价区环境质量的主要污染因子

D．影响评价区环境质量的特殊污染因子

38．根据《建设项目环境影响评价技术导则　总纲》，预测和评价的因子应包括反映（　　）。

A．建设项目特点的常规污染因子、特征污染因子

B．建设项目特点的常规污染因子、特征污染因子和生态因子

C．区域环境质量状况的主要污染因子、特殊污染因子

D．区域环境质量状况的主要污染因子、特殊污染因子和生态因子

39．根据《建设项目环境影响评价技术导则 总纲》，建设项目的环境影响预测与评价的时段、内容及方法均应根据应根据下列（　　）而定。

A．工程投资额　　B．评价工作等级

C．当地的环境保护要求　　D．工程特点与环境特性

40．根据《建设项目环境影响评价技术导则 总纲》，建设项目的环境影响预测与评价的时段、内容及方法均应根据应根据下列（　　）而定。

A．评价工作等级　　B．工程特点

C．当地的环境保护要求　　D．环境特性

41．根据《建设项目环境影响评价技术导则 总纲》，下列（　　）属于推荐的预测与评价的方法。

A．专业判断法　　B．数学模式法

C．类比调查法　　D．物理模型法

42．根据《建设项目环境影响评价技术导则 总纲》，建设项目的环境影响，按照建设项目实施过程的不同阶段，可以划分为（　　）的环境影响。

A．运行初期　　B．建设阶段

C．生产运行阶段　　D．服务期满后

43．根据《建设项目环境影响评价技术导则 总纲》，下列（　　）应重点进行环境影响预测。

A．生产运行阶段正常工况　　B．生产运行阶段非正常工况

C．生产运行阶段事故排放　　D．服务期满

44．根据《建设项目环境影响评价技术导则 总纲》，当建设阶段的大气、地表水、地下水、噪声、振动、生态以及土壤等（　　），应进行建设阶段的环境影响预测和评价。

A．影响范围较广　　B．影响程度较重

C．投资总额较大　　D．影响时间较长

45．根据《建设项目环境影响评价技术导则 总纲》，选择开展建设项目服务期满后的环境影响预测和评价时，可根据（　　）等确定。

A．工程特点、规模　　B．环境敏感程度

C．影响特征　　D．环境规划

46．根据《建设项目环境影响评价技术导则 总纲》，当建设项目排放污染物对环境存在累积影响时，说法正确的是（　　）。

A．应明确累积影响的影响源

B. 分析项目实施可能发生累积影响的条件、方式和途径

C. 需考虑环境对建设项目影响的承载能力

D. 预测项目实施在时间和空间上的累积环境影响

47. 根据《建设项目环境影响评价技术导则 总纲》，关于环境影响预测和评价的内容的叙述，说法错误的有（ ）。

A. 对存在环境风险的建设项目，应分析环境风险源项，计算环境风险后果，开展环境风险评价

B. 对存在较大潜在人群健康风险的建设项目，应开展健康风险评价

C. 对以生态影响为主的建设项目，应预测物种、种群和服务功能的变化趋势

D. 当建设项目排放污染物对环境存在累积影响时，应明确累积影响的影响源，分析项目实施可能发生累积影响的条件、方式和途径，预测项目实施在时间和空间上的累积环境影响

48. 根据《建设项目环境影响评价技术导则 总纲》，建设项目拟采取环境保护措施包括（ ）。

A. 设计阶段拟采取的污染防治、生态保护、环境风险防范措施

B. 建设阶段、生产运行阶段和服务期满后（可根据项目情况选择）拟采取的具体污染防治措施

C. 建设阶段、生产运行阶段和服务期满后（可根据项目情况选择）拟采取的具体生态保护措施

D. 建设阶段、生产运行阶段和服务期满后（可根据项目情况选择）拟采取的环境风险防范措施

49. 根据《建设项目环境影响评价技术导则 总纲》，对于拟采取环境保护措施的论证应从（ ）进行论证。

A. 技术可行性

B. 经济合理性

C. 长期稳定运行和达标排放的可靠性

D. 满足环境质量与污染物排放总量控制要求的可行性

50. 根据《建设项目环境影响评价技术导则 总纲》，对于拟采取环境保护措施的论证应从（ ）进行论证。

A. 满足环境质量改善和排污许可要求的可行性

B. 技术先进性、可行性、经济合理性

C. 长期稳定运行和达标排放的可靠性

D. 生态保护和恢复效果的可达性

51. 根据《建设项目环境影响评价技术导则 总纲》，对于各类环境保护措施

应给出（　　）。

A．明确资金来源　　B．责任主体

C．实施时段　　D．估算环境保护投入

52．根据《建设项目环境影响评价技术导则　总纲》，环境保护投入应包括为预防和减缓建设项目不利环境影响而采取的各项费用，包括（　　）。

A．环境保护措施和设施的建设费用、运行维护费用

B．间接为建设项目服务的环境管理与监测费用

C．直接为建设项目服务的环境管理费用

D．直接为建设项目服务的监测费用

53．根据《建设项目环境影响评价技术导则　总纲》，环境影响经济损益分析在进行货币化经济损益核算时，对建设项目的环境影响后果包括（　　）。

A．直接和间接影响　　B．短期和长期影响

C．区域性和累积影响　　D．不利和有利影响

54．根据《建设项目环境影响评价技术导则　总纲》，下列（　　）污染物排放的管理要求。

A．给出排污口信息　　B．给出执行的环境标准

C．给出环境风险防范措施　　D．给出污染物排放的分时段要求

55．根据《建设项目环境影响评价技术导则　总纲》，下列（　　）污染物排放的管理要求。

A．工程组成及原辅材料组分要求

B．拟采取的环境保护措施及主要运行参数

C．排放的污染物种类、排放浓度和总量指标

D．环境监测要求

56．根据《建设项目环境影响评价技术导则　总纲》，环境监测计划的内容包括（　　）。

A．监测因子　　B．监测网点布设、监测频次

C．采样分析方法　　D．监测数据采集与处理

57．根据《建设项目环境影响评价技术导则　总纲》，关于环境监测计划的说法，正确的有（　　）。

A．污染源监测应明确在线监测设备的布设和监测因子

B．污染源监测应包括对各类污染治理设施的运转进行定期或不定期监测，

C．根据建设项目环境影响特征、影响范围和影响程度，结合环境保护目标分布，制定环境质量定点监测或定期跟踪监测方案

D．根据建设项目环境影响特征、影响范围和影响程度，结合环境功能区，制

定环境质量定点监测或定期跟踪监测方案

58. 根据《建设项目环境影响评价技术导则　总纲》，下列（　　）建设项目，应提出环境影响不可行的结论。

A. 存在重大环境制约因素

B. 环境影响不可接受

C. 环境保护措施经济技术不满足长期稳定达标

D. 区域环境问题突出且整治计划不落实

59. 根据《建设项目环境影响评价技术导则　总纲》，下列哪些建设项目，应提出环境影响不可行的结论。（　　）

A. 环境风险不可控

B. 环境影响不可接受

C. 环境保护措施经济技术不满足生态保护要求

D. 不能满足环境质量改善目标

60. 根据《建设项目环境影响评价技术导则　总纲》，下列哪些建设项目，不能提出环境影响不可行的结论。（　　）

A. 存在重大环境制约因素

B. 不满足清洁生产要求

C. 环境风险不可控

D. 区域环境问题突出

参考答案

一、单项选择题

1. B 【解析】《建设项目环境影响评价技术导则　总纲》（以下简称《总纲》）的适用范围明确了是"建设项目"。污染源源强核算强调了"选用可行的方法"，并不是所有的方法都能核算。

2. C 【解析】选项A是《建设项目环境影响评价分类管理名录》对"环境敏感区"的定义。另外，为了避免与其他法律、法规、各要素导则中对"环境保护目标"界定的冲突，总纲没有对"环境敏感区及需要特殊保护的对象"进行具体描述。

3. C 【解析】选项C属于旧总纲的原则。

4. D 【解析】选项A、B属于旧总纲的原则。

5. A 【解析】目前，环境影响评价是为提升环境影响评价管理效能，突出影响因素源头准入和过程控制。

6. D　【解析】建设项目环境影响评价技术导则体系由总纲、污染源源强核算技术指南、环境要素环境影响评价技术导则、专题环境影响评价技术导则和行业建设项目环境影响评价技术导则等构成。专题环境影响评价技术导则指环境风险评价、人群健康风险评价、环境影响经济损益分析、固体废物等环境影响评价技术导则。

7. A　【解析】专题环境影响评价技术导则指环境风险评价、人群健康风险评价、环境影响经济损益分析、固体废物等环境影响评价技术导则。

8. D

9. D　【解析】环境影响评价文件包括报告书、报告表、登记表。《总纲》适用于需编制环境影响报告书和环境影响报告表的建设项目环境影响评价。三个阶段是指：调查分析和工作方案制定阶段，分析论证和预测评价阶段，环境影响报告书（表）编制阶段。

10. C　11. C　12. B

13. C　【解析】选项 C 的内容属环境影响报告书中的概述的内容。概述可简要说明建设项目的特点、环境影响评价的工作过程、分析判定相关情况、关注的主要环境问题及环境影响、环境影响评价的主要结论等。总则应包括编制依据、评价因子与评价标准、评价工作等级和评价范围、相关规划及环境功能区划、主要环境保护目标等。

14. B

15. D　【解析】根据建设项目的特点、环境影响的主要特征，结合区域环境功能要求、环境保护目标、评价标准和环境制约因素，筛选确定评价因子。

16. C　17. A

18. D　【解析】环境影响因素识别可采用矩阵法、网络法、地理信息系统支持下的叠加图法等。

19. A　【解析】按建设项目的特点、所在地区的环境特征、相关法律法规、标准及规划、环境功能区划等划分各环境要素、各专题评价工作等级。

20. B　21. D　22. B　23. D　24. C

25. B　【解析】环境影响评价技术导则规定了评价方法的，应采用规定的方法。

26. B

27. A　【解析】污染影响因素分析遵循清洁生产的理念，从工艺的环境友好性、工艺过程的主要产污节点以及末端治理措施的协同性等方面，选择可能对环境产生较大影响的主要因素进行深入分析。注意：环境影响报告书虽然没有清洁生产的内容。但污染影响因素分析是从清洁生产的理念去分析，充分发挥污染源头预防、过程控制和末端治理的全过程控制理念，客观评价项目产污负荷。

28. B

29. D 【解析】热污染、光污染在旧总纲中有，现删除，也就是说热、光污染等不是环评需要考虑的内容。选项B、C属新《总纲》增加的内容。

30. C 31. C

32. C 【解析】核算建设项目有组织与无组织、正常工况与非正常工况下的污染物产生和排放强度，给出污染因子及其产生和排放的方式、浓度、数量等。

33. C 34. C

35. B 【解析】社会环境现状调查与评价在旧总纲有，现删除。

36. C 【解析】水土流失属水利部门主管的内容。

37. C

38. D 【解析】须考虑环境质量背景与环境影响评价范围内在建项目同类污染物环境影响的叠加。

39. D

40. B 【解析】“专业判断法”属于不能通用，仅适合在某种要素中使用的方法。预测与评价方法主要有数学模式法、物理模型法、类比调查法等，由各环境要素或专题环境影响评价技术导则具体规定。注意比较环境影响因素识别方法、污染源源强核算方法、环境现状调查的方法、环境影响预测评价的方法。比较如下表:

内 容	方 法
环境影响因素识别方法	（1）网络法 （2）矩阵法 （3）地理信息系统（GIS）支持下的叠加图法
污染源源强核算方法	由污染源源强核算技术指南具体规定
环境现状调查的方法	由环境要素环境影响评价技术导则具体规定
环境影响预测评价的方法	（1）数学模式法 （2）物理模型法 （3）类比调查法

41. D 【解析】事故排放在总纲中没有强调要预测与评价。

42. A 【解析】对以生态影响为主的建设项目，应预测生态系统组成和服务功能的变化趋势，重点分析项目建设和生产运行对环境保护目标的影响。

43. C 【解析】各类措施的有效性判定应以同类或相同措施的实际运行效果为依据，没有实际运行经验的，可提供工程化实验数据。

44. B 【解析】环境质量不达标的区域，应采取国内外先进可行的环境保护措施，结合区域限期达标规划及实施情况，分析建设项目实施对区域环境质量改善目标的贡献和影响。

45. D 【解析】环境保护投入应包括为预防和减缓建设项目不利环境影响而采取的各项环境保护措施和设施的建设费用、运行维护费用，直接为建设项目服务的环境管理与监测费用以及相关科研费用。

46. A 【解析】以建设项目实施后的环境影响预测与环境质量现状进行比较，从环境影响的正负两方面，以定性与定量相结合的方式，对建设项目的环境影响后果（包括直接和间接影响、不利和有利影响）进行货币化经济损益核算，估算建设项目环境影响的经济价值。

47. D 【解析】选项D是环境管理的内容，但不是污染物排放的管理要求。

48. C 【解析】环境监测计划应包括污染源监测计划和环境质量监测计划，内容包括监测因子、监测网点布设、监测频次、监测数据采集与处理、采样分析方法等，明确自行监测计划内容。

49. D

50. B 【解析】对以生态影响为主的建设项目应提出生态监测方案。

51. C 【解析】对存在较大潜在人群健康风险的建设项目，应提出环境跟踪监测计划。

52. B

二、不定项选择题

1. ABD 【解析】选项C属于旧总纲的原则。目前，公众参与的责任主体是建设单位。公众参与的开展情况需单独编制成册，存档备查，建设单位报送的环境影响报告书应附具公众参与说明书，供环评审批决策参考。

2. ABC 【解析】前三个原则都属旧总纲的原则。

3. AD 【解析】总纲只有“依法评价、科学评价、突出重点”三条原则。

4. ABCD 【解析】导则体系由总纲、污染源源强核算技术指南、环境要素环境影响评价技术导则、专题环境影响评价技术导则和行业建设项目环境影响评价技术导则等构成。

5. ABCD 【解析】专题环境影响评价技术导则指环境风险评价、人群健康风险评价、环境影响经济损益分析、固体废物等环境影响评价技术导则。

6. B 【解析】不定项选择题也有一个答案的。专题环境影响评价技术导则指环境风险评价、人群健康风险评价、环境影响经济损益分析、固体废物等环境影响评价技术导则。选项A属总纲，选项C属要素，选项D属行业。

7. ABCD

8. BC 【解析】选项A、D都属环境影响报告书（表）编制阶段完成的工作。

9. AB 【解析】选项C属分析论证和预测评价”阶段完成的工作。选项D属环境影响报告书（表）编制阶段完成的工作。

10. BD

11. BC 【解析】分析判定建设项目选址选线、规模、性质和工艺路线等与国家和地方有关环境保护法律法规、标准、政策、规范、相关规划、规划环境影响评价结论及审查意见的符合性，并与生态保护红线、环境质量底线、资源利用上线和环境准入负面清单进行对照，作为开展环境影响评价工作的前提和基础。

依法由其他主管部门管理的内容，有相关的管理办法或技术规范，不再纳入环评内容。如由发展改革部门管理的内容：从产业政策符合性、项目建设必要性、工程规模论证、社会稳定风险评估、清洁生产。水利部门主管的内容有：水土保持、水资源论证、涉水工程的防洪影响等。

12. BC 【解析】公众参与单独编制成册。

13. BD

14. AC 【解析】环境保护措施应可行、有效，不一定先进。

15. ABD 【解析】污染影响与生态影响包括有利与不利影响、长期与短期影响、可逆与不可逆影响、直接与间接影响、累积与非累积影响等，不一定全部能定量。

16. ABC

17. ABCD 【解析】根据建设项目的特点、环境影响的主要特征，结合区域环境功能要求、环境保护目标、评价标准和环境制约因素，筛选确定评价因子。注意是5个方面因素。

18. ABCD

19. AB 【解析】指建设项目整体实施后可能对环境造成的影响范围，具体根据环境要素和专题环境影响评价技术导则的要求确定。环境影响评价技术导则中未明确具体评价范围的，根据建设项目可能影响范围确定。选项D在旧的总纲有此说法。

20. ABCD 【解析】依据环境影响因素识别结果，附图并列表说明评价范围内各环境要素涉及的环境敏感区，需要特殊保护对象的名称、功能，与建设项目的位置关系以及环境保护要求等。

21. AD 【解析】根据环境影响评价范围内各环境要素的环境功能区划确定各评价因子适用的环境质量标准及相应的污染物排放标准。尚未划定环境功能区的区域，由地方人民政府环境保护主管部门确认各环境要素应执行的环境质量标准和相应的污染物排放标准。

22. BC 【解析】环境影响评价技术导则规定了评价方法的，应采用规定的方法。选用非环境影响评价技术导则规定方法的，应根据建设项目环境影响特征、影响性质和评价范围等分析其适用性。选项D在旧总纲中有此说法。

23. AC 【解析】建设项目有多个建设方案、涉及环境敏感区或环境影响显著时，应重点从环境制约因素、环境影响程度等方面进行建设方案环境比选。

24. ABC

25. ABCD　【解析】建设项目概况的基本内容包括主体工程、辅助工程、公用工程、环保工程、储运工程以及依托工程等。

26. ABD　【解析】现场布置属以生态影响为主的建设项目应明确的内容。以污染影响为主的建设项目应明确项目组成、建设地点、原辅料、生产工艺、主要生产设备、产品（包括主产品和副产品）方案、平面布置、建设周期、总投资及环境保护投资等。

27. ABCD　【解析】以生态影响为主的建设项目应明确项目组成、建设地点、占地规模、总平面及现场布置、施工方式、施工时序、建设周期和运行方式、总投资及环境保护投资等。

28. ABCD　【解析】改扩建及异地搬迁建设项目还应包括现有工程的基本情况、污染物排放及达标情况、存在的环境保护问题及拟采取的整改方案等内容。

29. ACD　【解析】存在具有致癌、致畸、致突变的物质、持久性有机污染物或重金属的，应明确其来源、转移途径和流向。

30. ABC　31. AD

32. ABCD　【解析】对改扩建项目的污染物排放量（包括有组织与无组织、正常工况与非正常工况）的统计，应分别按现有、在建、改扩建项目实施后等几种情形汇总污染物产生量、排放量及其变化量，核算改扩建项目建成后最终的污染物排放量。注意：现有、在建、改扩建项目还包括有组织与无组织、正常工况与非正常工况的统计。

33. ABD

34. AD　【解析】选项 B 的时间是近三年，选项 C 的主要布点原则应该是根据各环境要素环境影响评价技术导则要求布设，兼顾均布性和代表性原则。

35. ABCD

36. AC　【解析】选项 B、D 属“环境现状调查与评价的内容”。

37. ABCD　【解析】选择建设项目常规污染因子和特征污染因子、影响评价区环境质量的主要污染因子和特殊污染因子作为主要调查对象，注意不同污染源的分类调查。

38. BD　39. BCD

40. ABCD　【解析】环境影响预测与评价的时段、内容及方法均应根据工程特点与环境特性、评价工作等级、当地的环境保护要求确定。

41. BCD　42. BCD

43. AB　【解析】应重点预测建设项目生产运行阶段正常工况和非正常工况等情况的环境影响。

44. BD　【解析】当建设阶段的大气、地表水、地下水、噪声、振动、生态以及土壤等影响程度较重、影响时间较长时，应进行建设阶段的环境影响预测和评价。

45. ABC 【解析】可根据工程特点、规模、环境敏感程度、影响特征等选择开展建设项目服务期满后的环境影响预测和评价。

46. ABD 【解析】当建设项目排放污染物对环境存在累积影响时，应明确累积影响的影响源，分析项目实施可能发生累积影响的条件、方式和途径，预测项目实施在时间和空间上的累积环境影响。

47. BC 【解析】选项 B 的正确说法是：对存在较大潜在人群健康风险的建设项目，应分析人群主要暴露途径。健康风险评价包括的内容非常广，环境影响预测和评价很难把健康风险评价的内容全部完成。选项 C 的正确说法是：对以生态影响为主的建设项目，应预测生态系统组成和服务功能的变化趋势，重点分析项目建设和生产运行对环境保护目标的影响。

48. BCD

49. ABC 【解析】分析论证拟采取措施的技术可行性、经济合理性、长期稳定运行和达标排放的可靠性、满足环境质量改善和排污许可要求的可行性、生态保护和恢复效果的可达性。

50. ACD

51. ABCD 【解析】各类环境保护措施应给出各项污染防治、生态保护等环境保护措施和环境风险防范措施的具体内容、责任主体、实施时段，估算环境保护投入，明确资金来源。上述选项没有列出各类环保措施具体内容，如工艺、效果等。

52. ACD 【解析】环境保护投入应包括为预防和减缓建设项目不利环境影响而采取的各项环境保护措施和设施的建设费用、运行维护费用，直接为建设项目服务的环境管理与监测费用以及相关科研费用。

53. AD 【解析】对建设项目的环境影响后果（包括直接和间接影响、不利和有利影响）进行货币化经济损益核算，估算建设项目环境影响的经济价值。

54. ABCD 55. ABCD

56. ABCD 【解析】环境监测计划应包括污染源监测计划和环境质量监测计划，内容包括监测因子、监测网点布设、监测频次、监测数据采集与处理、采样分析方法等，明确自行监测计划内容。

57. ABC 【解析】污染源监测包括对污染源（包括废气、废水、噪声、固体废物等）以及各类污染治理设施的运转进行定期或不定期监测，明确在线监测设备的布设和监测因子。根据建设项目环境影响特征、影响范围和影响程度，结合环境保护目标分布，制定环境质量定点监测或定期跟踪监测方案。

58. ABCD 【解析】对存在重大环境制约因素、环境影响不可接受或环境风险不可控、环境保护措施经济技术不满足长期稳定达标及生态保护要求、区域环境问题突出且整治计划不落实或不能满足环境质量改善目标的建设项目，应提出环境影响不可行的结论。

59. ABCD

60. BD 【解析】选项D的正确说法是：区域环境问题突出且整治计划不落实应提出环境影响不可行的结论。

第三章　大气环境影响评价技术导则与相关标准

第一节　环境影响评价技术导则　大气环境

一、单项选择题（每题的备选项中，只有一个最符合题意）

1．大气环境评价工作分级的方法是根据（　　）计算确定。

A．推荐模式中的 ADMS 模式　　B．推荐模式中的估算模式

C．等标排放量的公式　　D．推荐模式中的 AERMOD 模式

2．最大地面浓度占标率的计算公式 $P_i=\frac{c_i}{c_{0i}}\times100\%$，其中 c_{0i} 在一般情况下选用 GB 3095 中第 i 类污染物的（　　）。

A．年平均取样时间的二级标准浓度限值

B．日平均取样时间的二级标准浓度限值

C．1 h 平均取样时间的二级标准浓度限值

D．1 h 平均取样时间的一级标准浓度限值

3．最大地面浓度占标率的计算公式 $P_i=\frac{c_i}{c_{0i}}\times100\%$，其中的 c_i 是指第 i 个污染物（　　）。

A．单位时间排放量（g/s）

B．达标排放后的排放浓度（mg/m^3）

C．估算模式计算出的最大地面浓度（mg/m^3）

D．环境空气质量标准（mg/m^3）

4．最大地面浓度占标率的计算公式中，如果 GB 3095 中没有小时浓度限值的污染物，则 c_{0i} 可取（　　）。

A．年平均浓度限值　　B．日平均浓度限值

C．日平均浓度限值的二倍值　　D．日平均浓度限值的三倍值

5．大气环境一级评价工作分级判据的条件是（　　）。

A．P_{max}≥80%或$D_{10\%}$≥5 km　　B．P_{max}≥80%且$D_{10\%}$≥5 km

C．P_{max}≥60% 或$D_{10\%}$≥3 km　　D．P_{max}≥60%且$D_{10\%}$≥3 km

6．大气环境三级评价工作分级判据的条件是（　　）。

A．P_{max}<10% 且 $D_{10\%}$<污染源距厂界最近距离

B．P_{max}<10% 或 $D_{10\%}$≤污染源距厂界最近距离

C．P_{max}<10% 或 $D_{10\%}$<污染源距厂界最近距离

D．P_{max}≤10% 或 $D_{10\%}$<污染源距厂界最近距离

7．某建设项目排放两种大气污染物，经计算甲污染物的最大地面浓度占标率P_i为50%，$D_{10\%}$为6 km；乙污染物的最大地面浓度占标率P_i为70%，$D_{10\%}$为5.5 km，则该项目的大气环境评价等级为（　　）。

A．一级　　B．二级　　C．三级　　D．一级或二级

8．某建设项目排放两种大气污染物，经计算甲污染物的最大地面浓度占标率P_i为50%，$D_{10\%}$为5 km；乙污染物的最大地面浓度占标率P_i为82%，$D_{10\%}$为4 km，则该项目的大气环境评价等级为（　　）。

A．一级　　B．二级　　C．三级　　D．一级或二级

9．某建设项目排放两种大气污染物，经计算 A 污染物的最大地面浓度占标率P_i为8%，$D_{10\%}$为3 km；B 污染物的最大地面浓度占标率P_i为9%，$D_{10\%}$为2 km，则该项目的大气环境评价等级为（　　）。

A．一级　　B．二级　　C．三级　　D．一级或二级

10．某建设项目排放两种大气污染物，经计算 A 污染物的最大地面浓度占标率P_i为15%，$D_{10\%}$为1.2 km；B 污染物的最大地面浓度占标率P_i为10%，$D_{10\%}$为1.1 km，污染源距厂界最近距离为1.3 km，则该项目的大气环境评价等级为（　　）。

A．一级　　B．二级　　C．三级　　D．一级或二级

11．某建设项目排放两种大气污染物，经计算 A 污染物的最大地面浓度占标率P_i为15%，$D_{10\%}$为1.2 km；B 污染物的最大地面浓度占标率P_i为10%，$D_{10\%}$为1.1 km，污染源距厂界最近距离为1.2 km，则该项目的大气环境评价等级为（　　）。

A．一级　　B．二级　　C．三级　　D．一级或二级

12．对于建成后全厂的主要污染物排放总量都有明显减少的改、扩建项目，评价等级（　　）。

A．可低于一级　　B．为三级

C．不低于二级　　D．不高于二级

13．对于以城市快速路、主干路等城市道路为主的新建、扩建项目，应考虑交通线源对道路两侧的环境保护目标的影响，评价等级应（　　）。

A．不高于二级　　B．为一级

C．不低于二级　　D．不能确定

14．项目的大气环境影响评价范围是根据（　　）确定。

A．项目周围敏感目标　　B．项目排放污染物的最大影响程度

C．项目排放污染物的最远影响范围　　D．最大地面浓度占标率

15．大气环境所有评价等级评价范围的直径或边长一般不应（　　）。

A．小于 2 km　　B．小于 5 km

C．小于 6 km　　D．小于 8 km

16．对于以线源为主的城市道路等项目，大气环境评价范围可设定为线源中心两侧各（　　）的范围。

A．100 m　　B．300 m　　C．200 m　　D．400 m

17．某建设项目经计算确定 $D_{10\%}$为 6 km，则该项目的大气环境评价范围为以排放源为中心点，（　　）。

A．以 6 km 为直径的圆

B．以主导风向为主轴的 12 km 为边长的矩形

C．以 12 km 为边长的矩形

D．应根据评价等级来确定

18．某建设项目经计算确定 $D_{10\%}$为 26 km，则该项目的大气环境评价范围为以排放源为中心点，（　　）。

A．以 26 km 为半径的圆　　B．以 25 km 为半径的圆

C．周长 50 km 的矩形区域　　D．边长 52 km 的矩形区域

19．某建设项目经计算确定 $D_{10\%}$为 2 km，则该项目的大气环境评价范围为以排放源为中心点，（　　）。

A．以 2 km 为半径的圆　　B．周长 4 km 的矩形区域

C．以 2.5 km 为半径的圆　　D．边长 4 km 的矩形区域

20．大气环境评价范围的（　　）。

A．直径或边长一般不应小于 4 km　　B．直径或周长一般不应小于 5 km

C．半径或边长一般不应小于 5 km　　D．直径或边长一般不应小于 5 km

21．对于三级评价项目，大气污染源调查与分析对象应包括（　　）。

A．项目的所有污染源

B．评价区的工业污染源

C．评价范围内与项目排放污染物有关的其他在建项目

D．已批复环境影响评价文件的未建项目污染源

22．大气环境影响评价时，对于评价范围内的在建和未建项目的污染源调查，下列哪个方法最合适？（　　）

A．使用物料衡算进行估算

B．使用已批准的环境影响报告书中的资料

C．引用设计资料中的数据

D．进行类比调查

23．大气环境污染源排污概况调查时，对于周期性排放的污染源，应给出周期性排放系数。周期性排放系数取值为（　　）。

A．0～1　　B．1～2　　C．0～100　　D．1～10

24．对大气环境一级评价项目，其监测制度应进行（　　）。

A．一期　　B．二期　　C．三期　　D．四期

25．对大气环境二级评价项目，其监测制度可取（　　）。

A．一期不利季节，必要时应作二期

B．二期

C．三期

D．一期有利季节，必要时也应作二期

26．对大气环境三级评价项目，其监测制度是（　　）。

A．作一期监测　　B．可不作监测，必要时可作一期监测

C．作一期不利季节　　D．作一期有利季节

27．对大气环境一级评价项目，其监测制度应进行二期，二期是指（　　）。

A．冬季、春季　　B．秋季、冬季

C．冬季、夏季　　D．据实际情况确定

28．每期监测时间，大气环境一级评价项目至少应取得有季节代表的（　　）有效数据。

A．3天　　B．5天　　C．6天　　D．7天

29．每期监测时间，大气环境二级评价项目至少应取得有季节代表的（　　）有效数据。

A．4天　　B．5天　　C．6天　　D．7天

30．在不具备自动连续监测条件时，一级评价项目每天监测时段，1小时浓度监测值应至少获取（　　）小时浓度值。

A．4个　　B．5个　　C．8个　　D．10个

31．在不具备自动连续监测条件时，二级和三级评价项目每天监测时段，1小时浓度监测值应至少获取（　　）小时浓度值。

A．4个　　B．5个　　C．8个　　D．10个

32．在不具备自动连续监测条件时，一级评价项目每天监测时段，1小时浓度监测值应至少获取当地时间（　　）时浓度值。

A．02，04，07，12，14，16，18，20

B．02，05，08，11，14，17，20，23

C．01，04，07，09，12，14，16，20

D．02，06，08，12，14，18，20，24

33．在不具备自动连续监测条件时，二级和三级评价项目每天监测时段，1 小时浓度监测值应至少获取当地时间（　　）时浓度度值。

A．02，12，17，20　　B．02，08，12，16

C．02，08，14，20　　D．02，12，18，24

34．对大气环境一级评价项目，监测点应包括评价范围内有代表性的环境空气保护目标，点位不少于（　　）。

A．9 个　　B．10 个　　C．12 个　　D．15 个

35．对大气环境二级评价项目，监测点应包括评价范围内有代表性的环境空气保护目标，点位不少于（　　）。

A．4 个　　B．8 个　　C．10 个　　D．6 个

36．对大气环境三级评价项目，若评价范围内已有例行监测点位，或评价范围内有近 3 年的监测资料，且其监测数据有效性符合大气导则有关规定，并能满足项目评价要求的，可（　　）。

A．不再安排现状监测　　B．再布置 1 个点进行监测

C．再布置 2～4 个点进行监测　　D．再布置 3 个点进行监测

37．大气环境现状监测布点原则是在评价区内按（　　）布点。

A．同心圆法　　B．放射状为主兼顾均布性

C．环境功能区法　　D．极坐标布点法

38．对于各级评价项目，均应调查评价范围（　　）以上的主要气候统计资料。

A．5 年　　B．10 年　　C．20 年　　D．30 年

39．气象观测资料调查时，对于一级、二级评价项目，还应调查（　　）的常规气象观测资料及其他气象观测资料。

A．逐日　　B．逐次

C．逐月、逐年　　D．逐日、逐次

40．对于一级评价项目，气象观测资料调查基本要求分两种情况，这两种情况是（　　）。

A. 评价范围小于 50 km 和大于 50 km　B. 评价范围小于 30 km 和大于 30 km

C. 评价范围小于 20 km 和大于 20 km　D. 评价范围小于 10 km 和大于 10 km

41．对于一级评价项目，地面气象观测资料调查要求是：距离项目最近的地面气象观测站，（　　）的常规地面气象观测资料。

A．近 3 年内的至少连续一年　　B．近 3 年内的至少连续两年

C．近 5 年内的至少连续两年　　D．近 5 年内的至少连续三年

42．对于二级评价项目，地面气象观测资料调查要求是：距离项目最近的地面气象观测站，（　　）的常规地面气象观测资料。

A．近 3 年内的至少连续一年　　B．近 3 年内的至少连续两年

C．近 5 年内的至少连续两年　　D．近 5 年内的至少连续三年

43．对于二级评价项目，常规高空气象探测资料调查要求是：调查距离项目最近的常规高空气象探测站，（　　）的常规高空气象探测资料。

A．近 3 年内的至少连续两年　　B．近 3 年内的至少连续一年

C．近 5 年内的至少连续两年　　D．近 5 年内的至少连续三年

44．对于二级评价项目，如果高空气象探测站与项目的距离超过 50 km，高空气象资料可采用中尺度气象模式模拟的（　　）内的格点气象资料。

A．30 km　　B．50 km　　C．80 km　　D．100 km

45．大气环境影响预测的步骤一般有（　　）。

A．5 个　　B．6 个　　C．8 个　　D．10 个

46．大气环境预测因子应根据评价因子而定，选取有（　　）的评价因子作为预测因子。

A．国家环境空气质量标准　　B．国家环境空气排放标准

C．环境空气质量标准　　D．地方环境空气质量标准

47．大气环境预测时，计算污染源对评价范围的影响时，一般取（　　），项目位于预测范围的中心区域。

A．主导风向为 x 坐标轴，主导风向的垂直方向为 y 坐标轴

B．东西向为 x 坐标轴、南北向为 y 坐标轴

C．南北向为 x 坐标轴、东西向为 y 坐标轴

D．可以任意设置 x、y 坐标轴

48．大气环境一级评价项目预测内容中，对于施工期超过（　　）的项目，并且施工期排放的污染物影响较大，应预测施工期间的大气环境质量。

A．半年　　B．一年　　C．二年　　D．三年

49．大气环境一级评价项目预测内容中，非正常排放情况，需预测全年（　　）小时气象条件下，环境空气保护目标的最大地面小时浓度和评价范围内的最大地面小时浓度。

A．逐时或逐次　　B．逐日或逐次

C．逐日或逐时　　D．长期气象条件下

50．下列污染类别，需预测所有因子的是（　　）。

A．新增污染源的正常排放　　B．新增污染源的非正常排放

C．削减污染源　　D．被取代污染源

51．只需预测小时浓度的污染源类别有（　　）。

A．新增污染源的正常排放　　B．新增污染源的非正常排放

C．削减污染源　　D．被取代污染源

E．拟建项目相关污染源

52．对环境空气敏感区的环境影响分析，应考虑其预测值和同点位处的现状背景值的（　　）的叠加影响。

A．最小值　　B．平均值　　C．最大值　　D．加权平均值

53．对最大地面浓度点的环境影响分析可考虑预测值和所有现状背景值的（　　）的叠加影响。

A．最小值　　B．平均值　　C．最大值　　D．加权平均值

54．大气环境影响预测分析与评价时，需叠加现状背景值，分析项目建成后最终的区域环境质量状况，下列公式正确的是（　　）。

A．新增污染源预测值＋现状监测值－削减污染源计算值（如果有）＋被取代污染源计算值（如果有）＝项目建成后最终的环境影响

B．新增污染源预测值＋现状监测值＋削减污染源计算值（如果有）－被取代污染源计算值（如果有）＝项目建成后最终的环境影响

C．新增污染源预测值＋现状监测值＝项目建成后最终的环境影响

D．新增污染源预测值＋现状监测值－削减污染源计算值（如果有）－被取代污染源计算值（如果有）＝项目建成后最终的环境影响

55．在分析典型小时气象条件下，项目对环境空气敏感区和评价范围的最大环境影响时，应绘制（　　）。

A．评价范围内出现区域小时平均浓度平均值时所对应的浓度等值线分布图

B．评价范围内出现区域日平均浓度最大值时所对应的浓度等值线分布图

C．预测范围内的浓度等值线分布图

D．评价范围内出现区域小时平均浓度最大值时所对应的浓度等值线分布图

56．AERMOD适用于评价范围（　　）的一级、二级评价项目。

A．小于等于50 km　　B．大于等于50 km

C．小于等于30 km　　D．大于等于30 km

57．ADMS-EIA版适用于评价范围（　　）的一级、二级评价项目。

A．小于等于50 km　　B．大于等于50 km

C．小于等于30 km　　D．大于等于30 km

58．评价范围大于等于50 km的一级评价项目，可选择（　　）进行预测。

A．估算模式　　B．AERMOD 模式

C．ADMS 模式　　D．CALPUFF 模式

59．大气环境线源预测，可选择（　　）进行预测。

A．估算模式　　B．AERMOD 模式

C．ADMS 模式　　D．EIA 模式

60．可模拟三维流场随时间和空间发生变化时污染物的输送、转化和清除过程的预测模式是（　　）。

A．估算模式　　B．AERMOD 模式

C．ADMS 模式　　D．CALPUFF 模式

61．基于估算模式计算大气环境防护距离时，计算出的距离是以（　　）为起点的控制距离。

A．厂界　　B．污染源中心点

C．污染源边界　　D．厂区中心点

62．项目大气环境防护区域是指以（　　）为起点的控制范围。

A．厂界　　B．污染源中心点

C．污染源边界　　D．厂区中心点

63．基于估算模式计算大气环境防护距离时，计算污染源强的排放浓度是取（　　）。

A．实际排放浓度　　B．场界排放浓度

C．未经处理的排放浓度　　D．削减达标后的排放浓度

64．基于估算模式计算某企业的大气环境防护距离时，甲污染物计算的距离为 205 m，乙污染物计算的距离为 300 m，丙污染物计算的距离为 350 m，则该企业的大气环境防护距离应取（　　）。

A．400 m　　B．500 m　　C．350 m　　D．325 m

65．关于复杂地形的说法，正确的是（　　）。

A．距污染源中心点 3 km 内的地形高度（不含建筑物）等于或超过排气筒高度时

B．距污染源中心点 5 km 内的地形高度（含建筑物）等于或超过排气筒高度时

C．距污染源中心点 5 km 内的地形高度（不含建筑物）等于或超过排气筒高度时

D．距污染源中心点 5 km 内的地形高度（不含建筑物）低于排气筒高度时

66．关于简单地形的说法，正确的是（　　）。

A．距污染源中心点 5km 内的地形高度（含建筑物）等于或低于排气筒高度时

B．距污染源中心点 3km 内的地形高度（含建筑物）等于或超过排气筒高度时

C．距污染源中心点 3km 内的地形高度（不含建筑物）低于排气筒高度时

D．距污染源中心点 5km 内的地形高度（不含建筑物）低于排气筒高度时

二、不定项选择题（每题的备选项中至少有一个符合题意）

1．大气环境评价工作等级的确定是根据（　　）确定。

A．最大地面浓度占标率 P_i　　B．等标排放量

C．最远距离 $D_{10\%}$　　D．环境空气敏感区的分布

2．最大地面浓度占标率的计算公式 $P_i=\frac{c_i}{c_{0i}}\times 10^9$，关于 c_{0i} 的选用，说法正确的有（　　）。

A．一般选用 GB 3095 中 1 小时平均取样时间的二级标准的浓度限值

B．对 GB 3095 中未包含的污染物，可参照 TJ 36 中的居住区大气中有害物质的最高容许浓度的日均浓度限值

C．如国内无相应的标准，可参照国外有关标准选用，但应作出说明，不用报环保主管部门批准可执行

D．如已有地方标准，应选用地方标准中的相应值

3．下列建设项目的大气环境评价等级不低于二级的是（　　）。

A．高耗能行业的多源（两个以上，不含两个）项目

B．评价范围内包含一类环境空气质量功能区

C．评价范围内主要评价因子的环境质量已接近或超过环境质量标准

D．项目排放的污染物对人体健康或生态环境有严重危害的特殊项目

E．以城市快速路为主的扩建项目

4．下列关于大气环境评价等级确定的说法，正确的有（　　）。

A．确定评价工作等级的同时应说明估算模式计算参数和选项

B．一级、二级、三级评价都应选择大气导则推荐模式清单中的进一步预测模式进行大气环境影响预测

C．同一项目有多个（两个以上，含两个）污染源排放同一种污染物时，则按各污染源分别确定其评价等级，并取评价级别最高者作为项目的评价等级

D．对于公路、铁路等项目，应按项目沿线主要集中式排放源（如服务区、车站等大气污染源）排放的污染物总量计算其评价等级

5．下列属于大气环境影响评价工作程序中第二阶段工作的是（　　）。

A．确定评价工作等级和评价范围　　B．污染源的调查与核实

C．气象观测资料调查与分析　　D．地形数据收集

6．下列（　　）工作是大气环境影响评价工作程序中第一阶段的工作。

A．环境空气质量现状监测　　B．环境空气质量现状调查

C．气象特征调查　　D．气象观测资料调查与分析

7．对于新建项目一级、二级评价项目，大气污染源调查与分析对象应包括（　　）。

A．拟建项目的所有污染源

B．拟建项目新污染源

C．评价范围内与项目排放污染物有关的其他在建项目

D．已批复环境影响评价文件的未建项目污染源

8．对于改扩建项目一级、二级评价项目，大气污染源调查与分析对象应包括（　　）。

A．新污染源

B．老污染源

C．评价范围内与项目排放污染物有关的其他在建项目

D．已批复环境影响评价文件的未建项目污染源

9．在大气环境评价工作中，对于新建项目，污染源调查与分析的方法可通过（　　）确定。

A．类比调查　　B．物料衡算

C．专家咨询　　D．设计资料

10．在大气环境评价工作中，对于分期实施的工程项目，污染源调查与分析的方法可通过（　　）确定。

A．利用年度例行监测资料　　B．利用前期工程最近3年内的验收监测资料

C．进行实测　　D．利用前期工程最近5年内的验收监测资料

11．大气环境污染源排污概况调查的内容包括（　　）。

A．在70%以上工况下，按分厂或车间逐一统计各有组织排放源和无组织排放源的主要污染物排放量

B．在满负荷排放下，按分厂或车间逐一统计各有组织排放源和无组织排放源的主要污染物排放量

C．对改扩建项目的主要污染物排放量应给出“三本账”

D．对于毒性较大的污染物应估计其非正常排放量

E．对于周期性排放的污染源，应给出周期性排放系数

12．大气环境三级评价项目污染源调查，下列可以不调查的内容是（　　）。

A．体源调查　　B．建筑物下洗参数

C．污染源排污概况　　D．点源调查

E．面源调查

13．大气环境点源调查的内容包括（　　）。

A．各主要污染物正常排放量（g/s），排放工况，年排放小时数（h）

B．排气筒底部中心坐标，以及排气筒底部的海拔高度（m）

C．排气筒有效高度（m）及排气筒出口内径（m）

D．烟气出口速度（m/s）、排气筒出口处烟气温度（K）

E．毒性较大物质的非正常排放量（g/s），排放工况，年排放小时数（h）

14．下列内容属于大气环境面源调查内容的是（　　）。

A．各主要污染物正常排放量［（g/（s•m^2）］，排放工况，年排放小时数（h）

B．排气筒高度和出口内径（m）

C．面源初始排放高度（m）

D．面源起始点坐标，以及面源所在位置的海拔高度（m）

E．面源分类

15．下列内容属于大气环境体源调查内容的是（　　）。

A．体源高度（m）

B．体源中心点坐标，以及体源所在位置的海拔高度（m）

C．体源排放速率（g/s），排放工况，年排放小时数（h）

D．体源的边长（m）、宽度（m）

E．初始横向扩散参数（m），初始垂直扩散参数（m）

16．大气环境污染源调查时，对于颗粒物的粒径分布内容的调查应包括（　　）。

A．颗粒物粒径分级（最多不超过20级）

B．颗粒物的分级粒径（μm）

C．各级颗粒物的质量密度（g/cm^3）

D．各级颗粒物所占的质量比

17．大气环境线源调查的内容包括（　　）。

A．平均车速（km/h），各时段车流量（辆/h）、车型比例

B．各种车型的污染物排放速率［（g/（km•s）］

C．街道街谷高度（m）

D．线源几何尺寸（分段坐标），线源距地面高度（m），道路宽度（m）

E．各种车型排气口高度

18．下列关于环境空气质量现状调查的原则，现状调查资料来源途径正确的是（　　）。

A．收集评价范围内及邻近评价范围的各例行空气质量监测点近三年与项目有关的监测资料

B．收集近三年与项目有关的历史监测资料

C．收集近五年与项目有关的历史监测资料

D．进行现场监测

19. 下列污染物应筛选为环境空气质量现状监测因子的是（　　）。

A. 凡项目排放的污染物属于常规污染物的

B. 凡项目排放的特征污染物有国家或地方环境质量标准的

C. 凡项目排放的特征污染物有 TJ 36 中的居住区大气中有害物质的最高允许浓度的

D. 对于没有相应环境质量标准的污染物，且属于毒性较大的，可以不选用

E. 对于没有相应环境质量标准的污染物，且属于毒性较大的，应按照实际情况选用

20. 下列关于大气环境监测制度的叙述，错误的有（　　）。

A. 对于评价范围内没有排放同种特征污染物的项目，可减少监测天数

B. 监测时应使用空气自动监测设备

C. 对于部分无法进行连续监测的特殊污染物，可监测其一次浓度值

D. 每期监测时间，至少应取得有季节代表性的 5 天有效数据

E. 在不具备自动连续监测条件时，二级评价项目每天监测时段，1 小时浓度监测值应至少获取 8 个小时浓度值

21. 下列关于环境空气质量现状监测布点原则的叙述，正确的有（　　）。

A. 一级、二级评价项目，监测点应包括评价范围内有代表性的环境空气保护目标

B. 对于地形复杂、污染程度空间分布差异较大、环境空气保护目标较多的区域，可酌情增加监测点数目

C. 若评价范围内没有其他污染源排放同种特征污染物的，可适当减少监测点位

D. 城市道路项目二级评价项目，监测点位可以不按照不少于 6 个点设置

E. 三级评价项目，若评价范围内有近 2 年的监测资料，可不再进行现状监测，否则，应设置 2～4 个监测点

22. 下列关于环境空气质量现状监测结果统计分析内容，说法正确的有（　　）。

A. 分析重污染时间分布情况及其影响因素

B. 分析大气污染物浓度的日变化规律

C. 分析大气污染物浓度与地面风向、风速等气象因素及污染源排放的关系

D. 给出各监测点大气污染物的不同取值时间的浓度变化范围

E. 给出各取值时间最大浓度值占相应标准浓度限值的百分比和超标率

23. 常规气象观测资料包括（　　）。

A. 常规地面气象观测资料　　B. 典型日地面气象观测资料

C. 常规高空气象探测资料　　D. 典型日高空气象探测资料

24. 下列因素与气象观测资料的调查要求有关的是（ ）。

A. 项目的评价等级　　B. 评价范围内地形复杂程度

C. 项目的行业　　D. 污染物排放是否连续稳定

E. 水平流场是否均匀一致

25. 下列内容属于地面气象观测资料中的常规调查项目的是（ ）。

A. 风向　　B. 时间　　C. 露点温度

D. 风速　　E. 干球温度

26. 下列内容属于地面气象观测资料中的常规调查项目的是（ ）。

A. 低云量　　B. 总云量　　C. 风向

D. 风速　　E. 气压

27. 下列内容属于地面气象观测资料中的可选择调查的观测资料内容的是（ ）。

A. 相对湿度　　B. 总云量　　C. 水平能见度

D. 时间　　E. 降水量

28. 下列内容属于常规高空气象探测资料中的常规调查项目的是（ ）。

A. 探空数据层数　　B. 每层的高度　　C. 每层的气压

D. 时间　　E. 每层的气温

29. 下列内容属于常规高空气象探测资料中的常规调查项目的是（ ）。

A. 每层的降水量　　B. 每层的风速、风向　　C. 云底高度

D. 每层的气压　　E. 中云量

30. 下列内容属于常规气象资料分析内容的是（ ）。

A. 温度　　B. 云量　　C. 风向

D. 风频　　E. 风速

31. 下列内容属于常规气象资料风频分析内容的是（ ）。

A. 温廓线　　B. 主导风向　　C. 风廓线　　D. 风向玫瑰图

E. 统计所收集的长期地面气象资料中，每月、各季及长期平均各风向风频变化情况

32. 下列步骤属于大气环境影响预测的步骤的是（ ）。

A. 确定预测因子　　B. 确定评价等级

C. 设定预测情景　　D. 确定气象条件

E. 确定地形数据

33. 下列步骤属于大气环境影响预测的步骤的是（ ）。

A. 确定预测范围　　B. 确定污染源计算清单

C. 确定计算点　　D. 选择预测模式

E．确定模式中的相关参数

34．大气环境预测范围应覆盖评价范围，同时还应考虑（　　）等进行适当调整。

A．评价范围的主导风向　　B．污染源的排放高度
C．地形和周围环境敏感区的位置　　D．污染源的排放量

35．下列属于点源参数调查清单的内容的是（　　）。

A．排气筒底部海拔高度　　B．排气筒高度
C．排气筒内径　　D．年排放小时数
E．烟气出口速度

36．下列属于点源参数调查清单的内容的是（　　）。

A．*x* 坐标、*y* 坐标　　B．烟气出口温度
C．排放工况　　D．评价因子源强
E．毒性较大物质的属性

37. 矩形面源、多边形面源、近圆形面源参数调查清单中共有的内容有（　　）。

A．评价因子源强　　B．海拔高度
C．面源初始排放高度　　D．年排放小时数
E．排放工况

38．在矩形面源、多边形面源、近圆形面源参数调查清单中，矩形面源所特有的内容有（　　）。

A．面源起始点坐标　　B．顶点数或边数
C．面源长度　　D．面源的宽度
E．与正北方向逆时针的夹角

39．在矩形面源、多边形面源、近圆形面源参数调查清单中，近圆形面源所特有的内容有（　　）。

A．近圆形半径　　B．顶点数或边数
C．面源中心坐标　　D．面源的宽度
E．与正北方向逆时针的夹角

40．在各类污染源调查清单中，体源所特有的内容有（　　）。

A．体源初始排放高度　　B．体源边长
C．体源的宽度　　D．体源高度
E．初始横向、垂直扩散参数

41．大气环境影响预测计算点可分（　　）。

A．区域地面下风向轴线浓度点　　B．预测范围内的网格点
C．环境空气敏感区　　D．区域最大地面浓度点

42. 下列内容属于大气环境一级评价项目预测的内容是（　　）。

A. 施工期超过一年的项目，且施工期排放的污染物影响较大，应预测施工期间的大气环境质量

B. 非正常排放情况，全年逐日、逐时或逐次小时气象条件下，环境空气保护目标的最大地面小时浓度和评价范围内的最大地面小时浓度

C. 长期气象条件下，环境空气保护目标、网格点处的地面浓度和评价范围内的最大地面年平均浓度

D. 全年逐日气象条件下，环境空气保护目标、网格点处的地面浓度和评价范围内的最大地面日平均浓度

E. 全年逐时或逐次小时气象条件下，环境空气保护目标、网格点处的地面浓度和评价范围内的最大地面小时浓度

43. 下列内容属于大气环境二级评价项目预测的内容是（　　）。

A. 施工期超过一年的项目，且施工期排放的污染物影响较大，应预测施工期间的大气环境质量

B. 非正常排放情况，全年逐时或逐次小时气象条件下，环境空气保护目标的最大地面小时浓度和评价范围内的最大地面小时浓度

C. 长期气象条件下，环境空气保护目标、网格点处的地面浓度和评价范围内的最大地面年平均浓度

D. 全年逐日气象条件下，环境空气保护目标、网格点处的地面浓度和评价范围内的最大地面日平均浓度

E. 全年逐时或逐次小时气象条件下，环境空气保护目标、网格点处的地面浓度和评价范围内的最大地面小时浓度

44. 下列内容属于大气环境三级评价项目预测的内容是（　　）。

A. 非正常排放情况，全年逐时或逐次小时气象条件下，环境空气保护目标的最大地面小时浓度和评价范围内的最大地面小时浓度

B. 长期气象条件下，环境空气保护目标、网格点处的地面浓度和评价范围内的最大地面年平均浓度

C. 全年逐日气象条件下，环境空气保护目标、网格点处的地面浓度和评价范围内的最大地面日平均浓度

D. 全年逐时或逐次小时气象条件下，环境空气保护目标、网格点处的地面浓度和评价范围内的最大地面小时浓度

E. 以上都可以不预测

45. 下列内容属于大气环境一级评价项目预测的内容是（　　）。

A. 评价区域季（期）、年长期平均浓度分布图

B．不利气象条件下，评价区域内的浓度分布图及其出现的频率

C．长期气象条件下，环境空气保护目标、网格点处的地面浓度和评价范围内的最大地面年平均浓度

D．全年逐日气象条件下，环境空气保护目标、网格点处的地面浓度和评价范围内的最大地面日平均浓度

E．一次（30 min）和 24 h 取样时间的最大地面浓度和位置

46．需预测小时浓度的污染源类别有（　　）。

A．新增污染源的正常排放　　B．新增污染源的非正常排放

C．削减污染源　　D．被取代污染源

E．拟建项目相关污染源

47．对于新增污染源正常排放，常规预测内容包括（　　）。

A．小时浓度　　B．日平均浓度

C．季均浓度　　D．年均浓度

48．只需预测日平均浓度、年均浓度的污染源类别有（　　）。

A．新增污染源的正常排放　　B．新增污染源的非正常排放

C．削减污染源　　D．被取代污染源

E．其他在建、拟建项目相关污染源

49．只需预测环境空气保护目标计算点的污染源类别有（　　）。

A．新增污染源的正常排放　　B．新增污染源的非正常排放

C．削减污染源　　D．被取代污染源

E．其他在建、拟建项目相关污染源

50．对于新增污染源正常排放，需预测的计算点有（　　）。

A．区域最远地面距离　　B．网格点

C．环境空气保护目标　　D．区域最大地面浓度点

51．对于新增污染源非正常排放，需预测的计算点有（　　）。

A．区域最远地面距离　　B．网格点

C．环境空气保护目标　　D．区域最大地面浓度点

52．在分析典型小时气象条件下，项目对环境空气敏感区和评价范围的最大环境影响时，应分析下列（　　）内容。

A．是否超标　　B．超标范围和程度

C．小时浓度超标概率　　D．小时浓度超标最大持续发生时间

E．超标位置

53．分析长期气象条件下，项目对环境空气敏感区和评价范围的环境影响，应分析下列（　　）内容。

A．是否超标　　B．超标范围和程度
C．年均浓度超标概率　　D．绘制预测范围内的浓度等值线分布图
E．超标位置

54．估算模式适用于（　　）。

A．线源的最大地面浓度预测　　B．评价等级的确定
C．评价范围的确定　　D．点源污染物日平均浓度的分布预测

55．AERMOD 模式包括（　　）预处理模式。

A．AERCAT 地形　　B．AERMAP 地形
C．AERME 污染源　　D．AERMET 气象

56．下列关于估算模式的说法，正确的有（　　）。

A．估算模式是一种多源预测模式
B．估算模式中嵌入了多种预设的气象组合条件
C．估算模式计算出的最大地面浓度小于进一步预测模式的计算结果
D．对于小于 1 小时的短期非正常排放，可采用估算模式进行预测

57．基于估算模式计算大气环境防护距离时，输入污染源强的单位是（　　）。

A．g/s　　B．kg/h　　C．t/a　　D．mg/m^3　　E．L/m^3

58．大气环境影响评价结论与建议的主要内容有（　　）。

A．污染物排放总量控制指标的落实情况
B．大气环境防护距离设置
C．大气污染控制措施
D．污染源的排放强度与排放方式
E．项目选址及总图布置的合理性和可行性

59．下列内容属于大气环境影响评价结论与建议的内容的是（　　）。

A．确定污染源分担率并评价大气污染防治措施的可行性
B．评价项目完成后污染物排放总量控制指标能否满足环境管理要求
C．若大气环境防护区域内存在长期居住的人群，应给出相应的搬迁建议或优化调整项目布局的建议
D．根据预测结果，比较污染源的不同排放强度和排放方式对区域环境的影响，并给出优化调整的建议
E．根据大气环境影响预测结果，给出项目选址及总图布置优化调整的建议及方案

60．对于大气环境一级评价项目，需附上（　　）基本附图。

A．污染物浓度等值线分布图
B．复杂地形的地形示意图

C．常规气象资料分析图

D．基本气象分析图

E．污染源点位及环境空气敏感区分布图

61．对于大气环境三级评价项目，需附上（　　）基本附图。

A．污染物浓度等值线分布图　　B．复杂地形的地形示意图

C．常规气象资料分析图　　D．基本气象分析图

E．污染源点位及环境空气敏感区分布图

62．对于大气环境二级评价项目，需附上（　　）基本附图。

A．污染物浓度等值线分布图　　B．复杂地形的地形示意图

C．常规气象资料分析图　　D．基本气象分析图

E．污染源点位及环境空气敏感区分布图

63．对于大气环境二级评价项目，需附上（　　）基本附表。

A．采用估算模式计算结果表　　B．污染源调查清单

C．环境质量现状监测分析结果表　　D．常规气象资料分析表

E．环境影响预测结果达标分析表

64．对于大气环境三级评价项目，需附上（　　）基本附表。

A．采用估算模式计算结果表　　B．污染源调查清单

C．常规气象资料分析表　　D．环境质量现状监测分析结果表

E．环境影响预测结果达标分析表

65．对于大气环境一级、二级评价项目，需附上（　　）基本附件。

A．环境质量现状监测原始数据文件　　B．气象观测资料文件

C．预测模型所有输入文件及输出文件　　D．污染源调查清单

66．在什么情况下需补充地面气象观测？（　　）

A．地面气象观测站与项目的距离超过 30 km

B．地面气象观测站与项目的距离超过 50 km

C．地面站与评价范围的地理特征不一致

D．地面站与评价范围的地理特征一致

67．关于补充地面气象观测的说法，正确的是（　　）。

A．补充地面气象观测数据不可作为当地长期气象条件参与大气环境影响预测

B．一级评价的补充观测应进行为期一年的连续观测

C．二级评价的补充地面气象观测可选择有代表性的季节进行连续观测，观测期限应在 2 个月以上

D．一级评价的补充地面气象观测应进行为期二年的连续观测

68．关于简单地形和复杂地形的说法，正确的有（　　）。

A. 距污染源中心点 3 km 内的地形高度（含建筑物）超过排气筒高度时，称为复杂地形

B. 距污染源中心点 5 km 内的地形高度（含建筑物）等于或低于排气筒高度时，称为简单地形

C. 距污染源中心点 5 km 内的地形高度（不含建筑物）等于或超过排气筒高度时，称为复杂地形

D. 距污染源中心点 5 km 内的地形高度（不含建筑物）低于排气筒高度时，称为简单地形

参考答案

一、单项选择题

1. B　2. C　3. C　4. D　5. B　6. C

7. B　【解析】如污染物数 i 大于 1，取 P 值中最大者（P_{max}）和其对应的 $D_{10\%}$。本题的 P_{max} 取 70%，$D_{10\%}$ 为 5.5 km，按照导则应为二级。

8. B　【解析】如污染物数 i 大于 1，取 P 值中最大者（P_{max}）和其对应的 $D_{10\%}$。本题的 P_{max} 取 82%，$D_{10\%}$ 为 4 km，按照导则应为二级。虽然本题中的 P_{max} 大于 80%，但 $D_{10\%}$ 小于 5 km，不符合一级评价的条件。

9. C　【解析】如污染物数 i 大于 1，取 P 值中最大者（P_{max}）和其对应的 $D_{10\%}$。本题的 P_{max} 取 9%，$D_{10\%}$ 为 2 km，按照导则只要满足 P_{max}＜10%和 $D_{10\%}$＜污染源距厂界最近距离的一个条件就可定为三级。

10. C　【解析】如污染物数 i 大于 1，取 P 值中最大者（P_{max}）和其对应的 $D_{10\%}$。本题的 P_{max} 取 15%，$D_{10\%}$ 为 1.2 km。按照导则只要满足 P_{max}＜10%和 $D_{10\%}$＜污染源距厂界最近距离的一个条件就可定为三级。本题中虽然 P_{max}＞10%，但 $D_{10\%}$＜1.3 km（污染源距厂界最近距离），因此本题为三级。

11. B　【解析】本题中的 $D_{10\%}$ 等于污染源距厂界最近距离，且 P_{max} 为 15%，不满足三级评价的条件。评价等级的划分依据请考生注意“＜”“≥”符号。

12. A　13. C　14. C　15. B　16. C

17. C　【解析】大气环境评价范围为以排放源为中心点，以 $D_{10\%}$ 为半径的圆或 $2 \times D_{10\%}$ 为边长的矩形。选项 A 应为 6 km 为半径的圆。

18. B　【解析】当最远距离超过 25 km 时，确定评价范围为半径 25 km 的圆形区域或边长 50 km 的矩形区域。

19. C　【解析】评价范围的直径或边长一般不应小于 5 km。

20. D 21. A 22. B 23. A 24. B 25. A 26. B 27. C 28. D

29. D 【解析】新的大气导则规定：不管是几级评价，每期监测时间，至少应取得有季节代表性的 7 天有效数据，采样时间应符合监测资料的统计要求。对于评价范围内没有排放同种特征污染物的项目，可减少监测天数。

30. C 31. A 32. B 33. C 34. B 35. D 36. A 37. D 38. C 39. D 40. A 41. D 42. A 43. B 44. B 45. D 46. C 47. B 48. B 49. A

50. A 【解析】选项 BCD 只需预测主要因子。

51. B 【解析】大气导则中的“表 8 常规预测情景组合”需记住，形成影像，不管如何出题，就能回答正确。

52. C 53. B

54. D 【解析】若评价范围内还有其他在建项目、已批复环境影响评价文件的拟建项目，也应考虑其建成后对评价范围的共同影响。

55. D 56. A 57. A 58. D 59. C 60. D 61. B

62. A 【解析】采用推荐模式中的大气环境防护距离模式计算各无组织源的大气环境防护距离。计算出的距离是以污染源中心点为起点的控制距离，并结合厂区平面布置图，确定控制距离范围，超出厂界以外的，即为项目大气环境防护区域。

63. D 【解析】有场界排放浓度标准的，预测结果应首先满足场界排放标准。如预测结果在场界监控点处（以标准规定为准）出现超标，应要求削减排放源强。计算大气环境防护距离的污染物排放源强应采用削减后的源强。

64. C 【解析】如果有多个污染物，对每一个污染物要输入其排放率和标准，进行计算，得到每一个污染物的结果，大气环境防护距离取最大值。

65. C 【解析】选项 D 是简单地形的定义。

66. D

二、不定项选择题

1. AC 2. AD

3. BCDE 【解析】高耗能行业的多源（两个以上，含两个）项目，评价等级应不低于二级。

4. AC 【解析】选项 B 的正确说法是：一级、二级评价应选择本导则推荐模式清单中的进一步预测模式进行大气环境影响预测工作。三级评价可不进行大气环境影响预测工作，直接以估算模式的计算结果作为预测与分析依据。选项 D 的正确说法是：对于公路、铁路等项目，应分别按项目沿线主要集中式排放源（如服务区、车站等大气污染源）排放的污染物计算其评价等级。

5. BCD

6. BC　【解析】环境空气质量现状调查、气象特征调查、地形特征调查属第一阶段的工作。环境空气质量现状监测、气象观测资料调查与分析、地形数据收集属第二阶段的工作。

7. ACD　8. ABCD　9. ABD　10. ACD　11. BCDE

12. ABDE　【解析】三级评价项目可只调查污染源排污概况，并对估算模式中的污染源参数进行核实。

13. ABDE　【解析】排气筒有效高度不在调查范围之内，排气筒几何高度是调查内容。

14. ACD

15. ABCE　【解析】体源的宽度（m）不在调查范围之内。

16. ABCD　17. ABCD　18. ABD　19. ABCE　20. DE

21. ABC　【解析】选项E的正确说法是：三级评价项目，若评价范围内已有例行监测点位或评价范围内有近3年的监测资料，且其监测数据有效性符合大气导则有关规定，并能满足项目评价要求的，可不再进行现状监测，否则，应设置2～4个监测点。

22. ABCDE　23. AC　24. ABDE　25. ABDE

26. ABCD　【解析】观测资料的常规调查项目有6项：时间（年、月、日、时）、风向（以角度或按16个方位表示）、风速、干球温度、低云量、总云量。

27. ACE　【解析】根据不同评价等级预测精度要求及预测因子特征，可选择调查的观测资料的内容：湿球温度、露点温度、相对湿度、降水量、降水类型、海平面气压、观测站地面气压、云底高度、水平能见度等。

28. ABCDE

29. BD　【解析】常规高空气象探测资料的调查项目有7项：时间（年、月、日、时），探空数据层数，每层的气压、高度、气温、风速、风向（以角度或按16个方位表示）。

30. ACDE

31. BDE　【解析】风廓线属"风速"分析的内容。

32. ACDE　33. ABCDE　34. ABC　35. ABCDE

36. ABCD　【解析】注意："点源参数调查清单的内容"与"污染源调查内容"的差异。对于点源来说，两者的内容基本相同，表达方式有所不同，如点源调查内容有"毒性较大物质的非正常排放量（g/s），排放工况，年排放小时数（h）"，而"点源参数调查清单的内容"中只有评价因子源强及其对应的排放工况、年排放小时数。

37. ABCDE　38. ACDE　39. AC　40. BDE　41. BCD　42. ACDE　43. BCDE　44. E　45. CD　46. AB　47. ABD　48. CDE　49. CDE　50. BCD　51. CD

52. ACDE　【解析】超标范围是长期气象条件下应分析的内容。典型小时气象条件和典型日气象条件下分析的内容基本相同。

53. ABDE　【解析】“超标概率和最大持续发生时间”是典型小时、典型日气象条件下应分析的内容。

54. BC　55. BD

56. BD　【解析】估算模式是一种单源预测模式。估算模式计算出的最大地面浓度大于进一步预测模式的计算结果。

57. ABC　58. ABCDE　59. BCDE　60. ABCDE　61. DE　62. ACDE

63. ABCDE　【解析】一级评价和二级评价的基本附表是相同的。

64. ABD

65. ABC　【解析】选项 D 为附表。一级评价和二级评价的基本附件是相同的，三级评价只需附上“环境质量现状监测原始数据文件”。

66. BC　67. BC　68. CD

第二节　相关大气环境标准

一、单项选择题（每题的备选项中，只有一个最符合题意）

1. 据《环境空气质量标准》（GB 3095—2012），SO_2的二级标准的 1 小时平均浓度限值是（　　）μg/m^3。

A. 500　　B. 300　　C. 150　　D. 200

2. 据《环境空气质量标准》（GB 3095—2012），NO_2的二级标准的 1 小时平均浓度限值是（　　）μg/m^3。

A. 240　　B. 200

C. 80　　D. 120

3. 据《环境空气质量标准》（GB 3095—2012），PM_{10}的二级标准的 24 小时平均浓度限值是（　　）μg/m^3。

A. 75　　B. 35　　C. 100　　D. 150

4. 据《环境空气质量标准》（GB 3095—2012），$PM_{2.5}$的二级标准的 24 小时平均浓度限值是（　　）μg/m^3。

A. 75　　B. 35　　C. 100　　D. 150

5. 在《环境空气质量标准》（GB 3095—2012）中，没有 24 小时平均浓度限值的污染物是（　　）。

A. O_3　　B. NO_2　　C. CO　　D. $PM_{2.5}$

6. 根据《环境空气质量标准》（GB 3095—2012），二级标准的污染物浓度限值是（　　）。

A. SO_2 1小时平均浓度限值为150 μg/m^3

B. PM_{10} 24小时平均浓度限值为100 μg/m^3

C. $PM_{2.5}$ 24小时平均浓度限值为75 μg/m^3

D. NO_2 1小时平均浓度限值为240 μg/m^3

7. 《环境空气质量标准》（GB 3095—2012）自（　　）起在全国实施。

A. 2013年1月1日　　B. 2014年1月1日

C. 2015年1月1日　　D. 2016年1月1日

8. 据《关于实施〈环境空气质量标准〉（GB 3095—2012）的通知（环发〔2012〕11号）》，（　　）2015年执行该标准。

A. 所有地级以上城市　　B. 国家环保模范城市

C. 环境保护重点城市　　D. 所有县级以上城市

9. 据《环境空气质量标准》（GB 3095—2012），环境空气二氧化氮（NO_2）的手工监测分析方法有（　　）。

A. 盐酸萘乙二胺分光光度法　　B. 化学发光法

C. 紫外荧光法　　D. Saltzman法

10. 据《环境空气质量标准》（GB 3095—2012），$PM_{2.5}$的手工监测分析方法是（　　）。

A. 化学发光法　　B. 重量法

C. 火焰原子吸收分光光度法　　D. Saltzman法

11. 据《环境空气质量标准》（GB 3095—2012），环境空气一氧化碳的手工监测分析方法是（　　）。

A. 甲醛吸收副玫瑰苯胺分光光度法　　B. 非分散红外法

C. 紫外荧光法　　D. 化学发光法

12. 据《环境空气质量标准》（GB 3095—2012），根据数据统计的有效性规定，为获得1小时平均值，每小时至少有（　　）分钟的采样时间。

A. 15　　B. 20　　C. 30　　D. 45

13. 据《环境空气质量标准》（GB 3095—2012），SO_2、NO_2的年平均浓度数据统计的有效性是每年至少有（　　）个日平均浓度值，每月至少有27个日均值。

A. 360　　B. 300　　C. 324　　D. 144

14. 据《环境空气质量标准》（GB 3095—2012），PM_{10}、$PM_{2.5}$的年平均浓度数据统计的有效性是每年至少有（　　）个日平均浓度值，每月至少有27个日均值。

A．60　　B．300　　C．324　　D．144

15．据《环境空气质量标准》（GB 3095—2012），NO_2的 24 小时平均浓度值数据统计的有效性是每天至少有（　　）h 的采样时间。

A．12　　B．16　　C．18　　D．20

16．据《环境空气质量标准》（GB 3095—2012）数据统计有效性的规定，对 PM_{10}和 $PM_{2.5}$ 24 小时平均浓度值监测数据，每日至少的采样时间为（　　）h。

A．20　　B．18　　C．15　　D．12

17．据《环境空气质量标准》（GB 3095—2012）数据统计有效性的规定，TSP 24 小时平均浓度值监测数据，每日应有（　　）h 的采样时间。

A． 18　　B．20　　C．24　　D．6

18．某新建项目大气环境影响评价等级为三级。根据《环境影响评价技术导则　大气环境》和《环境空气质量标准》（GB 3095—2012），PM_{10} 环境质量现状每期监测时间和每天监测时段符合要求的是（　　）。

A．7 天有效数据，每天至少有 18 小时采样时间

B．7 天有效数据，每天至少有 20 小时采样时间

C．5 天有效数据，每天至少有 18 小时采样时间

D．5 天有效数据，每天至少有 20 小时采样时间

19．$PM_{2.5}$ 是指悬浮在空气中，空气动力学当量直径（　　）的颗粒物。

A．≤10 μm　　B．≤2.5 μm　　C．＜2.5 mm　　D．≤1 μm

20．《大气污染物综合排放标准》设置了（　　）指标体系。

A．2 项　　B．3 项　　C．4 项　　D．5 项

21．以下工业点源颗粒物排放应执行《大气污染物综合排放标准》的是（　　）。

A．火电厂备煤车间破碎机排气筒　B．火电厂发电锅炉烟囱

C．陶瓷隧道窑烟囱　　D．水泥厂石灰石矿山开采破碎机排气筒

22．某厂有 2 根 SO_2 排气筒，高度均为 80 m，排放速率均为 50 kg/h，彼此间距 100 m，根据《大气污染物合排放标准》，等效排气筒的高度和排放速率分别为（　　）。

A．80 m，100 kg/h　　B．160 m，50 kg/h

C．160 m，100 kg/h　　D．80 m，50 kg/h

23．2000 年建成的某包装印刷厂使用有机溶剂，其非甲烷总烃排气筒高 12 m。《大气污染物综合排放标准》规定的 15 m 排气筒对应的最高允许排放速率为 10 kg/h，则该排气筒非甲烷总烃排放速率应执行的标准是（　　）。

A．≤8 kg/h　　B．≤6.4 kg/h　　C．≤5 kg/h　　D．≤3.2 kg/h

24．某生产装置 SO_2 排气筒高度 100 m，执行《大气污染物综合排放标准》的新污染源标准，标准规定排气筒中 SO_2 最高允许排放浓度 960 mg/m^3，100 m 烟囱对

应的最高允许排放速率为 170 kg/h。距该排气筒半径 200 m 范围内有一建筑物高 96 m，则排气筒中 SO_2 排放应执行的标准是（　　）。

A．排放浓度≤960 mg/m^3，排放速率≤170 mg/m^3

B．排放浓度≤960 mg/m^3，排放速率≤85 mg/m^3

C．排放浓度≤480 mg/m^3，排放速率≤170 mg/m^3

D．排放浓度≤480 mg/m^3，排放速率≤85 mg/m^3

25．《大气污染物综合排放标准》规定的最高允许排放速率，新污染源分为（　　）。

A．一、二、三级　　B．二、三、四级

C．二、三级　　D．二级

26．《大气污染物综合排放标准》规定的最高允许排放速率，现有污染源分为（　　）。

A．一、二、三级　　B．二、三、四级

C．二、三级　　D．二级

27．排气筒高度除须遵守《大气污染物综合排放标准》中列出的排放速率标准值外，还应高出周围 200 m 半径范围的建筑（　　）以上。

A．15 m　　B．10 m　　C．6 m　　D．5 m

28．排气筒高度如不能达到《大气污染物综合排放标准》中规定要求的高度，应按其高度对应的排放速率标准值严格（　　）执行。

A．80%　　B．50%　　C．60%　　D．40%

29．据《大气污染物综合排放标准》，两个排放相同污染物（不论其是否由同一生产工艺过程产生）的排气筒，若其距离（　　）其几何高度之和，应合并视为一根等效排气筒。

A．等于　　B．小于　　C．大于　　D．等于或小于

30．据《大气污染物综合排放标准》，新污染源的排气筒一般不应低于（　　）。若新污染源的排气筒必须低于此高度时，其应按排放速率标准值外推法计算结果再严格 50%执行。

A．20 m　　B．10 m　　C．15 m　　D．5 m

31．据《大气污染物合排放标准》，工业生产尾气确需燃烧排放的，其烟气黑度不得超过林格曼（　　）。

A．1 级　　B．2 级　　C．3 级　　D．4 级

32．据《大气污染物合排放标准》，对于排气筒中连续性排放的废气，如在 1h 内等时间间隔采样，应至少采集（　　）个样品，计算平均值。

A．2　　B．3　　C．4　　D．5

33．《大气污染物综合排放标准》规定的三项指标，均指（　　）不得超过的限值。

A．日平均值　B．月平均值　C．任何 1 h 平均值　D．年平均值

34．据《大气污染物综合排放标准》，排气筒中废气的采样是以连续 1 h 的采样获取平均值，或在 1 h 内，以（　　）采集 4 个样品，并计算平均值。

A．昼间　B．夜间

C．任意时间间隔　D．等时间间隔

35．据《大气污染物综合排放标准》，若某排气筒的排放为间断性排放，排放时间小于 1 h，应在排放时段内实行连续采样，或在排放时段内以等时间间隔采集（　　）样品，并计算平均值。

A．3 个　B．4 个　C．1～3 个　D．2～4 个

36．某厂排气筒高 20 m，生产周期在 8 小时以内，根据《恶臭污染物排放标准》，以下关于采样频率表述正确的是（　　）。

A．每 2 小时采集一次，取其平均值

B．每 2 小时采集一次，取其最大测定值

C．每 4 小时采集一次，取其平均值

D．每 4 小时采集一次，取其最大测定值

37．（　　）起立项的新、扩、改建项目及其建成后投产的企业排放恶臭污染物时执行二级、三级标准中相应的标准值。

A．1994 年 6 月 1 日　B．1997 年 1 月 1 日

C．1997 年 12 月 31 日　D．2001 年 1 月 1 日

38．排入 GB 3095 中一类区的企业排放恶臭污染物时执行一级标准，一类区中（　　）。

A．不得改建的排污单位　B．不得扩建的排污单位

C．可以建新的排污单位　D．不得建新的排污单位

39．恶臭污染物厂界标准值分（　　）。

A．一级　B．二级　C．三级　D．四级

40．《恶臭污染物排放标准》中的“恶臭污染物排放标准值”的单位是（　　）。

A．mg/L　B．mg/m^3　C．无量纲　D．kg/h

41．“恶臭污染物厂界标准值”中的臭气浓度的单位是（　　）。

A．mg/L　B．mg/m^3　C．无量纲　D．kg/h

42．排污单位排放的恶臭污染物，在排污单位边界上规定监测点（无其他干扰因素）的（　　）都必须低于或等于恶臭污染物厂界标准值。

A．月平均监测值　B．一次最大监测值

C．一小时平均监测值　　　　　　D．一小时最大监测值

43．排污单位经烟、气排气筒（高度在15 m以上）排放的恶臭污染物的排放量和臭气浓度都必须（　　）恶臭污染物排放标准。

A．大于或等于　　B．等于　　C．低于　　D．低于或等于

44．以下不适用《工业炉窑大气污染物物排放标准》的炉窑是（　　）。

A．焦炉　　B．非金属熔化炉　　C．化铁炉　　D．炼钢炉

45．根据《工业炉窑大气污染物物排放标准》，下对炉窑的建设要求表述不正确的是（　　）。

A．一类区内禁止新建各种工业炉窑

B．一类区内禁止新建各种炉窑，包括市政、建筑施工临时用沥青加热炉

C．一类区内允许建设市政、建筑施工临时沥青加热炉

D．一类区内原有的工业炉窑改建时不得增加污染负荷

46．下列不适用于《锅炉大气污染物排放标准》（GB 13271—2014）的是（　　）。

A．单台出力70 t/h燃气蒸汽锅炉

B．各种容量的层燃炉

C．各种容量的抛煤机炉

D．28 MW的热水锅炉

47．下列锅炉适用于《锅炉大气污染物排放标准》（GB 13271—2014）的是（　　）。

A．以生活垃圾为燃料的锅炉

B．以危险废物为燃料的锅炉

C．有机热载体锅炉

D．单台出力80 t/h燃煤蒸汽锅炉

48．根据《锅炉大气污染物排放标准》（GB 13271—2014），以生物质成型燃料为燃料的锅炉，其大气污染物排放浓度限值参照执行（　　）。

A．燃气锅炉物排放浓度限值　　B．燃轻柴油锅炉物排放浓度限值

C．燃煤锅炉物排放浓度限值　　D．燃重油锅炉物排放浓度限值

49．根据《锅炉大气污染物排放标准》（GB 13271—2014），以水煤浆为燃料的锅炉，其大气污染物排放浓度限值参照执行（　　）。

A．燃气锅炉物排放浓度限值　　B．燃煤锅炉物排放浓度限值

C．燃轻柴油锅炉物排放浓度限值　D．燃重油锅炉物排放浓度限值

50．某企业（不属重点地区）现有一台14 MW燃煤热水锅炉，据《锅炉大气污染物排放标准》（GB 13271—2014），其产生的污染物项目执行（　　）。

A．2016 年 6 月 30 日前执行 GB 13271—2001 中规定的排放限值

B．2015 年 9 月 30 日前执行 GB 13271—2001 中规定的排放限值

C．GB 13271—2014 中表 2 规定的大气污染物排放限值

D．GB 13271—2014 中表 3 规定的大气污染物特别排放限值

51．某企业（不属重点地区）现有一台 10 t/h 燃煤蒸汽锅炉，据《锅炉大气污染物排放标准》（GB 13271—2014），其产生的污染物项目执行（　　）。

A．2016 年 6 月 30 日前执行 GB 13271—2001 中规定的排放限值

B．2015 年 9 月 30 日前执行 GB 13271—2001 中规定的排放限值

C．GB 13271—2014 中表 2 规定的大气污染物排放限值

D．GB 13271—2014 中表 3 规定的大气污染物特别排放限值

52．某企业（不属重点地区）新建一台 10 t/h 燃煤蒸汽锅炉，据《锅炉大气污染物排放标准》（GB 13271—2014），其产生的污染物项目执行（　　）。

A．2016 年 6 月 30 日前执行 GB13271—2001 中规定的排放限值

B．2015 年 9 月 30 日前执行 GB13271—2001 中规定的排放限值

C．GB 13271—2014 中表 2 规定的大气污染物排放限值

D．GB 13271—2014 中表 3 规定的大气污染物特别排放限值

53．目前，广州某企业新建 20 t/h 燃煤蒸汽锅炉一台，据《锅炉大气污染物排放标准》（GB 13271—2014），其产生的污染物项目执行（　　）。

A．GB 13271—2001 中的Ⅱ时段大气污染物排放限值

B．2016 年 7 月 1 日后执行 GB 13271—2014 中表 3 的大气污染物特别排放限值

C．GB 13271—2014 中表 2 规定的大气污染物排放限值

D．GB 13271—2014 中表 3 规定的大气污染物特别排放限值

54.《锅炉大气污染物排放标准》(GB 13271—2014)中没有的污染物项目是(　　)。

A．烟气黑度　　B．铅及其化合物

C．氮氧化物　　D．汞及其化合物

55．某化肥厂新建一座锅炉房，锅炉房内设 2×4 t/h、3×35 t/h 锅炉。根据《锅炉大气污染物排放标准》（GB 13271—2014），该锅炉房允许建设的烟囱数是（　　）根。

A．5　　B．3　　C．2　　D．1

56．根据《锅炉大气污染物排放标准》（GB 13271—2014），燃轻柴油锅炉烟囱高度不得低于（　　）。

A．A．8 m　　B．15 m　　C．25 m　　D．35 m

57．新建锅炉房周围 150 m 处有 47 m 高的建筑物，根据《锅炉大气污染物排放标准》（GB 13271—2014）的规定，以下该锅炉房烟囱设计高度中，符合要求的有（　　）。

A．A．40 m　　B．45 m　　C．47 m　　D．55 m

58．某企业拟建设一台 1.2 t/h 的燃气锅炉，根据《锅炉大气污染物排放标准》（GB 13271—2014），其烟囱高度不得低于（　　）m。

A．6　　B．8　　C．10　　D．12

59．某化工厂新建一座锅炉房，内设一台 30 t/h 锅炉，依据《锅炉大气污染物排放标准》（GB 13271—2014），该锅炉房烟囱最低允许高度是（　　）m。

A．30　　B．35　　C．40　　D．45

60．根据《锅炉大气污染物排放标准》（GB 13271—2014），无须安装污染物排放自动监控设备的锅炉是（　　）。

A．20 t/h 蒸汽锅炉　　B．30 t/h 蒸汽锅炉

C．7 MW 热水锅炉　　D．28 MW 热水锅炉

61．某企业燃煤锅炉排放二氧化硫的实测浓度为 220 mg/m^3，实测的氧含量为 8%，基准氧含量为 9%，则该锅炉的基准氧含量二氧化硫浓度排放为（　　）。

A．220 mg/m^3　　B．238 mg/m^3

C．203 mg/m^3　　D．249 mg/m^3

62．某企业燃煤锅炉排放二氧化硫的实测浓度为 200 mg/m^3，实测的氧含量为 10%，基准氧含量为 9%，二氧化硫的浓度排放限制为 200 mg/m^3，则该锅炉的二氧化硫浓度排放为（　　）。

A．达标排放　　B．超标排放　　C．不能确定

二、不定项选择题（每题的备选项中至少有一个符合题意）

1．据《环境空气质量标准》，下列（　　）属一类区。

A．自然保护区　　B．风景名胜区

C．农村地区　　D．其他需要特殊保护的区域

2．据《环境空气质量标准》，下列（　　）属二类区。

A．工业区　　B．商业交通居民混合区

C．文化区　　D．农村地区

3．据《环境空气质量标准》，下列（　　）属二类区。

A．一般工业区　　B．居住区

C．特定工业区　　D．风景名胜区

4．据《环境空气质量标准》，关于环境空气功能区质量要求，以下说法正确的有（　　）。

A．一类区适用一级浓度限值　　B．二类区适用二级浓度限值

C．三类区适用三级浓度限值　　D．三类区适用二级浓度限值

5. 下列污染源不适用《大气污染物综合排放标准》的是（ ）。

A. 锅炉 B. 工业炉窑 C. 火电厂

D. 水泥厂 E. 恶臭物质

6. 下列污染源适用《大气污染物综合排放标准》的是（ ）。

A. 火炸药厂 B. 摩托车 C. 汽车

D. 石棉生产厂 E. 建筑搅拌

7.《大气污染物综合排放标准》适用于现有污染源大气污染物排放管理以及建设项目的（ ）。

A. 施工 B. 环境影响评价 C. 环境保护设施竣工验收

D. 设计 E. 投产后的大气污染物排放管理

8. 以下标准规定的控制指标中，按不同功能区设立了分级排放标准的有（ ）。

A. 《大气污染物综合排放标准》排气筒中大气污染物最高允许排放速率

B. 《大气污染物综合排放标准》无组织排放监控浓度限值

C. 《恶臭污染物排放标准》排气筒中恶臭污染物小时排放量

D. 《恶臭污染物排放标准》恶臭污染物厂界标准

9. 根据《大气污染物综合排放标准》，以下污染物排气筒高度不得低于 25 m 的有（ ）。

A. 甲苯 B. 氯气 C. 氰化氢 D. 光气

10. 根据《大气污染物综合排放标准》，以下关于“采样时间和频次”的规定表述正确的有（ ）。

A. 连续排放废气的排气筒，进行连续 1 h 采样计平均值

B. 无组织排放监控点的采样，一般采用连续 1 h 采样计平均值

C. 排气筒为间断性排放且时间小于 1 h 的，可在排放时段内连续采样

D. 污染事故排放监测必须连续采样 1 h 计平均值

11. 1990 年建厂的某企业甲、乙两类生产装置排放的污染物均执行《大气污染物综合排放标准》，1998 年之后国家颁布丁甲类装置适用的《××行业大气污染物排放标准》，以下关于甲、乙两类生产装置适用标准表述正确的有（ ）。

A. 乙类装置执行《大气污染物综合排放标准》

B. 甲类装置执行《××行业大气污染物排放标准》

C. 乙类装置执行《××行业大气污染物排放标准》

D. 甲类装置执行《大气污染物综合排放标准》

12. 任何一个排气筒必须同时遵守《大气污染物综合排放标准》设置的两项指标，超过其中任何一项均为超标排放，其两项指标是（ ）。

A. 通过排气筒排放的污染物最高允许排放浓度

B．通过排气筒排放的污染物，按排气筒大小规定的最高允许排放速率

C．以无组织方式排放的废气，规定无组织排放的监控点及相应的监控浓度限值

D．通过排气筒排放的污染物，按排气筒高度规定的最高允许排放速率

13．下列关于大气污染源排放速率标准分级的说法，错误的是（　　）。

A．位于一类区的污染源执行一级标准，位于二类区的污染源执行二级标准

B．位于三类区的污染源执行二级标准

C．一类区禁止新、扩、改建污染源

D．一类区现有污染源改建执行新污染源的一级标准

14．下列关于排气筒监测采样时间与频次的说法，正确的是（　　）。

A．无组织排放监控点和参照点监测的采样，一般采用连续1 h采样计平均值

B．无组织排放监控点和参照点若分析方法灵敏度高，仅需用短时间采集样品时，应实行等时间间隔采样，采集4个样品计平均值

C．若某排气筒的排放为间断性排放，排放时间小于1 h，则应在排放时段内以连续1 h的采样获取平均值，或在1 h内，以等时间间隔采集4个样品，并计平均值

D．当进行污染事故排放监测时，应按需要设置采样时间和采样频次，不受《大气污染物综合排放标准》规定要求的限制

15．按照《恶臭污染物排放标准》，对排污单位经排水排出并散发的恶臭污染物和臭气浓度的控制，以下表述正确的是（　　）。

A．不得超过“恶臭污染物厂界标准值”

B．可以等于“恶臭污染物厂界标准值”

C．不得超过“恶臭污染物排放标准值”

D．可以等于“恶臭污染物排放标准值”

16．《恶臭污染物排放标准》适用于全国（　　）及其建成后的排放管理。

A．垃圾堆放场的排放管理　　B．所有向大气排放恶臭气体的单位

C．建设项目的环境影响评价　　D．建设项目的竣工验收

E．建设项目的设计

17．《工业炉窑大气污染物排放标准》适用于除（　　）以外使用固体、液体、气体燃料和电加热的工业炉窑的管理，以及工业炉窑建设项目的环境影响评价、设计、竣工验收及其建成后的排放管理。

A．熔炼炉　　B．炼焦炉　　C．干燥炉

D．焚烧炉　　E．水泥工业

18．根据《工业炉窑大气污染物排放标准》，在环境空气一类区建筑工程中，

禁止建设的有（　　）。

A．钢材热处理炉　　B．临时用沥青加热炉

C．材料干燥炉　　D．石材热处理炉

19．在一类区内，除（　　）外，禁止新建各种工业炉窑，原有的工业炉窑改建时不得增加污染负荷。

A．市政施工临时用沥青加热炉　　B．热处理炉

C．工业企业用沥青加热炉　　D．建筑施工临时用沥青加热炉

E．石灰窑

20．下列（　　）不适用于《锅炉大气污染物排放标准》（GB 13271—2014）。

A．以生活垃圾为燃料的锅炉　　B．以危险废物为燃料的锅炉

C．导热油锅炉　　D．单台出力 70 t/h 燃气蒸汽锅炉

21．下列（　　）适用于《锅炉大气污染物排放标准》（GB 13271—2014）。

A．4 t/h 的层燃炉　　B．10 t/h 的抛煤机炉

C．导热油锅炉　　D．单台出力 60 t/h 燃气蒸汽锅炉

22. 属于《锅炉大气污染物排放标准》（GB 13271—2014）的污染物项目是（　　）。

A．二氧化硫　　B．氟及其化合物

C．氮氧化物　　D．汞及其化合物

23．根据《锅炉大气污染物排放标准》（GB 13271—2014），必须安装污染物排放自动监控设备的锅炉的最小容量是（　　）。

A．20 t/h 及以上蒸汽锅炉　　B．30 t/h 及以上蒸汽锅炉

C．14 MW 及以上热水锅炉　　D．21 MW 及以上热水锅炉

24．根据《锅炉大气污染物排放标准》（GB 13271—2014），必须安装污染物排放自动监控设备的锅炉是（　　）。

A．10 t/h 蒸汽锅炉　　B．30 t/h 蒸汽锅炉

C．7 MW 热水锅炉　　D．28 MW 热水锅炉

参考答案

一、单项选择题

1. A　【解析】新老标准中的 SO_2 二级标准浓度限值没变，只是单位有变化。另外，对于 SO_2 的 24 h 平均浓度限值二级标准的 150 $\mu g/m^3$ 也该记住。

2. B　【解析】新标准中的 NO_2 二级标准浓度限值比老标准要严。

3. D　4. A

5. A 【解析】O_3只有“日最大 8 小时平均”和“1 小时平均”，另外，铅（Pb）也没有 24 小时平均浓度限值。

6. C 7. D 8. A 9. A 10. B 11. B 12. D 13. C 14. C 15. D 16. A 17. C 18. B

19. B 【解析】空气中的颗粒物大多是不规则的，而粒径是对球形尘粒而言的。颗粒物的大小一般也用“粒径”来衡量，因此，按不同的方法测量颗粒物的粒径，其数值是不同的。空气动力学当量直径是指在静止空气中颗粒物的沉降速度与密度为 1 g/cm^3 的圆球的沉降速度相同时的圆球直径。几何当量直径是指与颗粒物的某一几何量（如面积、体积等）相同时的球形粒子的直径。

20. B 21. C

22. A 【解析】本题符合等效排气筒的条件。排放速率直接相加，等效排气筒的高度相同，不用公式计算，可知为 80 m。

23. D 【解析】用外推法计算排气筒高 12 m 对应的最高允许排放速率为 6.4 kg/h，因排气筒高度达不到相应要求，再严格 50%。注意：这类应用性的题目每年必考，在案例中也有小题出现。

24. B 【解析】最高允许排放浓度不需要严格。

25. C 【解析】1997 年 1 月 1 日前设立的污染源称现有污染源，1997 年 1 月 1 日后设立的污染源称新污染源。

26. A 27. D 28. B 29. B 30. C 31. A 32. C 33. C 34. D 35. D 36. B

37. A 【解析】各种污染物排放标准执行时段划分见下表。

各种污染物排放标准执行时段

排放标准类型	时段划分
《大气污染物综合排放标准》	1997 年 1 月 1 日
《恶臭污染物排放标准》	1994 年 6 月 1 日
《工业炉窑大气污染排放标准》	1997 年 1 月 1 日
《污水综合排放标准》	1997 年 12 月 31 日

38. D 39. C

40. B 【解析】“恶臭污染物排放标准值”是针对排污单位经烟、气排气筒（高度在 15 m 以上）排放的恶臭污染物的排放量。

41. C 【解析】注意在《恶臭污染物排放标准》中，“臭气浓度”的量纲为一。臭气浓度是指恶臭气体（包括异味）用无臭空气进行稀释，稀释到刚好无臭时，所需的稀释倍数。

42. B　43. D　44. A　45. B

46. A　【解析】本标准适用于以燃煤、燃油和燃气为燃料的单台出力 65 t/h 及以下的蒸汽锅炉、各种容量的热水锅炉及有机热载体锅炉；各种容量的层燃炉、抛煤机炉。对于热水锅炉没有容量限制。

47. C　【解析】有机热载体锅炉是指载热工质为高温导热油（也称热煤体、热载体）的新型热能转换设备，是一种以热传导液为加热介质的新型特种锅炉。它的中间热载体不是水和蒸汽，而是合成油、矿物油等。通常用“MW”（兆瓦）表示炉的容量。

48. C　【解析】使用型煤、水煤浆、煤矸石、石油焦、油页岩、生物质成型燃料等的锅炉，参照本标准中燃煤锅炉排放控制要求执行。

49. B　【解析】《锅炉大气污染物排放标准》（GB 13271—2014）中没有轻柴油、重油之分。

50. B　【解析】10 t/h 以上在用蒸汽锅炉和 7 MW 以上在用热水锅炉 2015 年 9 月 30 日前执行 GB 13271—2001 中规定的排放限值，10 t/h 及以下在用蒸汽锅炉和 7 MW 及以下在用热水锅炉 2016 年 6 月 30 日前执行 GB 13271—2001 中规定的排放限值。

51. A　52. C

53. D　【解析】广州属重点地区。据《重点区域大气污染防治“十二五”规划》（2012 年 12 月 5 日），重点区域包括京津冀、长三角、珠三角等“三区十群”19 个省市（区、市）47 个地级及地级以上城市（具体范围详见《重点区域大气污染防治“十二五”规划》中的附表）。

54. B　55. D　56. A　57. D　58. B

59. D　【解析】GB 13271—2014 表 4 中，大于等于 20 t/h 的锅炉，烟囱最低允许高度为 45 m。

60. C

61. C　【解析】$\rho = \rho' \times \dfrac{21-\phi(O_2)}{21-\phi'(O_2)} = 220 \times \dfrac{21-9}{21-8} \approx 203$。从解题技巧上看，实测的氧含量如果低于基准氧含量，折算为基准氧含量排放浓度比实测值要低，只有选项 C 符合。实测的氧含量如果大于基准氧含量，折算为基准氧含量排放浓度比实测值要高。

62. B　【解析】$\rho = \rho' \times \dfrac{21-\phi(O_2)}{21-\phi'(O_2)} = 200 \times \dfrac{21-9}{21-10} \approx 218$

二、不定项选择题

1. ABD 2. ABCD

3. ABC 【解析】GB 3095—2012 中没有一般工业区和特定工业区的划分，只要是工业区都是二类区。

4. AB

5. ABCDE 【解析】在我国现有的国家大气污染物排放标准体系中，按照综合性排放标准与行业性排放标准不交叉执行的原则，上述污染源都有各自的排放标准，不再执行《大气污染物综合排放标准》。

6. ADE 【解析】汽车排放执行 GB 14761.1～14761.7—93《汽车大气污染物排放标准》、摩托车排气执行 GB 14621—93《摩托车排气污染物排放标准》。

7. BCDE 8. AD 9. BCD 10. ABC 11. AB 12. AD

13. BCD 【解析】一类区禁止新、扩建污染源，一类区现有污染源改建执行现有污染源的一级标准。

14. ABD 15. AB 16. ABCDE 17. BDE 18. ACD 19. AD

20. ABD 【解析】导热油锅炉是有机热载体锅炉的通俗说法。

21. ABCD 【解析】层燃炉、抛煤机炉都是工业锅炉的一种。抛煤机炉是用机械或风力将煤抛散在炉排上的一种层燃炉。

22. ACD

23. AC 【解析】蒸汽锅炉的容量用蒸发量表示，单位是 t/h（俗称蒸吨）。热水锅炉的容量是用热功率（过去称为供热量）表示的，单位是 MW。热水锅炉的容量单位不应换算成蒸汽锅炉的容量单位，即：不能将热水锅炉的容量用 t/h 来表示。相反，在统计各种锅炉的总容量大小时，国际上通行用热功率 MW 来表示。也就是说，蒸汽锅炉的容量也要换算成 MW 来进行统计，为了方便统计，一律按 1 t/h 相当于 0.7 MW 进行换算。

24. BD

第四章　地面水环境影响评价技术导则与相关标准

第一节　环境影响评价技术导则　地面水环境

一、单项选择题（每题的备选项中，只有一个最符合题意）

1．拟建项目向附近的一条小河（Ⅳ类水质）排放生活、生产污水共 $1.5\times10^4\ m^3/d$，生产污水中含有总汞等 7 个水质参数，pH 值为 5。按照《环境影响评价技术导则　地面水环境》，确定本项目地面水环境影响评价工作等级为（　　）。

A．一级　　　　B．二级

C．三级　　　　D．低于三级

2．地面水环境影响评价分级判据的污水排放量划分为（　　）等级。

A．3 个　　B．4 个　　C．5 个　　D．6 个

3．地面水环境影响评价分级判据的污水排放量划分为 5 个等级，其中第三个等级的范围是（　　）。

A．$10\ 000\ m^3/d>Q\geqslant5\ 000\ m^3/d$　　B．$5\ 000\ m^3/d>Q\geqslant1\ 000\ m^3/d$

C．$20\ 000\ m^3/d>Q\geqslant10\ 000\ m^3/d$　　D．$10\ 000\ m^3/d>Q\geqslant6\ 000\ m^3/d$

4．地面水环境影响评价分级判据的“污水水质的复杂程度”中的“复杂”类别是指（　　）。

A．污染物类型数＞3，或者只含有三类污染物，但需预测其浓度的水质参数数目≥12

B．污染物类型数≥3，或者只含有两类污染物，但需预测其浓度的水质参数数目≥10

C．污染物类型数＝2，且需预测其浓度的水质参数数目＜10

D．只含有一类污染物，但需预测其浓度的水质参数数目≥7

E．污染物类型数＝1，需预测浓度的水质参数数目＜7

5．污水中只含有两类污染物，但需预测其浓度的水质参数数目≥10，这类污水水质的复杂程度属（　　）。

A．复杂　　B．中等　　C．简单　　D．一般

6．污水中只含有一类污染物，但需预测其浓度的水质参数数目≥7，这类污水

水质的复杂程度属（　　）。

A．复杂　　B．中等　　C．简单　　D．一般

7．污水中污染物类型数＝1，需预测浓度的水质参数数目＜7，这类污水水质的复杂程度属（　　）。

A．复杂　　B．中等　　C．简单　　D．一般

8．某污水的污染物类型数＝4，且需预测浓度的水质参数数目＝7，这类污水水质的复杂程度属（　　）。

A．复杂　　B．中等　　C．简单　　D．一般

9．某污水的污染物类型数＝2，且需预测浓度的水质参数数目＝10，这类污水水质的复杂程度属（　　）。

A．复杂　　B．中等　　C．简单　　D．一般

10．对河流与河口，水环境影响评价分级判据的“水域规模”是按建设项目（　　）划分。

A．排污口附近河段的多年平均流量

B．排污口附近河段的最近两年平均流量或丰水期平均流量

C．排污口附近河段的多年平均流量或平水期平均流量

D．平水期平均流量

11．对河流与河口，水环境影响评价分级判据的“水域规模”中的“大河”是指（　　）。

A．$Q>150\ m^3/s$　　B．$Q\geqslant 100\ m^3/s$　　C．$Q\geqslant 180\ m^3/s$　　D．$Q\geqslant 150\ m^3/s$

12．对河流与河口，水环境影响评价分级判据的“水域规模”中的“中河”是指（　　）。

A．15～150 m^3/s　　B．10～100 m^3/s　　C．16～160 m^3/s　　D．20～200 m^3/s

13．某排污口附近河段的平水期平均流量为 138 m^3/s，其水域规模为（　　）。

A．大河　　B．中河　　C．小河　　D．特大河

14．某排污口附近河段的多年平均流量为 15 m^3/s，其水域规模为（　　）。

A．大河　　B．中河　　C．小河　　D．特大河

15．对湖泊和水库，“水域规模”划分为“大湖（库）、中湖（库）、小湖（库）”的依据是（　　）。

A．平水期湖泊或水库的平均水深以及水面面积

B．丰水期湖泊或水库的平均水深以及水面面积

C．枯水期湖泊或水库的平均水深或水面面积

D．枯水期湖泊或水库的平均水深以及水面面积

16．某水库平均水深 5 m，水面面积 50 km^2，其水域规模为（　　）。

A．小水库　B．中水库　C．一般水库　D．大水库

17．某湖泊平均水深 10 m，水面面积 23 km^2，其水域规模为（　）。

A．小湖　B．中湖　C．一般湖　D．大湖

18．某项目地面水环境影响评价等级为二级，计划于两年后开始建设，污水拟排放附近的湖泊。根据《环境影响评价技术导则　地面水环境》，该湖泊水质现状调查时间至少应包括（　）。

A．丰水期和平水期　B．平水期和枯水期

C．丰水期和枯水期　D．枯水期

19．根据《环境影响评价技术导则　地面水环境》，向某小型封闭海湾排放水的工业项目，在确定环境现状调查范围时，主要考虑的因素是（　）。

A．污水排放量　B．海湾面积

C．海岸线长度　D．污水排放周期

20．根据《环境影响评价技术导则　地面水环境》，位于河口的某建设项目地表水评价等级为一级，须进行水质调查的时期是（　）。

A．干水期和枯水期　B．丰水期和枯水期

C．丰水期和平水期　D．丰水期、平水期和枯水期

21．一般情况，河流一级评价调查时期为一个水文年的（　）。

A．平水期和枯水期　B．丰水期和枯水期

C．丰水期、平水期和枯水期　D．丰水期和平水期

22．若评价时间不够，河流一级评价至少应调查（　）。

A．平水期和枯水期　B．丰水期和枯水期

C．丰水期和平水期　D．丰水期

23．一般情况，河流三级评价可调查（　）。

A．平水期和枯水期　B．丰水期和枯水期

C．平水期　D．枯水期

24．一般情况，河流二级评价可只调查（　）。

A．丰水期、平水期和枯水期　B．丰水期和枯水期

C．平水期和枯水期　D．丰水期和平水期

25．一般情况，河口一级评价调查时期为一个潮汐年的（　）。

A．平水期和枯水期　B．丰水期、平水期和枯水期

C．丰水期和枯水期　D．大潮期和小潮期

26．一般情况，河口二级评价应调查（　）。

A．平水期和枯水期　B．丰水期、平水期和枯水期

C．丰水期和枯水期　D．大潮期和小潮期

27．一般情况，河口三级评价应调查（　　）。

A．平水期和枯水期　　B．枯水期

C．平水期　　D．小潮期

28．一般情况，湖泊、水库一级评价调查时期为一个水文年的（　　）。

A．平水期和枯水期　　B．丰水期、平水期和枯水期

C．丰水期和枯水期　　D．平水期和丰水期

29．一般情况，湖泊、水库二级评价可只调查（　　）。

A．丰水期、平水期和枯水期　　B．丰水期和枯水期

C．平水期和枯水期　　D．丰水期和平水期

30．一般情况，湖泊、水库三级评价可调查（　　）。

A．平水期和枯水期　　B．丰水期和枯水期

C．平水期　　D．枯水期

31．一般情况，海湾三级评价应调查评价工作期间的（　　）。

A．大潮期和小潮期　　B．小潮期

C．大潮期　　D．枯水期

32．一般情况，水文调查与水文测量在（　　）进行。

A．丰水期　　B．平水期和枯水期　　C．枯水期　　D．平水期

33．根据《环境影响评价技术导则　地面水环境》，确定评价区现有点污染源调查的繁简程度时，应考虑的主要因素是（　　）。

A．建设规模　　B．点源的污水排放量

C．点源的污水性质　　D．点源与建设项目关系

34．某住宅区项目向一个河流排污，河流排污口上游无污染源汇入。根据《环境影响评价技术导则　地面水环境》，该项目在水质调查时应选择的参数是（　　）。

A．苯类　　B．氰化物　　C．磷酸盐　　D．挥发性酚

35．经初步预测，某建设项目排放的污水可能对排污口上游 300 m 至下游 3 km 的受纳河流水有较显著的影响，对距排污口上游 2 km 的保护目标影响轻微。按照《环境影响评价技术导则　地面水环境》，该项目地表水环境现状调查范围可定为排污口（　　）之间的河段。

A．上游 300 m 至下游 3 km　　B．上游 1 km 至下游 3 km

C．上游 1 km 至下游 5 km　　D．上游 2.5 km 至下游 5 km

36．水环境点源调查的原则应以（　　）为主。

A．类比调查　　B．搜集现有资料　　C．现场测试　　D．现场调查

37．点源调查的繁简程度可根据（　　）及其与建设项目的关系而略有不同。

A．评价级别　　B．受纳水体　　C．投资规模　　D．地理条件

38．水环境非点源调查的原则基本上采用（　　）的方法。

A．现场调查　　B．遥感判读　　C．现场测试　　D．搜集资料

39．公式 $\mathrm{ISE}=\dfrac{c_{\mathrm{p}}Q_{\mathrm{p}}}{(c_{\mathrm{s}}-c_{\mathrm{h}})Q_{\mathrm{h}}}$ 中的 c_{h} 是指（　　）。

A．污染物排放浓度（mg/L）　　B．水质参数的地表水的水质标准

C．河流上游污染物浓度（mg/L）　　D．河流下游污染物浓度（mg/L）

40．公式 $\mathrm{ISE}=\dfrac{c_{\mathrm{p}}Q_{\mathrm{p}}}{(c_{\mathrm{s}}-c_{\mathrm{h}})Q_{\mathrm{h}}}$ 中的 Q_{h} 是指（　　）。

A．废水排放量（mg/s）　　B．河流流量（t/s）

C．废水排放量（m^3/s）　　D．河流流量（m^3/s）

41．一般情况，水域布设取样断面在拟建排污口上游（　　）m 处应设置一个。

A．500　　B．400　　C．300　　D．200

42．某河多年平均流量为 13 m^3/s，河流断面形状为矩形，河宽 12 m，在取样断面上应设（　　）条取样垂线。

A．一　　B．二　　C．三　　D．四

43．对大、中河，河宽小于 50 m 者，在取样断面上距岸边（　　）水面宽处，各设一条取样垂线，共设两条取样垂线。

A．1/5　　B．1/4　　C．1/2　　D．1/3

44．对大、中河，河宽大于 50 m 者，在取样断面的主流线上及距两岸不少于（　　）m，并有明显水流的地方，各设一条取样垂线即共设三条取样垂线。

A．0.6　　B．0.2　　C．0.5　　D．0.3

45．对于三级评价的小河不论河水深浅，只在一条垂线上一个点取一个样，一般情况下取样点应在水面下 0.5 m 处，距河底不应小于（　　）m。

A．0.6　　B．0.2　　C．0.5　　D．0.3

46．在一条河流取样垂线上，在水深不足 1 m 时，取样点距水面不应小于（　　）m，距河底也不应小于（　　）m。

A．0.3，0.3　　B．0.5，0.3　　C．0.5，0.5　　D．0.3，0.5

47．某河平水期平均流量为 180 m^3/s，河流断面形状近似矩形，河宽 55 m，水深 7 m，在取样断面上应取（　　）个水样。

A．6　　B．5　　C．4　　D．2

48．某河平水期平均流量为 120 m^3/s，河流断面形状近似矩形，河宽 60 m，水深 4.2 m，在取样断面上应取（　　）个水样。

A．6　　B．3　　C．4　　D．2

49．某河多年平均流量为150 m^3/s，河流断面形状为矩形，河宽30 m，水深6 m，在取样断面上应取（　　）个水样。

A．6　　B．5　　C．4　　D．2

50．某河多年平均流量为100 m^3/s，河流断面形状近似矩形，河宽30 m，水深4 m，在取样断面上应取（　　）个水样。

A．6　　B．5　　C．4　　D．2

51．某河平水期平均流量为180 m^3/s，一级评价，河流断面形状近似矩形，河宽55 m，水深7 m，在取样断面上应取（　　）个水样分析。

A．6　　B．5　　C．4　　D．2

52．某河平水期平均流量为120 m^3/s，二级评价，不需要预测混合过程段水质，河流断面形状近似矩形，河宽60 m，水深4.2 m，在取样断面上每次应取（　　）分析。

A．6个水样　　B．3个水样

C．2个混合水样　　D．1个混匀水样

53．湖泊、水库取样位置可以采用以建设项目的排放口为中心，沿（　　）布设的方法。

A．南北向　　B．放射线　　C．同心圆　　D．东西向

54．对于大、中型湖泊、水库，当平均水深大于等于10 m时，在水面下0.5 m及（　　）以下，距底0.5 m以上处各取一个水样。

A．逆温层　　B．0℃等温层　　C．斜温层　　D．5℃等温层

55．对于小型湖泊、水库，当平均水深大于等于10 m时，水面下0.5 m处和水深（　　）m，并距底不小于0.5 m处各设一取样点。

A．5　　B．8　　C．6　　D．10

56．下列关于湖泊、水库的水样的对待，说法错误的是（　　）。

A．小型湖泊、水库如水深小于10 m时，每个取样位置取一个水样

B．大、中型湖泊、水库各取样位置上不同深度的水样均不混合

C．小型湖泊、水库如水深大于等于10 m时则一般只取一个混合样

D．大、中型湖泊、水库如水深大于等于10 m时则一般只取一个混合样

57．对于海湾，在水深大于等于10 m时，在水面下0.5 m处和水深（　　）m并距海底不小于0.5 m处各设一取样点。

A．5　　B．8　　C．6　　D．10

58．当建设项目污水排放量小于50 000 m^3/d时，大型湖泊的一级评价每（　　）km^2布设一个取样位置。

A．3～6　　B．1～2.5　　C．1.5～3.5　　D．4～7

59．当建设项目污水排放量大于 50 000 m^3/d 时，小型湖泊的一级评价每（　　）km^2 布设一个取样位置。

A．0.5～1.5　　B．1～2　　C．1.5～3.5　　D．2～4

60．对二级评价的大、中型湖泊、水库，当建设项目污水排放量小于 50 000 m^3/d 时，每（　　）km^2 应布设一个取样位置。

A．1.5～3.5　　B．2～4　　C．1～2.5　　D．4～7

61．对设有闸坝受人工控制的河流，用水时期，如用水量小时其取样断面、取样位置、取样点的布设以及水质调查的取样次数应按（　　）处理。

A．河流　　B．水库　　C．湖泊　　D．河口

62．按照《环境影响评价技术导则　地面水环境》，在现状已经超标的情况下，地面水环境影响评价时，单项水质数评价可以采用（　　）。

A．矩阵法　　B．加权平均法　　C．标准指数法　　D．幂指数法

63．某水域 5 年内规划有 4 个建设项目向其排污，按照《环境影响评价技术导则　地面水环境》，用单项水质参数评价该水域环境影响，可以采用（　　）。

A．矩阵法　　B．幂指数法

C．加权平均法　　D．自净利用指数法

64．地面水环境水质现状评价主要采用（　　）。

A．定性分析　　B．文字分析与描述，并辅之以数学表达式

C．定量分析　　D．数学表达式，并辅之以文字分析与描述

65．多项水质参数综合评价在（　　）应用。

A．调查的水质参数大于 3 项时　　B．调查的水质参数大于等于 1 项时

C．调查的水质参数较多时　　D．任何情况都可用

66．地面水环境预测应考虑水体自净能力不同的各个时段。评价等级为一级、二级时应预测（　　）的环境影响。

A. 水体自净能力最小和一般两个时段　　B．水体自净能力最小和最大两个时段

C．水体自净能力最小时段　　D．枯水期和丰水期两个时段

67．地面水环境预测应考虑水体自净能力不同的各个时段。评价等级为三级时应预测（　　）的环境影响。

A. 水体自净能力最小和一般两个时段　　B．水体自净能力一般时段

C．水体自净能力最小时段　　D．水体自净能力最大时段

68．当河流的断面宽深比（　　）时，可视为矩形河流。

A．≥10　　B．≥20　　C．≥30　　D．>20

69．大、中河流中，预测河段的最大弯曲系数（　　），可以简化为平直河流。

A．>1.3　　B．≤1.6　　C．≥1.3　　D．≤1.3

70. 按照《环境影响评价技术导则　地面水环境》，某评价河段的断面宽深比为25，最大弯曲系数0.8，该河段可简化为（　　）。

A. 矩形弯曲河流　　B. 矩形平直河流

C. 非矩形平直河流　　D. 非矩形弯曲河流

71. 某河流断面宽深比25，预测河段弯曲参数1.5。根据《环境影响评价技术导则　地面水环境》，该河可简化为（　　）。

A. 矩形平直河流　　B. 矩形弯曲河流

C. 非矩形河流　　D. 弯曲河流

72. 河流汇合部可以分为（　　）三段分别进行环境影响预测。

A. 支流、江心洲、汇合后主流

B. 河流无感潮段、河流感潮段、口外滨海段

C. 支流、汇合前主流、汇合后主流

D. 支流、汇合前主流、江心洲

73. 下列关于湖泊、水库简化的简化要求说法错误的是（　　）。

A. 评价等级为一级时，大湖（库）可以按中湖（库）对待，停留时间较短时也可以按小湖（库）对待

B. 评价等级为一级时，中湖（库）可以按大湖（库）对待，停留时间较短时也可以按小湖（库）对待

C. 评价等级为三级时，中湖（库）可以按小湖（库）对待，停留时间很长时也可以按大湖（库）对待

D. 评价等级为二级时，如何简化可视具体情况而定

E. 水深大于10 m且分层期较长（如＞30 d）的湖泊、水库可视为分层湖（库）

74. 排入河流的点源两排放口的间距较近时，可以简化为一个，其位置假设在（　　），其排放量为两者之和。

A. 排污量较大的排放口　　B. 两排放口之间

C. 任意一个排放口　　D. 排污量较小的排放口

75. 排入小湖（库）的所有点源排放口可以简化为（　　）个，其排放量为所有排放量之和。

A. 一　　B. 二　　C. 三　　D. 四

76. 当排入大湖（库）的（　　）时，可以简化成一个排污口。

A. 两排放口间距较近　　B. 所有排放口间距较近

C. 两排放口间距较远　　D. 所有排放口间距较远

77. 内陆某拟建项目污水排向一小河，地表水评价等级为二级，该小河在排污口下游6 km处汇入具有重要用水功能的中河。根据《环境影响评价技术导则　地

面水环境》，在该项目进行环境影响预测时，不需要预测的点是（　　）。

A．排放口附近　　B．排放口的上游断面

C．排放口下游的重要水工构筑物附近　　D．小河与中河汇合口下游

78．根据《环境影响评价技术导则　地面水环境》，以下符合预测水质参数筛选要求的是（　　）。

A．建设过程和生产运行过程拟预测水质参数应相同

B．建设过程、生产过程和服务期满后拟预测水质参数应相同

C．建设过程和服务期满后拟预测水质参数应相同

D．建设过程、生产过程和服务期满后拟预测水质参数可能不同

79．某拟建项目排放的废水水温 46℃、pH 为 7.8，含有汞、锌、铜、铅四种污染物。根据《环境影响评价技术导则　地面水环境》，该项目在进行水环境影响预测时应考虑的污染物类型是（　　）。

A．持久性污染物、非持久性污染物、酸碱污染物

B．持久性污染物、非持久性污染物、酸碱污染物、废热

C．持久性污染物、酸碱污染物

D．持久性污染物、废热

80．根据《环境影响评价技术导则　地面水环境》，在地面水环境影响预测中，污染源无组织排放可简化成面源，其排放规律可简化为（　　）。

A．非连续恒定排放　　B．连续恒定排放

C．非连续非恒定排放　　D．连续非恒定排放

81．根据《环境影响评价技术导则　地面水环境》，以下属于持久性污染物充分混合段的数学预测模式是（　　）。

A．河流完全混合模式　　B．二维稳态混合模式

C．S-P 模式　　D．弗—罗衰减模式

82．根据《环境影响评价技术导则　地面水环境》，在进行水环境影响预测时，以下不可作为筛选和确定预测参数依据的是（　　）。

A．工程分析　　B．评价等级

C．当地的环保要求　　D．行业协会的要求

83．某项目向附近湖泊间断排放污水，根据《环境影响评价技术导则　地面水环境》，下述可以选用的混合过程段水质预测数学模式为（　　）。

A．解析模式　　B．动态数值模式

C．一维稳态数值模式　　D．三维稳态数值模式

84．某项目地面水环境影响评价等级为一级，污水排入附近大河，距排污口下游 4 km 有集中饮用水水源。根据《环境影响评价技术导则　地面水环境》，预测该

项目混合过程段的水质最低应选用（ ）维数学模式。

A. 零　B. 一　C. 二　D. 三

85. 根据《环境影响评价技术导则 地面水环境》，下述情况水质预测适用二维解析模式的是（ ）。

A. 水深变化不大的水库中连续恒定排放点源

B. 水深变化较大的水库中连续恒定排放点源

C. 水深变化不大的水库中连续恒定排放面源

D. 水深变化较大的水库中连续恒定排放面源

86. 某拟建项目每天向附近湖泊连续排放污水，枯水期水库平均水深 8 m、水面面积 2 km^2。根据《环境影响评价技术导则 地面水环境》，预测污水中化学需氧量长期平均浓度应采用的模式为（ ）。

A. 湖泊移流模式　B. 湖泊环流混全衰减模式

C. 湖泊完全混合衰减模式　D. 湖泊完全混合平衡模式

87. 建设项目地面水环境点源影响预测的方法首先应考虑（ ）。

A. 专业判断法　B. 物理模型法

C. 类比调查法　D. 数学模式法

88. 选用数学模式进行预测各类地面水体水质时要注意模式的应用条件，如实际情况不能很好满足模式的应用条件而又拟采用时，要对模式进行（ ）。

A. 修正并验证　B. 验证　C. 修正　D. 更正

89. 地面水环境影响预测时，当评价等级为（ ）且建设项目的某些环境影响不大而预测又费时费力时可以采用专业判断法预测。

A. 一级　B. 二级　C. 三级　D. 二级以下

90. 地面水环境影响预测时，类比调查法只能做（ ）预测。

A. 定量　B. 定性　C. 半定量　D. 半定量或定性

91. 水工模型法定量化程度较高，再现性好，能反映比较复杂的地面水环境的水力特征和污染物迁移的物理过程，但需要有合适的试验条件和必要的基础数据，此种方法属于（ ）。

A. 专业判断法　B. 物理模型法　C. 类比调查法　D. 数学模式法

92. 建设项目对地面水的某些影响如感官性状、有毒物质在底泥中的累积和释放等，当没有条件进行类比调查法时，可以采用（ ）进行预测。

A. 专业判断法　B. 物理模型法

C. 类比调查法　D. 数学模式法

93. 预测范围内的河段可以分为（ ）。

A. 完全混合过程段、混合过程段和下游河段

B．充分混合段、完全充分混合段和中游河段

C．完全充分混合段、部分充分混合段和混合过程段

D．充分混合段、混合过程段和排污口上游河段

94．河流充分混合段是指污染物浓度在断面上均匀分布的河段。当（　　）时，可以认为达到均匀分布。

A．断面上任意一点的浓度与断面平均浓度之差等于平均浓度的5%

B．断面上任意一点的浓度与断面平均浓度之差小于平均浓度的5%

C．断面上任意一点的浓度与断面平均浓度之差大于平均浓度的5%

D．断面上任意一点的浓度与断面平均浓度之差小于平均浓度的10%

95．当需要预测（　　）的水质时，应在该段河流中布设若干预测点。

A．充分混合段　　B．河流混合过程段

C．上游河段　　D．下游河段

96．对于（　　）河段，当拟预测溶解氧时，不需要预测最大亏氧点。

A．分段预测　　B．弯曲　　C．矩形　　D．非矩形

97．矿山开发项目应预测其（　　）的地面水面源环境影响。

A．建设过程阶段和运行阶段　　B．建设过程阶段和服务期满后

C．生产运行阶段和服务期满后　　D．生产运行阶段

98．某些建设项目（如冶炼、火力发电、初级建筑材料的生产）露天堆放的原料、燃料、废渣、废弃物较多，这种情况应预测其（　　）的环境影响。

A．堆积物面源　　B．水土流失面源

C．降尘面源　　D．烟尘面源

99．水土流失面源和堆积面源主要考虑（　　）全部降雨产生的影响。

A．一次降雨　　B．某一个月

C．建设项目所在地　　D．一定时期内

100．评价地面水环境影响时，（　　）是评价建设项目环境影响的基本资料。

A．水域功能　　B．工程性质　　C．评价标准　　D．环境现状

101．评价建设项目的地面水环境影响所采用的水质标准与环境现状评价（　　）。

A．不相同　　B．不一定相同　　C．相同　　D．以上都不是

102．规划中几个建设项目在一定时期（如5年）内兴建并且向同一地面水环境排污的情况可以采用（　　）进行单项评价。

A．标准指数法　　B．极值指数法

C．自净利用指数法　　D．内梅罗指数法

103．环境现状已经超标的情况可以采用（　　）进行单项评价。

A．标准指数法　　B．极值指数法

C．自净利用指数法　　D．内梅罗指数法

104．一般情况下，单项水质参数评价采用（　　）进行。

A．标准指数法　　B．极值指数法

C．自净利用指数法　　D．内梅罗指数法

二、不定项选择题（每题的备选项中至少有一个符合题意）

1．根据《环境影响评价技术导则　地面水环境》，下述关于河流水质取样断面布设原则的表述，不正确的有（　　）。

A．在拟建排污口上游500 m应布设取样断面

B．水质现状监测取样断面不必考虑进行预测的地点

C．调查范围内支流汇入处和污水排入处应设置取样断面

D．河口感潮河段内拟设排污口时，可只在下游布设监测取样断面

2．某项目水环境评价等级为三级，按照《环境影响评价技术导则　地面水环境》，其运行期至少需预测（　　）的环境影响。

A．正常排放、水体自净能力最小时段

B．正常排放、水体自净能力一般时段

C．非正常排放、水体自净能力最小时段

D．非正常排放、水体自净能力一般时段

3．根据《环境影响评价技术导则　地面水环境》，确定某矿山工程水环境影响预测时段的依据有（　　）。

A．矿山工程的特点　　B．评价工程周期

C．地面水环境特点　　D．当地环保部门要求

4．根据《环境影响评价技术导则　地面水环境》，现状评价可以采用的方法有（　　）。

A．统计检出率　　B．统计超标率

C．统计超标倍数　　D．单项水质参数评价

5．规划3个拟建项目在4年内兴建完成并向同一地面水环境排污，河流有断流超标现象，根据《环境影响评价技术导则　地面水环境》，关于评价基本资料表述正确的有（　　）。

A．可以利用已有的监测资料

B．断流河道应由环保部门规定功能，并据以选择标准

C．环保部门规定排污要求

D. 建设单位自行规定各建设项目排污总量指标

6. 根据《环境影响评价技术导则　地面水环境》，以下属于地面水环境影响评价工作级别划分依据的有（　　）。

A. 装置平面布置　　B. 建设项目的污水排放量

C. 受纳污水的地面水域规模　　D. 生产周期

7. 地面水环境影响评价分级根据下列（　　）条件进行。

A. 建设项目的污水排放量　　B. 污水水质的复杂程度

C. 受纳水域的规模　　D. 投资规模

E. 水质类别

8. 地面水环境影响评价分级判据的污水排放量中不包括（　　）。

A. 间接冷却水　　B. 含热量大的冷却水

C. 含污染物极少的清净下水　　D. 循环水

9. 根据污染物在水环境中输移、衰减特点以及它们的预测模式，将污染物分为（　　）。

A. 持久性污染物　　B. 非持久性污染物

C. 酸和碱　　D. 需氧性有机污染物　　E. 热污染

10. 地面水环境影响评价分级判据的“污水水质的复杂程度”中的“复杂”类别是指（　　）。

A. 污染物类型数＞3，或者只含有二类污染物，但需预测其浓度的水质参数数目≥7

B. 污染物类型数≥3

C. 污染物类型数＝2，且需预测其浓度的水质参数数目＜10

D. 只含有两类污染物，但需预测其浓度的水质参数数目≥10

11. 地面水环境影响评价分级判据的“污水水质的复杂程度”中的“中等”类别是指（　　）。

A. 污染物类型数≥2

B. 污染物类型数≥3

C. 污染物类型数＝2，且需预测其浓度的水质参数数目＜10

D. 只含有一类污染物，但需预测其浓度的水质参数数目≥7

E. 只含有两类污染物，但需预测其浓度的水质参数数目≥10

12. 对河流与河口，水环境影响评价分级判据的“水域规模”是按建设项目（　　）划分。

A. 排污口附近河段的多年平均流量

B. 排污口附近河段的最近两年平均流量

C．丰水期平均流量

D．平水期平均流量

13．在确定某项具体工程的地面水环境调查范围时，应尽量按照（　　）来决定。

A．将来污染物排放后可能的达标范围　　B．污水排放量的大小

C．受纳水域的特点　　D．评价等级的高低

14．下列不属于河流的水文调查与水文测量的内容是（　　）。

A．流量　B．弯曲系数　C．潮差　D．水温分层　E．糙率

15．感潮河口的水文调查与水文测量的内容除与河流相同的内容外，还有（　　）。

A．盐度、温度分层情况　　B．感潮河段的范围

C．潮间隙、潮差和历时　　D．横断面、水面坡度

E．涨潮、落潮及平潮时的水位、水深、流向、流速及其分布

16．水环境点源调查的基本内容包括（　　）。

A．排放口的平面位置、排放方向、排放形式

B．原料、燃料、废弃物的堆放位置、堆放面积、堆放形式等

C．排放数据

D．用排水状况

E．厂矿企业、事业单位的废、污水处理状况

17．水环境非点污染源调查的基本内容包括（　　）。

A．排气筒的高度

B．排放方式、排放去向与处理情况

C．排放季节、排放时期、排放量、排放浓度及其他变化等数据

D．原料、燃料、废弃物的堆放位置、堆放面积、堆放形式、堆放点的地面铺装及其保洁程度、堆放物的遮盖方式等

18．一般情况下，水质调查所选择的水质参数包括的类别有（　　）。

A．底质参数　　B．特征水质参数

C．常规水质参数　　D．水生生物参数

19．特征水质参数的选择应根据（　　）选定。

A．地理条件　　B．水域类别

C．评价等级　　D．建设项目特点

20．当受纳水域的环境保护要求较高，且评价等级为一级、二级时，水质参数调查除常规、特征参数外还应考虑（　　）。

A．水生生物　B．陆生生物　C．底质　D．水质用途

21．各类水域在下列应布设取样断面的情况是（　　）。

A．调查范围的两端

B．调查范围内重点保护对象附近水域

C．水文特征突然变化处、水质急剧变化处、重点水工构筑物附近

D．水文站附近等应布设采样断面

E．在拟建排污口上游 1 000 m 处

22．地面水环境水质现状评价采用数学表达式时，分为（　　）。

A．单项水质参数评价　　B．南京水质参数综合评价

C．米勒水质参数综合评价　　D．多项水质参数综合评价

23．同时具备大型建设项目应预测建设过程阶段的环境影响的特点是（　　）。

A．地面水水质要求较高，如要求达到Ⅲ类以上

B．可能进入地面水环境的堆积物较多或土方量较大

C．建设阶段时间较长，如超过一年

D．建设阶段时间较长，如超过半年

24．冰封期较长的水域，当其水体功能为（　　）时，还应预测冰封期的环境影响。

A．娱乐用水　　B．生活饮用水　　C．农业用水

D．食品工业用水水源　　E．渔业用水

25．当（　　）时，地面水环境影响预测应该考虑污水排放的动量和浮力作用。

A．污水排放量相对于水体来说过大　　B. 污水排放速度相对于水体来说过大

C．预测范围距排放口较近　　D．预测范围距排放口较远

26．建设项目实施过程各阶段拟预测的水质参数应根据（　　）筛选和确定。

A．工程分析　　B．环境现状　　C．评价等级

D．国家法律法规　　E．当地的环保要求

27．下列关于建设项目拟预测水质参数筛选的原则，说法错误的是（　　）。

A．拟预测水质参数的数目一般应少于环境现状调查水质参数的数目

B．建设过程、生产运行、服务期满后各阶段拟预测水质参数彼此一定相同

C．建设过程、生产运行、服务期满后各阶段拟预测水质参数彼此不一定相同

D．一般情况，生产运行阶段比建设过程、服务期满后阶段拟预测水质参数的数目要多

E．建设项目实施过程各阶段拟预测的水质参数应根据工程分析和环境现状、评价等级、当地的环保要求筛选和确定

28．下列关于河流的简化要求，说法正确的是（　　）。

A．大、中河流预测河段的断面形状沿程变化较大时，可以分段考虑

B．小河可以简化为矩形平直河流

C．江心洲位于充分混合段，评价等级为一级时，可以按无江心洲对待

D．大、中河流断面上水深变化很大且评价等级为一级时，可以视为非矩形河流

E．河流水文特征或水质有急剧变化的河段，可在急剧变化之处分段，各段分别进行环境影响预测

29．下列关于海湾简化的要求，说法正确的是（　　）。

A．潮流可以简化为平面二维恒定流场

B．较大的海湾交换周期很长，可视为封闭海湾

C．在注入海湾的河流中，小河及评价等级为三级的中河可视为点源，忽略其对海湾流场的影响

D．在注入海湾的河流中，大河及评价等级为一级、二级的中河应考虑其对海湾流场和水质的影响

30．下列关于地面水污染源的简化要求，说法错误的是（　　）。

A．根据污染源的具体情况，排放形式可简化为点源、线源、面源，排放规律可简化为连续恒定排放和非连续恒定排放

B．在地面水环境影响预测中，通常可以把排放规律简化为连续恒定排放

C．无组织排放可以简化成面源；从多个间距很近的排放口排水时，可以简化为点源

D．评价等级为三级时，海湾污染源简化与大湖（库）相同

31．采用类比调查法进行地面水环境预测时，预测对象与类比调查对象之间应满足下列（　　）要求。

A．两者地面水环境的水力、水文条件和水质状况相同

B．两者地面水环境的水力、水文条件和水质状况类似

C．两者的投资额和工程性质基本相同

D．两者的某种环境影响来源应具有相同的性质，其强度应比较接近可成比例关系

32．河流水质预测完全混合模式的适用条件是（　　）。

A．河流为恒定流动　　B．持久性污染物

C．废水连续稳定排放　　D．河流混合过程段

E．河流充分混合段

33．河流水质预测一维稳态模式的适用条件是（　　）。

A．河流为恒定流动　　B．非持久性污染物

C．废水连续稳定排放　　D．河流充分混合段

E．持久性污染

34．河流水质预测二维稳态混合模式的适用条件是（　　）。

A．河流为恒定流动　B．持久性污染物　C．连续稳定排放

D．平直、断面形状规则河流充分混合段

E．平直、断面形状规则河流混合过程段

35．河流水质预测 S-P 模式的适用条件是（　　）。

A．河流充分混合段　　B．污染物连续稳定排放

C．持久性污染物　　D．污染物为耗氧性有机污染物

E．河流为恒定流动

36．湖泊完全混合衰减模式的适用条件是（　　）。

A．小湖（库）　　B．中湖

C．污染物连续稳定排放　　D．非持久性污染物

E．有风条件

37．湖泊推流衰减模式的适用条件是（　　）。

A．小湖　　B．大湖

C．污染物连续稳定排放　　D．非持久性污染物

E．无风条件

38．下列应布设地面水预测点的情况是（　　）。

A．预测范围内

B．环境现状监测点

C．水文特征突然变化和水质突然变化处的上、下游

D．重要水工建筑物附近

E．水文站附近

39．下列关于地面水预测点的布设原则，说法正确的有（　　）。

A．当拟预测溶解氧时，应预测最大亏氧点的位置及该点的浓度

B．某重要用水地点在预测范围外，估计有可能受到影响，也应设立预测点

C．预测点的数量和预测的布设应只根据评价等级以及当地的环保要求确定

D．环境现状监测点应作为预测点

E．排放口附近常有局部超标区，如有必要可在适当水域加密预测点

40．下列关于评价地面水环境影响的原则，说法正确的有（　　）。

A．地面水环境影响的评价范围与影响预测范围不一定相同

B．所有预测点和所有预测的水质参数均应进行各生产阶段不同情况的环境影响评价，但应有重点

C. 所有预测点在水文要素和水质急剧变化处、水域功能改变处、取水口附近等应作为重点

D. 所有预测的水质参数，影响较重的水质参数应作为重点

E. 多项水质参数综合评价的评价方法和评价的水质参数与环境现状综合评价不一定相同

41. 所有预测点和所有预测的水质参数均应进行各生产阶段不同情况的环境影响评价，但应有重点，下列地点或水质参数（　　）应为评价的重点。

A. 水文要素和水质急剧变化处　　B. 水域功能改变处

C. 取水口附近　　D. 影响较重的水质参数

42. 单项水质参数评价方法种类有（　　）。

A. 标准指数法　　B. 极值指数法

C. 自净利用指数法　　D. 内梅罗指数法

43. 下列关于评价地面水环境影响的基本资料要求，说法正确的有（　　）。

A. 水域功能一般应由环境影响评价单位据调查后确定

B. 规划中几个建设项目在一定时期（如 5 年）内兴建并向同一地面水环境排污时，应由政府有关部门规定各建设项目的排污总量

C. 向已超标的水体排污时，应结合环境规划酌情处理或由环保部门事先规定排污要求

D. 规划中几个建设项目在一定时期（如 5 年）内兴建并向同一地面水环境排污时，政府有关部门未规定各建设项目的允许利用水体自净能力的比例，环评单位可以自行拟定认可

E. 河道断流应由当地人民政府规定其水域功能，并据以选择标准，进行评价

44. 在地面水环境影响评价工作等级划分中，（　　）不计入污水排放量。

A. 间接冷却水　　B. 循环水

C. 含污染物极少的清净下水　　D. 含热量大的冷却水

45. 地面水环境影响评价中，拟建项目实施过程各阶段拟预测的水质参数应根据（　　）进行筛选和确定。

A. 工程分析　　B. 环境现状

C. 评价等级　　D. 当地的环保要求

46. 《环境影响评价技术导则　地面水环境》规定，根据污水排放量的大小确定湖泊、水库以及海湾的环境现状调查范围。污水排放量划分的档次与范围有（　　）。

A. ＞50 000 m^3/d　　B. 50 000～20 000 m^3/d

C. 20 000～10 000 m^3/d　　D. ＜4 000 m^3/d

47．《环境影响评价技术导则　地面水环境》规定，确定河流环境现状调查范围的主要依据包括（　　）。

A．评价等级　　　　　　　　　　B．污染物排放可能达标的范围

C．污水排放量　　　　　　　　　D．河流的规模

48．环境现状调查中，感潮河口的水文调查和水文测量，除与河流相同的内容外，还应调查和测量（　　）。

A．横断面形状、水面坡度

B．感潮河段的范围

C．涨潮、落潮及平潮的水位、水深、流向、流速等

D．潮间隙、潮差和历时

49．某建设项目位于我国北方某地，其地表水环境评价等级为二级。该地区每年12月至次年2月的平均气温为−20℃～−15℃。对其进行水环境影响预测时，如水体用途为（　　），则应预测冰封期时段的环境影响。

A．生活饮用水　　　　　　　　　B．食品工业用水

C．电力工业用水　　　　　　　　D．渔业用水

50．当建设项目水环境影响评价为一级，且受纳水域的环境保护要求较高时，其水质调查除选择常规水质参数和特征水质参数外，还应考虑调查（　　）。

A．水生生物群落结构　　　　　　B．底栖无脊椎动物种类和数量

C．底质中有关的易积累污染物　　D．浮游动植物

51．依据《环境影响评价技术导则　地面水环境》，湖泊完全混合衰减模式适用条件包括（　　）。

A．大湖　　　　　　　　　　　　B．小湖

C．持久性污染物　　　　　　　　D．非持久性污染物

52．依据《环境影响评价技术导则　地面水环境》，水质污染物分类类型有（　　）。

A．持久性污染物　　　　　　　　B．非持久性污染物

C．放射性污染物　　　　　　　　D．酸碱污染物

E．热污染

53．根据《环境影响评价技术导则　地面水环境》，关于水文调查与水文测量原则，说法正确的有（　　）。

A．一般情况，在枯水期进行与水质调查同步的水文测量

B．水文测量的内容与拟采用的环境影响预测方法密切相关

C．与水质调查同步进行的水文测量原则上只在一个时期内进行

D．与水质调查同步进行的水文测量，其次数和天数应与水质调查的天数完全

相同

54. 根据《环境影响评价技术导则 地面水环境》，关于预测水质参数筛选，说法正确的有（ ）。

A. 预测水质参数可少于环境现状调查水质参数

B. 建设过程、生产运行、服务期满后备阶段预测水质参数可不同

C. 生产运行阶段正常和不正常排放两种情况下预测水质参数可不同

D. 预测水质参数应根据工程分析、环境现状、评价等级筛选和确定

55. 根据《环境影响评价技术导则 地面水环境》，关于水质预测数学模式选用，说法正确的有（ ）。

A. 弗-罗模式适用于预测各种河流混合过程段以内的断面平均水质

B. 河流充分混合段可以采用一维模式或零维模式预测断面平均水质

C. 二维解析模式只适用于矩形河流或水深变化不大的湖泊、水库中点源连续恒定排放

D. 稳态数值模式适用于非矩形河流，水深变化较大的浅水湖泊、水库形成的恒定水域内的连续恒定排放

参考答案

一、单项选择题

1. A 【解析】依据内陆水体评价分级判据，拟建项目地面水环境影响评价工作等级为一级。

2. C

3. A 【解析】这 5 个等级，我们记住第三个等级后，以 5 000 为一条分界线，往上级别的范围相应乘以 2，往下级别相应乘以 1/5。同时还要注意其单位是“m^3/d”，在实务操作中，往往不是给的“天”，很有可能是“年”，这时需转换。

4. B 5. A 6. B 7. C

8. A 【解析】此题比前面的题稍灵活点，在实务中往往也是这种情况。题目不管如何变，只要记准了，就可应万变。

9. A 【解析】注意这部分内容中的“≥10”“<10”和“≥7”“<7”的条件。往往很多人看书不注意细节，而考试往往就考你的看书认真程度。

10. C

11. D 【解析】大河、中河、小河的划分，只有“15 m^3/s”和“150 m^3/s”两个数。但要注意“大河”是“≥150 m^3/s”。

12. A

13. B 【解析】此题比前面两题稍灵活，接近实务操作的判断。

14. B 【解析】此题给出的数据刚好位于临界线上，注意判别。

15. D　16. D

17. B 【解析】此知识点有三个数须记住：一个是平均水深 10 m，≥10 m 是一种划分方式，<10 m 是另一种划分方式；二是水面面积 2.5 km^2，乘以 10 得出另一个分界点；三是水面面积 5 km^2（2.5 km^2 的倍数），乘以 10 又得出另一个分界点。同时有等号的都是大湖（库）。

18. B 【解析】该项目计划于两年后开始建设，有足够的时间调查，因此，需调查平水期和枯水期水质现状。

19. A　20. D　21. C

22. A 【解析】河流、河口、湖泊、水库的一级评价，若评价时间不够，至少应调查"平水期和枯水期"。

23. D　24. C　25. B　26. A　27. B　28. B　29. C　30. D

31. A 【解析】海湾的一、二、三级评价都应调查大潮期和小潮期。

32. C　33. D

34. C 【解析】生活污水的主要水质参数为：BOD_5、COD、pH、悬浮物、氨氮、磷酸盐、表面活性剂、水温、溶解氧。

35. A　36. B　37. A　38. D　39. C　40. D　41. A

42. A 【解析】从"多年平均流量为 13 m^3/s"可判断此河是小河。而小河在取样断面的主流线上设一条取样垂线。

43. D　44. C　45. D

46. A 【解析】垂线上取样水深的确定，要记住两个水深：0.5 m 和 0.3 m。

47. A 【解析】从"平水期平均流量为 180 m^3/s"可判断此河是大河。从"河宽 55 m"可判断属河宽大于 50 m 这类大中河，应设三条取样垂线。从"水深 7 m"可判断此河属水深大于 5 m 这类，"在一条垂线上，水深大于 5 m 时，在水面下 0.5 m 水深处及在距河底 0.5 m 处，各取样一个"，因此，应取 6 个水样。

48. B 【解析】从"平水期平均流量为 120 m^3/s"可判断此河是中河。从"河宽 60 m"可判断属河宽大于 50 m 这类大中河，应设三条取样垂线。从"水深 4 m"可判断此河属水深小于 5 m 这类，"在一条垂线上，水深为 1～5 m 时，只在水面下 0.5 m 处取一个样"，因此，应取 3 个水样。

49. C 【解析】从"多年平均流量为 150 m^3/s"可判断此河是大河。从"河宽 30 m"可判断属河宽小于 50 m 这类大中河，应设两条取样垂线。从"水深 6 m"可判断此河属水深大于 5 m 这类，"在一条垂线上，水深大于 5 m 时，在水面下 0.5 m

水深处及在距河底0.5 m处，各取样一个”，因此，应取4个水样。

50. D 【解析】从“多年平均流量为100 m^3/s”可判断此河是中河。从“河宽30 m”可判断属河宽小于50 m这类大中河，应设两条取样垂线。从“水深4 m”可判断此河属水深小于5 m这类，“在一条垂线上，水深为1～5 m时，只在水面下0.5 m处取一个样”，因此，应取2个水样。

51. A 【解析】与前面的题目相比，多了评价的等级，以及“水样分析”，“一级评价：每个取样点的水样均应分析，不取混合样”。因此，答案还是A。“二、三级评价：需要预测混合过程段水质的场合，每次应将该段内各取样断面中每条垂线上的水样混合成一个水样。其他情况每个取样断面每次只取一个混合水样，即在该断面上同各处所取的水样混匀成一个水样。”

52. D 【解析】二、三级评价水样的对待：需要预测混合过程段水质的场合，每次应将该段内各取样断面中每条垂线上的水样混合成一个水样。其他情况每个取样断面每次只取一个混合水样，即在该断面上各处所取的水样混匀成一个水样。

53. B

54. C 【解析】当平均水深大于等于10 m时，首先应找到斜温层，在水面下0.5 m及斜温层以下，距底0.5 m以上处各取一个水样。

55. D 56. D

57. D 【解析】此题跟湖泊和水库的要求是一样的。同时，取样水深的确定除一些特殊的情况外，各类水域在水面以下0.5 m或距底不小于0.5 m。

58. B

59. A 【解析】对于这种情况，一级、二级、三级评级的取样间隔是一样的，都是0.5～1.5 km^2。

60. A 【解析】湖泊、水库取样位置的布设的数字较多，不容易记住，需多费点心思。

61. B 【解析】《环境影响评价技术导则》原文：对设有闸坝受人工控制的河流，其流动状况，在排洪时期为河流流动；用水时期，如用水量大则类似河流，用水量小时则类似狭长形水库。这种河流的取样断面、取样位置、取样点的布设以及水质调查的取样次数等可参考河流、水库部分的有关规定酌情处理。

62. C 【解析】环境现状已经超标的情况，可以采用标准指数法进行评价。

63. D 【解析】规划中几个建设项目在一定时期（如5年）内兴建并且向同一地面水环境排污的情况可以采用自净利用指数进行单项评价。

64. B 65. C

66. A 【解析】水体自净能力最小通常在枯水期，个别水域由于面源污染严重也可能在丰水期。水体自净能力一般时段通常在平水期。

67. C　68. B

69. D　【解析】大中河流中，预测河段弯曲较大（如其最大弯曲系数＞1.3）时，可视为弯曲河流，否则可以简化为平直河流。

70. B　【解析】河流的断面宽深比≥20 时，可视为矩形河流；河段最大弯曲系数＞1.3 时，可视为弯曲河流，否则可以简化为平直河流。

71. B　72. C　73. A　74. B

75. A　【解析】排入小湖（库）的所有排放口可以简化成一个，其位置假设在两排放口之间，其排放量为两者之和。

76. A　77. B　78. D　79. D　80. B　81. A　82. D

83. B　【解析】动态数值模式适用于各类恒定水域中的非连续恒定排放或非恒定水域中的各类排放。

84. C　【解析】大、中河流一级、二级评价，且排放口下游 3～5 km 有集中取水点式或其他特别重要的环保目标时，均应采用二维模式预测混合过程段水质。

85. A　【解析】二维解析模式只适用于矩形河流或水深变化不大的湖泊、水库。

86. C　【解析】从“枯水期水库平均水深 8 m、水面面积 2 km^2”可判断该湖泊为小湖。化学需氧量为非持久性污染物。

87. D　【解析】此题在《环境影响评价技术导则　总纲》中出现过。在《环境影响评价技术导则　总纲》中是“掌握常用建设项目环境影响预测方法与特点”。

88. A　89. C　90. D　91. B　92. A　93. D　94. B　95. B　96. A

97. C　【解析】建设过程阶段是否预测视具体情况而定。

98. A

99. D　【解析】水土流失面源和堆积面源主要考虑一定时期内（如 1 年）全部降雨所产生的影响，也可以考虑一次降雨所产生的影响。一次降雨应根据当地的气象条件、降雨类型和环保要求选择。所选择的降雨应能反映产生面源的一般情况，通常其降雨频率不宜过小。

100. A　101. C　102. C　103. A　104. A

二、不定项选择题

1. BD　2. AC　3. ACD　4. D　5. ABC　6. BC　7. ABCE　8. ACD　9. ABCE　10. BD　11. CD　12. AD　13. ABCD　14. CD

15. BCDE　【解析】选项 A 是海湾水文调查与水文测量的内容。

16. ACDE　【解析】选项 B 是非点源调查的内容。

17. BCD　【解析】选项 A 是大气点源调查的内容。

18. BC 19. BCD

20. AC 【解析】受纳水域的环境保护要求较高是指自然保护区、饮用水水源地、珍贵水生生物保护区、经济鱼类养殖区等水域。

21. ABCD 22. AD

23. ABC 【解析】建设项目地面水环境影响时期参见《环境影响评价技术导则 总纲》部分。注意“同时具备”这几个字。建设过程阶段对水环境的影响主要来自水土流失和堆积物的流失。

24. BDE

25. ABC 【解析】本标准中提出的环境影响预测方法大多未考虑污水排放的动量和浮力作用，这对绝大多数地面水环境影响预测中所遇到的排放特点、水流状态及预测范围来说是可行的。

26. ABCE 27. BD

28. ABDE 【解析】评价等级为三级时，江心洲、浅滩等均可按无江心洲、浅滩的情况对待；评价等级为二级时，江心洲位于充分混合段，可以按无江心洲对待；评价等级为一级且江心洲较大时，可以分段进行环境影响预测，江心洲较小时可不考虑。江心洲位于混合过程段，可分段进行环境影响预测。

29. BCD 【解析】选项 A 的正确说法是：潮流可以简化为平面二维非恒定流场。

30. AC 【解析】选项 A 的正确说法是：根据污染源的具体情况，排放形式可简化为点源、面源，排放规律可简化为连续恒定排放和非连续恒定排放。选项 C 的正确说法是：无组织排放可以简化成面源；从多个间距很近的排放口排水时，也可以简化为面源。

31. BD 32. ABCE 33. ABCD 34. ABCE 35. ABDE 36. ACD 37. BCDE 38. ABCDE

39. ABDE 【解析】预测点的数量和预测点的布设，应根据受纳水体和建设项目的特点、评价等级以及当地的环保要求确定。

40. BCD 【解析】选项 A 的正确说法是：地面水环境影响的评价范围与影响预测范围相同。选项 E 的正确说法是：多项水质参数综合评价的评价方法和评价的水质参数应与环境现状综合评价相同。

41. ABCD 42. AC

43. BC 【解析】《环境影响评价技术导则 地面水环境》原文：水利用状况（水域功能）是地面水环境影响评价的基础资料，一般应由环境保护部门规定。调查的目的是核对与补充这个规定，若还没有规定则应通过调查明确之，并报环境保护部门认可。选项 D 的原文是：规划中几个建设项目在一定时期（如 5 年）内兴建并向同一地面水环境排污时，应由政府有关部门规定各建设项目的排污总量或允许利用水体自净能力的比例（政府有关部门未作规定的可以自行拟定并报环保部门认可）。

选项 E 的正确说法是：河道断流应由环保部门规定其水域功能。

44. ABC　【解析】选项来自导则原文。

45. ABCD　【解析】选项来自导则原文。

46. ABC　【解析】此题教材中找不到相关数据，但在导则原文有相关数据，选项 D 是没此数据的。

47. ABCD　【解析】本题只考查了现状调查范围的部分依据。

48. ABCD　【解析】本题选项来自导则原文。

49. ABD　【解析】本题选项来自导则原文。

50. ABCD　【解析】本题在教材中找不到答案，只能在导则原文找到答案。

51. BD　【解析】答案较简单。

52. ABDE　【解析】答案来自导则原文。

53. ABC　【解析】此题来自导则原文。与水质调查同步进行的水文测量，原则上只在一个时期内进行。它与水质调查的次数不要求完全相同，在能准确求得所需水文要素及环境水力学参数的前提下，尽量精简水文测量的次数和天数。

54. ABCD　【解析】选项都来自导则原文。

55. BCD　【解析】弗-罗模式为河流预测模式之一，适合于平直河流混合过程段。

第二节　相关水环境标准

单项选择题（每题的备选项中，只有一个最符合题意）

1. 按照《地表水环境质量标准》，下列关于地表水水域环境功能类别表述正确的是（　　）。

A. 一般景观要求水域执行Ⅲ类地表水环境质量标准

B. 一般工业用水区执行Ⅱ类地表水环境质量标准

C. 鱼虾类产卵场执行Ⅰ类地表水环境质量标准

D. 鱼虾类越冬场执行Ⅲ类地表水环境质量标准

2. 根据《地表水环境质量标准》，适用于Ⅱ类水域环境功能的是（　　）。

A. 鱼类产卵场　　B. 鱼类越冬场

C. 水产养殖　　D. 鱼类洄游通道

3. 与渤海水域相连的某地表水河口段水域环境功能为渔业水域和游泳区，该河口段应采用的水质现状评价标准是（　　）。

A. 地表水环境质量标准　　B. 海水水质标准

C. 渔业水质标准　　D. 景观娱乐用水水质标准

4. 某水体具有水产养殖、娱乐用水和农业用水的功能，该水体应执行《地表水环境质量标准》的（　　）。

A. Ⅰ类　　B. Ⅱ类　　C. Ⅲ类　　D. Ⅴ类

5. 地表水环境质量评价应根据应实现的水域功能类别，选取相应类别标准，进行（　　），评价结果应说明水质达标情况，超标的应说明超标项目和超标倍数。

A. 因子加权评价　　B. 多因子评价

C. 单因子评价　　D. 系统评价

6. 丰、平、枯水期特征明显的水域，应（　　）进行水质评价。

A. 对平、枯水期　　B. 对丰、平、枯水期

C. 对丰、平水期　　D. 对丰、枯水期

7. 集中式生活饮用水地表水源地水质评价的项目除包括基本项目、补充项目外，还应包括由（　　）选择确定的特定项目。

A. 县级以上人民政府环境保护行政主管部门

B. 县级以上人民政府水行政主管部门

C. 市级以上人民政府环境保护行政主管部门

D. 市级以上人民政府水行政主管部门

8. 根据《地表水环境质量标准》，Ⅱ类地表水水域总磷（以P计）的标准限值为（　　）mg/L。

A. ≤0.01（湖、库0.005）　　B. ≤0.1（湖、库0.025）

C. ≤0.2（湖、库0.05）　　D. ≤0.3（湖、库0.1）

9. Ⅲ类地表水环境pH标准限值是（　　）。

A. 8　　B. 5～10　　C. 10　　D. 6～9

10. Ⅰ类地表水环境溶解氧的标准限值是（　　）。

A. ≥9.5 mg/L　　B. ≥7.5 mg/L　　C. ≤9.5 mg/L　　D. ≤7.5 mg/L

11. Ⅲ类地表水环境COD的标准限值是（　　）。

A. ≤15 mg/L　　B. ≤40 mg/L　　C. ≤20 mg/L　　D. ≤30 mg/L

12. 按《地表水环境质量标准》，对于Ⅲ类水体人为造成环境水温变化应限制在（　　）。

A. 月平均最大温升≤1℃，月平均最大温降≤2℃

B. 周平均最大温升≤2℃，周平均最大温降≤3℃

C．周平均最大温升<1℃，周平均最大温降<2℃

D．周平均最大温升≤1℃，周平均最大温降≤2℃

13．在《地表水环境质量标准》中，COD的最低标准限值是（　　）mg/L。

A．15　　B．20　　C．10　　D．30

14.《地表水环境质量标准》基本项目中化学需氧量的监测分析方法是（　　）。

A．稀释与接种法　　B．纳氏试剂比色法

C．重铬酸盐法　　D．碘量法

15．《地表水环境质量标准》基本项目中五日生化需氧量的监测分析方法是（　　）。

A．稀释与接种法　　B．纳氏试剂比色法

C．重铬酸盐法　　D．碘量法

16．《地表水环境质量标准》基本项目中pH的监测分析方法是（　　）。

A．稀释与接种法　　B．电化学探头法

C．重铬酸盐法　　D．玻璃电极法

17．某公司拟分别开采以下不同类型的地下水，其中适用《地下水质量标准》的是（　　）。

A．地下热水　　B．地下低硬度水　　C．地下矿水　　D．地下盐卤水

18．《地下水质量标准》适用于一般地下水，不适用于地下热水、（　　）、盐卤水。

A．地下河水　　B．地下矿水　　C．地下湖水　　D．地下水库

19．根据《地下水质量标准》，以人体健康基准值为依据确定的地下水质量类别的是（　　）类。

A．Ⅰ　　B．Ⅱ　　C．Ⅲ　　D．Ⅳ

20．依据我国地下水水质现状、人体健康基准值及地下水质量保护目标，地下水质量划分为（　　）。

A．三类　　B．四类　　C．五类　　D．六类

21．某省监测部门计划对全省地下水水质进行监测，按照《地下水质量标准》，下述监测频次符合要求的是（　　）。

A．每年丰水期、枯水期各监测一次

B．每年丰水期、平水期各监测一次

C．每年平水期、枯水期各监测一次

D．每年监测两次，可以不考虑丰水期、平水期和枯水期

22．根据《地下水质量标准》，以下可不作为地下水质常规监测项目的是（　　）。

A．氨氮　　B．氰化物　　C．溶解氧　　D．大肠菌群

23．各地地下水监测部门，应在不同质量类别的地下水域设立监测点进行水质监测，监测频率不得少于每年（　　）。

A．一次（枯水期）　　B．二次（平、枯水期）

C．三次（丰、平、枯水期）　　D．二次（丰、枯水期）

24．某项目所在区域地下水中氟化物监测浓度为 0.9 mg/L，按照地下水质量单项组分评价，该地下水质量单项组分评价，该地下水现状水质应为（　　）类（注：氟化物地下水质标准：Ⅰ类≤1.0，Ⅱ类≤1.0，Ⅲ类≤1.0，Ⅳ类≤2.0。单位：mg/L）。

A．Ⅰ　　B．Ⅱ　　C．Ⅲ　　D．Ⅳ

25．地下水质量单组分评价，按《地下水质量标准》所列分类指标，划分为五类，代号与类别代号相同，不同类别标准值相同时，（　　）。

A．从劣不从优　　B．从优不从劣

C．任何一个都可　　D．用插入法确定

26．某地下水的细菌总数Ⅰ类、Ⅱ类、Ⅲ类标准值均为≤100 个/mL，若水质分析结果为 100 个/mL，应定为（　　）。

A．Ⅰ类　　B．Ⅱ类　　C．Ⅲ类　　D．Ⅳ类

27．污水集中排放形成的海水混合区，不得影响邻近功能区的水质和（　　）。

A．水生生物洄游通道　　B．鱼虾类的越冬场

C．虾类洄游通道　　D．鱼类洄游通道

28．以下污水适用《污水综合排放标准》的是（　　）。

A．造纸厂污水　　B．染整厂污水

C．磷肥厂污水　　D．炼油厂污水

29．《污水综合排放标准》中规定：排入设置二级污水处理厂的城镇排水系统的污水，执行（　　）标准。

A．一级　　B．二级　　C．三级　　D．四级

30．《污水综合排放标准》中规定：排入鱼虾类越冬场水域的污水，应执行（　　）标准。

A．一级　　B．二级　　C．三级　　D．四级

31．《污水综合排放标准》中规定：排入人体直接接触海水的海上运动或娱乐区的污水，应执行（　　）标准。

A．一级　　B．二级　　C．三级　　D．四级

32．《污水综合排放标准》中规定：排入滨海风景旅游区的污水，应执行（　　）标准。

A．一级　　B．二级　　C．三级　　D．四级

33．《污水综合排放标准》中规定：排入一般景观要求水域的污水，应执行

（　　）标准。

A．一级　　B．二级　　C．三级　　D．四级

34．《地表水环境质量标准》中Ⅰ、Ⅱ类水域和Ⅲ类水域中划定的保护区，GB 3097 中一类海域，禁止（　　）排污口，现有排污口应按水体功能要求，实行污染物总量控制。

A．新建、扩建、改建　　B．新建、扩建

C．扩建、改建　　D．新建

35．《地表水环境质量标准》中Ⅰ、Ⅱ类水域和Ⅲ类水域中划定的保护区，GB 3097 中一类海域，禁止新建排污口，现有排污口应按水体功能要求，实行（　　）。

A．限期关闭　　B．限期治理

C．污染物总量控制　　D．限期整治

36．《污水综合排放标准》中规定：新建排污口，排入集中式生活饮用水地表水源地二级保护区的污水，应执行（　　）标准。

A．一级　　B．二级　　C．三级　　D．以上都不是

37．《污水综合排放标准》中规定：新建排污口，排入海洋渔业水域的污水，应执行（　　）标准。

A．一级　　B．二级　　C．三级　　D．以上都不是

38．按照《污水综合排放标准》，为判定下列污染物是否达标，可在排污单位总排放口采样的是（　　）。

A．苯并[a]芘　　B．六价格　　C．总铜　　D．总镉

39．根据《污水综合排放标准》，以下允许在排污单位排放口采样的污染物是（　　）。

A．总汞　　B．总铜　　C．总镍　　D．总银

40．根据《污水综合排放标准》，总汞的最高允许排放浓度限值是（　　）mg/L。

A．0.005　　B．0.05　　C．0.1　　D．0.5

41．同一排放口排放两种或两种以上不同类别的污水，且每种污水的排放标准又不同时，其混合污水的排放标准按（　　）计算。

A．第一类污染物　　B．第二类污染物

C．第三类污染物　　D．$c_{混合}=\dfrac{\sum_{i=1}^{n}c_iQ_iY_i}{\sum_{i=1}^{n}Q_iY_i}$

42．对于污水第一类污染物，一律在（　　）排放口采样。

A．车间　　B．车间处理设施

C．车间或车间处理设施　　　　　　D．排污单位

43．对于污水第二类污染物，在（　　）排放口采样，其最高允许排放浓度必须达到本标准要求。

A．车间　　　　　　　　　　　　B．车间处理设施

C．车间或车间处理设施　　　　　D．排污单位

44．工业污水按（　　）确定监测频率。

A．生产周期　　　　　　　　　　B．实际工作日

C．自然工作日　　　　　　　　　D．监测单位要求

45．工业污水按生产周期确定监测频率，生产周期在 8 h 以内的，每（　　）h 采样一次。

A．1　　　　B．2　　　　C．4　　　　D．3

46．工业污水按生产周期确定监测频率，生产周期大于 8 h 的，每（　　）h 采样一次。

A．1　　　　B．2　　　　C．4　　　　D．3

47．工业污水按生产周期确定监测频率，监测的最高允许排放浓度按（　　）计算。

A．日均值　　　B．小时均值　　　C．月均值　　　D．年均值

48．《污水综合排放标准》对建设（包括改、扩建）单位的建设时间，以（　　）为准划分。

A．施工开始时间　　　　　　　　B．生产开始时间

C．可行性报告批准日期　　　　　D．环境影响评价报告书（表）批准日期

49．污水排放企业排放的总汞最高允许排放浓度是（　　）mg/L。

A．0.50　　　B．0.10　　　C．0.05　　　D．1.5

50．污水排放企业排放的六价铬最高允许排放浓度是（　　）mg/L。

A．0.50　　　B．1.0　　　C．0.05　　　D．1.5

51．污水排放企业排放的总铬最高允许排放浓度是（　　）mg/L。

A．0.50　　　B．1.0　　　C．0.05　　　D．1.5

52．下列（　　）水体污染物属第一类污染物。

A．总汞、总镉、总砷、总铅、总镍、总锌

B．总镉、总铬、六价铬、总α放射性、总银

C．总汞、总锰、总银、苯并[a]芘、总铍

D．总β放射性、烷基汞、总铜、COD、甲醛

53．《地表水环境质量标准》规定，Ⅰ类水域功能区溶解氧的标准限值是（　　）mg/L。

A．≥6　　B．≥5　　C．≥7.5　　D．≥3

54．《地表水环境质量标准》中规定，化学需氧量的监测分析方法是（　　）。

A．电化学探头法　　B．重铬酸盐法

C．紫外线分光光度计　　D．稀释与接种法

55．若同一水域兼有多类使用功能，则该水域执行的地表水环境质量标准基本项目标准值应为（　　）。

A．最高功能类别对应的标准值　　B．最低功能类别对应的标准值

C．任意功能类别的标准值　　D．最高、最低功能类别标准值的平均值

56．用作集中式生活饮用水水源的地下水，其水质按《地下水水质标准》（　　）类执行。

A．Ⅰ　　B．Ⅱ　　C．Ⅲ　　D．Ⅳ

57．《地下水水质标准》中的地下水质量分类，主要以人体健康基准值为依据的是（　　）类。

A．Ⅰ　　B．Ⅱ　　C．Ⅲ　　D．Ⅳ

58．《海水水质标准》按照海域（　　）对海水水质进行分类。

A．地理位置　　B．水环境质量现状

C．海岸形态与海水平均深度　　D．不同使用功能和保护目标

59．下列各海域功能区中，执行《海水水质标准》第三类的区域是（　　）。

A．海洋开发作业　　B．与人类食用直接有关的工业用水区

C．一般工业用水区　　D．海洋港口水域

60．按《污水综合排放标准》规定，排入《海水水质标准》为（　　）类海域的污水，执行一级标准。

A．一　　B．二　　C．三　　D．四

61．《污水综合排放标准》按建设单位的建设时间规定了执行第一类和第二类污染物各自的排放标准值。其建设时间以（　　）为准划分。

A．环评大纲批准日期　　B．环境影响报告书（表）批准日期

C．建设项目竣工日期　　D．建设项目投产日期

62．《污水综合排放标准》中的第一类污染物不分行业和污水排放方式，也不分受纳水体的功能类别，一律在（　　）采样。

A．综合污水处理厂出口　　B．接纳该污水的城市污水处理厂出口

C．车间或车间处理设施排放口　　D．综合污水处理厂入口

63．下列行业中不执行《污水综合排放标准》的是（　　）。

A．食品加工业　　B．炼油工业

C．烧碱、聚氯乙烯工业　　D．机械制造业

64. 依据《地下水质量标准》的规定，Ⅰ类地下水主要反映的是（　　）。

A. 地下水化学组分的天然背景含量　　B. 人体健康基准现状值

C. 农业和工业用水要求现状值　　D. 地下水化学组分的天然低背景含量

65. 《地表水环境质量标准》中规定，在各类水域功能中，由人为造成的环境水温变化应限制在（　　）。

A. 周平均最大温升≤1℃，周平均最大温降≤2℃

B. 周平均最大温升≤2℃，周平均最大温降≤2℃

C. 周平均最大温升≤3℃，周平均最大温降≤3℃

D. 周平均最大温升≤2℃，周平均最大温降≤1℃

66.《地表水环境质量标准》基本项目中常规项目的化学需氧量的最低检出限是（　　）mg/L。

A. 2　　B. 10　　C. 1　　D. 5

67. 《地下水质量标准》将地下水质量划分为（　　）。

A. 二类　　B. 三类　　C. 四类　　D. 五类

68. 按照《地下水质量标准》，当不同类别标准值相同时，进行地下水质量单项组分评价应遵循的原则是（　　）。

A. 从劣不从优　　B. 从优不从劣

C. 可任选其中一类　　D. 均按一类

69. 根据《地下水质量标准》，地下水质监测频率每年不得少于（　　）。

A. 一次（平水期）　　B. 二次（丰、枯水期）

C. 三次（丰、平、枯水期）　　D. 四次（每季一次）

70. 按照《海水水质标准》，划定为一般工业用水区的海域采用的海水水质标准为第（　　）类。

A. 一　　B. 二　　C. 三　　D. 四

71. 按照《污水综合排放标准》，排放的污染物中属于第一类污染物的是（　　）。

A. 总铜　　B. 总锰　　C. 总铍　　D. 总氰化合物

72. 按照《污水综合排放标准》，排放的污染物按其性质及控制方式分为（　　）。

A. 二类　　B. 三类　　C. 四类　　D. 五类

73. 在集中式生活饮用水地表水源地二级保护区内，关于排污口的建设，下列表述正确的是（　　）。

A. 禁止新建排污口

B. 已在保护区内的企业可新建排污口

C. 能够达标排放的废水可新建排污口

D. 经当地政府批准后可新建排污口

74. 根据《污水综合排放标准》，排入一般工业用水及人体非直接接触的娱乐用水区水域的污水，执行（　　）标准。

A. 一级　　B. 二级　　C. 三级　　D. 四级

75. 按照《污水综合排放标准》，排入农业用水区及一般景观要求水域的污水，执行（　　）标准。

A. 一级　　B. 二级　　C. 三级　　D. 四级

76. 按照《污水综合排放标准》，下列污染物中，必须在车间或车间处理设施排放口采样监测的是（　　）。

A. 甲醛　　B. 苯并[*a*]芘　　C. 总硒　　D. 对硫磷

77. 按照我国环境标准管理的相关规定，下列行业中，执行《污水综合排放标准》的是（　　）。

A. 造纸工业　　B. 肉类加工工业

C. 船舶工业　　D. 水泥工业

78. 根据《污水综合排放标准》，生产周期在 8 h 以内的工业污水采样频率为（　　）。

A. 每 0.5 h 采样一次　　B. 每 1 h 采样一次

C. 每 2 h 采样一次　　D. 每 4 h 采样一次

79. 执行《污水综合排放标准》时，建设（包括改、扩建）项目的建设时间，以（　　）为准。

A. 开工日期　　B. 竣工验收日期

C. 投产运行日期　　D. 环境影响报告书（表）批准日期

80. 按《污水综合排放标准》规定，六价铬的最高允许排放浓度为（　　）mg/L。

A. 0.05　　B. 0.1

C. 0.5　　D. 1.0

81. 以下废水排放应执行《污水综合排放标准》的是（　　）。

A. 煤制甲醇气化炉废水　　B. 烧碱废水

C. 合成氨工艺废水　　D. 码头船舶废水

82. 《地表水环境质量标准》的适用范围包括（　　）。

A. 近岸海域　　B. 处理后的城市污水

C. 一般景观要求水域　　D. 经批准划定的单一渔业水域

83. 《地表水环境质量标准》规定的Ⅲ类水质总磷的限值是（　　）mg/L。

A．0.1（湖、库、0.002 5） B．0.2（湖、库、0.05）

C．0.3（湖、库、0.01） D．0.4（湖、库、0.2）

84．依据《地下水质量标准》，已知某污染物Ⅰ、Ⅱ、Ⅲ、Ⅳ类标准值分别为 0.001 mg/L、0.001 mg/L、0.002 mg/L 和 0.01 mg/L，某处地下水该污染物分析测试结果为 0.001 mg/L，采用单项组分评价，该处地下水质量应为（ ）类。

A．Ⅰ B．Ⅱ C．Ⅲ D．Ⅳ

85．依据《海水水质标准》，以下应执行第二类海水水质标准的海域是（ ）。

A．水产养殖区 B．海洋渔业水域

C．滨海风景旅游区 D．海洋开发作业区

86．以下企业污水排放适用《污水综合排放标准》的是（ ）。

A．羽绒企业 B．黄磷企业

C．煤炭企业 D．啤酒企业

87．某企业同一排污口排放两种工业污水，每种工业污水中同一污染物的排放标准限值不同，依据《污水综合排放标准》，该排放口污染物最高允许排放浓度应为（ ）。

A．各排放标准限值的上限 B．各排放标准限值的下限

C．各排放标准限值的算术平均值 D．按规定公式计算确定的浓度值

88．某企业涉及第一类水污染物的车间生产周期是 4 h，依据《污水综合排放标准》，该企业含第一类污染物的污水采样点和采样频率分别是（ ）。

A．企业排放口，每 2 h 采样一次 B．车间排放口，每 2 h 采样一次

C．企业排放口，每 4 h 采样一次 D．车间排放口，每 4 h 采样一次

89．根据《地表水环境质量标准》，与近海水域相连的河口水域、集中式生活饮用水地表水源地、经批准划定的单一渔业水域各自对应执行的标准是（ ）.

A．《海水水质标准》《生活饮用水卫生标准》《地表水环境质量标准》

B．《海水水质标准》《地表水环境质量标准》《地表水环境质量标准》

C．《地表水环境质量标准》《生活饮用水卫生标准》《渔业水质标准》

D．《地表水环境质量标准》《地表水环境质量标准》《渔业水质标准》

90．根据《地表水环境质量标准》，某水域同时具有鱼类养殖区、越冬场、洄游通道功能，该水域应执行的标准类别是（ ）类。

A．Ⅰ B．Ⅱ C．Ⅲ D．Ⅳ

91．根据《地下水质量标准》，地下水监测部门进行地下水水质监测的最低频次要求是（ ）。

A．每年仅枯水期监测一次 B．每年仅丰水期监测一次

C．每年枯、丰水期各监测一次 D．每年枯、平水期各监测一次

92．某沿海港口建设项目环境影响评价范围内有海水浴场、滨海风景旅游区及海洋开发作业区。根据《海水水质标准》，该项目环境影响评价应选取相对应的海水水质评价标准为第（　　）类。

A．二、三、三　　B．二、二、四

C．一、二、三　　D．二、三、四

93．下列建设项目污水排放适用《污水综合排放标准》的是（　　）。

A．铸造厂　　B．电镀厂

C．三级甲等医院　　D．城镇生活污水处理厂

94．某饮料厂污水经市政污水处理厂一级强化处理后排入三类海域。根据《污水综合排放标准》，该饮料厂污水排放应执行（　　）。

A．禁排　　B．一级排放标准

C．二级排放标准　　D．三级排放标准

95．根据《污水综合排放标准》，下列污染物应在车间或车间处理设施排放口采样监测的是（　　）。

A．总铜　　B．总锌　　C．总银　　D．总氰化物

二、不定项选择题（每题的备选项中至少有一个符合题意）

1．确定《地表水环境质量标准》基本项目标准限值的依据有（　　）。

A．水域环境功能　　B．水文参数

C．环境容量　　D．保护目标

2．《地表水环境质量标准》将标准项目分为（　　）。

A．具有特定功能的水域项目　　B．集中式生活饮用水地表水源地补充项目

C．地表水环境质量标准基本项目　D．集中式生活饮用水地表水源地特定项目

3．下列水域的水质质量标准不适用《地表水环境质量标准》的是（　　）。

A．渔业水　　B．江河　　C．海水　　D．农田灌溉水　　E．水库

4．Ⅰ类地表水水域主要适用于（　　）。

A．源头水

B．集中式生活饮用水地表水源地一级保护区

C．国家级自然保护区

D．珍稀水生生物栖息地

5．下列地表水水域环境功能属Ⅲ类的是（　　）。

A．鱼虾类越冬场　　B．洄游通道

C．仔稚幼鱼的索饵场　　D．水产养殖区

E．鱼虾类产卵场

6. 下列地表水水域环境功能属Ⅳ类的是（　　）。

A. 一般景观要求水域　　B. 非直接接触的娱乐用水区

C. 一般工业用水区　　D. 水产养殖区

E. 农业用水区

7. 下列属于地表水水域环境功能Ⅱ类的是（　　）。

A. 源头水　　B. 集中式生活饮用水地表水源地二级保护区

C. 仔稚幼鱼的索饵场　　D. 集中式生活饮用水地表水源地一级保护区

E. 珍稀水生生物栖息地

8. 按照《地表水环境质量标准》中规定，溶解氧的分析方法有（　　）。

A. 碘量法　　B. 玻璃电极法

C. 重铬酸盐法　　D. 电化学探头法

9. 《地表水环境质量标准》基本项目中溶解氧的监测分析方法是（　　）。

A. 稀释与接种法　　B. 电化学探头法

C. 重铬酸盐法　　D. 碘量法

10. 《地表水环境质量标准》基本项目中氨氮的监测分析方法是（　　）。

A. 纳氏试剂比色法　　B. 电化学探头法

C. 重铬酸盐法　　D. 水杨酸分光光度法

11. 《地下水质量标准》适用于一般地下水，不适用于（　　）。

A. 地下河水　　B. 矿水　　C. 地下热水　　D. 盐卤水

12. 《地下水质量标准》依据（　　），并参照了生活饮用水、工业、农业用水水质最高要求，将地下水质量划分为五类。

A. 地下水的使用功能　　B. 我国地下水水质现状

C. 人体健康基准值　　D. 地下水质量保护目标

13. 根据《地下水质量标准》，以下不能直接用作生活饮用水水源的地下水类别有（　　）类。

A. Ⅰ　　B. Ⅱ　　C. Ⅲ　　D. Ⅳ　　E. Ⅴ

14. 适用于各种用途的地下水质量类别是（　　）。

A. Ⅰ类　　B. Ⅱ类　　C. Ⅲ类　　D. Ⅳ类

15. Ⅲ类地下水以人体健康基准值为依据，主要适用于（　　）。

A. 工业用水　　B. 各种用途

C. 集中式生活饮用水水源　　D. 农业用水

16. 为防止地下水污染和过量开采、人工回灌等引起的地下水质量恶化，保护地下水水源，必须按（　　）和有关规定执行。

A. 《中华人民共和国海洋保护法》　　B. 《中华人民共和国地下水法》

C．《中华人民共和国水法》　　D．《中华人民共和国水污染防治法》

17．根据《海水水质标准》，海水水质分类依据有（　　）。

A．海域的深度　　B．海域的面积

C．海域的使用功能　　D．海域的保护目标

18．第二类海水水质的海水适用于（　　）。

A．水产养殖区　　B．人体直接接触海水的海上运动或娱乐区

C．滨海风景旅游区　　D．与人类食用直接有关的工业用水区

E．海水浴场

19．第三类海水水质的海水适用于（　　）。

A．海洋港口水域　　B．一般工业用水区

C．滨海风景旅游区　　D．与人类食用直接有关的工业用水区

E．海水浴场

20．根据《海水水质标准》，污水集中排放形成的混合区，不得影响邻近海域功能区的（　　）。

A．海水水质　　B．浮游生物

C．海域底质结构　　D．鱼类洄游通道

21．下列行业的水污染物排放不适用《污水综合排放标准》的是（　　）。

A．造纸工业　　B．啤酒工业　　C．医疗机构

D．餐饮业　　E．烧碱工业

22．下列行业的水污染物排放适用《污水综合排放标准》的是（　　）。

A．水产品加工　　B．兵器工业　　C．制糖业

D．公路交通　　E．肉类加工

23．下列行业的水污染物排放不适用《污水综合排放标准》的是（　　）。

A．纺织染整工业　　B．船舶　　C．钢铁工业

D．合成氨工业　　E．磷肥工业

24．对《污水综合排放标准》的第一类污染物，（　　）一律在车间或车间处理设施排放口采样，其最高允许排放浓度必须达到《污水综合排放标准》要求。

A．不分性质　　B．不分行业

C．不分受纳水体的功能类别　　D．不分污水排放方式

25．污染物按性质及控制方式分为（　　）。

A．Ⅰ类污染物　　B．第一类污染物

C．第二类污染物　　D．Ⅱ类污染物

26．据《污水综合排放标准》，1997年12月31日之前建设（包括改、扩建）的单位，水污染物的排放必须同时执行（　　）。

A．第一类污染物最高允许排放浓度

B．第二类污染物最高允许排放浓度（1997年12月31日之前建设的单位）

C．部分行业最高允许排水量（1997年12月31日之前建设的单位）的规定

D．第二类污染物最高允许排放浓度（1998年1月1日后建设的单位）

27．据《污水综合排放标准》，1998年1月1日起建设（包括改、扩建）的单位，水污染物的排放必须同时执行（　　）。

A．第一类污染物最高允许排放浓度

B．第二类污染物最高允许排放浓度（1997年12月31日之前建设的单位）

C．部分行业最高允许排水量（1998年1月1日之后建设的单位）的规定

D．第二类污染物最高允许排放浓度（1998年1月1日后建设的单位）

28．《地表水环境质量标准》中规定，地表水水域环境二类功能区适用于（　　）。

A．生活饮用水地表水源地一级保护区

B．生活饮用水地表水源地二级保护区

C．仔稚幼鱼的索饵场

D．一般工业用水区

29．《地下水质量标准》不适用于（　　）。

A．地下热水　　B．矿水　　C．一般地下水　　D．盐卤水

30．下列各区域中，执行《海水水质标准》第二类标准的区域是（　　）。

A．海滨风景旅游区

B．海水浴场

C．《海水水质标准》（GB 3097）中的二类海域

D．《海水水质标准》（GB 3097）中的三类海域

31．《地表水环境质量标准》规定的内容有（　　）。

A．水环境质量控制的项目及限值　　B．水域环境功能区的保护要求

C．水质项目的分析方法　　D．标准的实施与监督

32．依据《污水综合排放标准》，以下水域禁止新建排污口的有（　　）。

A．第三类功能区海域　　B．第四类功能区海域

C．Ⅱ类地表水功能区水域

D．未划定水源保护区的Ⅲ类地表水功能区水域

33．《污水综合排放标准》规定的第一类污染物有（　　）。

A．总铜　　B．总锰　　C．总镉　　D．总铅

34．根据《地下水质量标准》，关于地下水评价，说法正确的有（　　）。

A．评价结果应说明水质达标情况

B．地下水质量评价分类指标划分为五类

C．单项组分评价，不同类别标准值相同时，从劣不从优

D．使用两次以上的水质分析资料进行评价时，可分别进行地下水质量评价

35．根据《污水综合排放标准》，下列水体中，禁止新建排污口的有（　　）。

A．GB 3838 中Ⅱ类水域　　B．GB 3097 中一类海域

C．GB 3838 中Ⅲ类水域　　D．GB 3097 中三类海域

参考答案

一、单项选择题

1．D 【解析】2007 年考题。这类题具有不定项选择题的功能。注意：鱼虾类产卵场、仔稚幼鱼的索饵场、鱼虾类越冬场、鱼虾类洄游通道、水产养殖区等与鱼有关的应执行的标准。

2．A 3．A

4．C 【解析】同一水域兼有多类使用功能的，执行最高功能类别对应的标准值。本题应执行水产养殖区水域的标准值。

5．C 6．B 7．A 8．B

9．D 【解析】Ⅰ类至Ⅴ类 pH 标准限值相同。

10．B

11．C 【解析】这个考点的内容实在太多，能出的题目很多，各位考生能记多少算多少吧。

12．D 【解析】无论是哪类水体，水温的标准限值是一样的。注意：pH 也具相同性质，6～9。

13．A 【解析】在五类标准中，最低标准限值是Ⅰ类标准和Ⅱ类标准。

14．C 15．A 16．D 17．B 18．B 19．C 20．C 21．A

22．A 【解析】此题有点偏，但可以用排除法进行推理。

23．D 24．A 25．B 26．A 27．D

28．D 【解析】其他选项都有相应的行业排放标准。

29．C

30．A 【解析】排入 GB 3838—2002Ⅲ类水域（划定的保护区和游泳区除外）和排入 GB 3097 中二类海域的污水，执行一级标准。Ⅲ类水域主要适用于集中式生活饮用水地表水源地二级保护区、鱼虾类越冬场、洄游通道、水产养殖区等渔业水

域及游泳区。

31. A 【解析】GB 3097 中二类海域适用于水产养殖区、海水浴场、人体直接接触海水的海上运动或娱乐区，以及与人类食用直接有关的工业用水区。

32. B 【解析】GB 3097 中三类海域适用于一般工业用水区、滨海风景旅游区。排入 GB 3838—2002 中Ⅳ、Ⅴ类水域和排入 GB 3097 中三类海域的污水，执行二级标准。

33. B 【解析】排入 GB 3838—2002 中Ⅳ、Ⅴ类水域和排入 GB 3097 中三类海域的污水，执行二级标准。GB 3838—2002 中Ⅳ、Ⅴ类水域分别指一般工业用水区及人体非直接接触的娱乐用水区和农业用水区及一般景观要求水域。

34. D 35. C

36. D 【解析】GB 3838—2002 中Ⅰ、Ⅱ类水域和Ⅲ类水域中划定的保护区，GB 3097 中一类海域，禁止新建排污口，现有排污口应按水体功能要求，实行污染物总量控制，以保证受纳水体水质符合规定用途的水质标准。集中式生活饮用水地表水源地二级保护区属Ⅲ类水域中划定的保护区。

37. D 【解析】GB 3838—2002 中Ⅰ、Ⅱ类水域和Ⅲ类水域中划定的保护区，GB 3097 中一类海域，禁止新建排污口，现有排污口应按水体功能要求，实行污染物总量控制，以保证受纳水体水质符合规定用途的水质标准。GB 3097 中一类海域适用于海洋渔业水域、海上自然保护区和珍稀濒危海洋生物保护区。

38. C 【解析】选项 A、C、D 为第一类污染物，只能在车间或车间处理设施排放口采样。

39. B 40. B 41. D

42. C 【解析】在 2005 年的案例必做题中考过此题。大概的意思是：给出一幅某个企业很多排污口的平面图，告诉污染物的类型，请你判断在哪些位置采样。

43. D 44. A 45. B 46. C 47. A 48. D

49. C 【解析】因第一类污染物有 13 种，本书不再针对每种污染物出一个题目。

50. A 51. D

52. B 【解析】总锌、总锰、总铜、COD、甲醛都属第二类污染物。

53. C 54. B 55. A 56. C 57. C 58. D 59. C 60. B 61. B 62. C

63. C 【解析】本题主要考查行业标准和综合排放标准不交叉执行的原则。烧碱、聚氯乙烯工业有行业标准。

64. D 65. A 66. B 67. D 68. B 69. B 70. C 71. C

72. A 【解析】污染物按性质及控制方式分为第一类污染物和第二类污染物。

73. A 【解析】集中式生活饮用水地表水源地二级保护区内执行《地表水环

境质量标准》Ⅲ类标准。《地表水环境质量标准》的Ⅰ、Ⅱ类和Ⅲ类水域中划定的保护区内，禁止新建排污口。

74. B　【解析】一般工业用水及人体非直接接触的娱乐用水执行《地表水环境质量标准》Ⅳ类标准，排入Ⅳ、Ⅴ类水域的执行二级标准。

75. B　【解析】农业用水区及一般景观要求水域执行《地表水环境质量标准》Ⅴ类标准，排入Ⅳ、Ⅴ类水域的执行二级标准。

76. B　【解析】高频考点！对于第一类污染物，一律在车间或车间处理设施排放口采样。

77. B

78. C　【解析】本题考查工业污水采样监测频率要求。

79. D

80. C　【解析】考得有点细。

81. A　【解析】高频考点！

82. C　83. B

84. A　【解析】本题主要考查地下水质量单组分评价的方法和原则：“从优不从劣”。

85. A　【解析】高频考点。

86. B　【解析】高频考点，其余选项均有行业标准。

87. D　【解析】同一排污口排放两种和两种以上不同类别的污水，且每种污水的排放标准又不同时，其混合污水的排放标准按规定的公式计算后确定。

88. B　【解析】高频考点！本题考查了第一类污染物的污水采样口和采样频率。

89. D　【解析】与近海水域相连的河口水域根据水环境功能按《地表水环境质量标准》进行管理。

90. C　【解析】某水域同时具有多类使用功能的，执行最高功能类别对应的标准值。

91. C　【解析】高频考点！

92. D　【解析】此题考查的范围较广，只有把海水水质的分类全部记住了，才能完整无误地把此题答对。

93. A　【解析】其他三个选项都有行业标准。

94. C　【解析】由于该饮料厂污水经市政污水处理厂一级强化处理，不是二级处理，不能执行三级排放标准。

95. C

二、不定项选择题

1. AD　2. BCD

3. ACD　【解析】A、C、D 选项分别按《渔业水质标准》《海水水质标准》《农田灌溉水质标准》管理。

本标准适用于中华人民共和国领域内江河、湖泊、运河、渠道、水库等具有使用功能的地表水水域。具有特定功能的水域，执行相应的专业用水水质标准。

4. AC　5. ABD　6. BC　7. CDE　8. AD　9. BD　10. AD　11. BCD　12. BCD　13. DE　14. AB　15. ACD

16. CD　【解析】选项 B 目前还没出台。

17. CD

18. ABDE　【解析】选项 C 适用第三类。

19. BC　【解析】选项 A 适用第四类。选项 D、E 适用第二类。

20. AD

21. ABCE　【解析】啤酒工业、医疗机构是 2005 年 7 月颁布的排放标准。

22. ACD　23. ABCDE

24. BCD　【解析】采矿行业的尾矿坝出水口不得视为车间排放口。

25. BC

26. ABC　【解析】第二类污染物最高允许排放浓度和部分行业最高允许排水量按时间规定了不同的标准，1997 年 12 月 31 日之前建设的单位执行一套标准，1998 年 1 月 1 日后建设的单位执行另一套标准。

27. ACD　28. AC

29. ABD　【解析】本题考查地下水质量标准的适用范围。

30. BC　31. ABCD

32. C　【解析】重要的考点，务必记住，《地表水环境质量标准》的Ⅰ、Ⅱ类和Ⅲ类水域中划定的保护区内和一类功能区海域，禁止新建排污口。

33. CD

34. ABD　【解析】选项 C 应是“从优不从劣”。

35. AB

第五章　地下水环境影响评价技术导则

一、单项选择题（每题的备选项中，只有一个最符合题意）

1. 根据《环境影响评价技术导则　地下水环境》和建设项目对地下水环境影响的程度，将建设项目分为（　　）。

A．一类　　B．二类　　C．三类　　D．四类

2. 根据《环境影响评价技术导则　地下水环境》（HJ 610—2016），确定地下水评价工作等级和评价重点应该在（　　）完成。

A．准备阶段　　B．影响预测与评价阶段

C．现状调查与评价阶段　　D．结论阶段

3. 根据《环境影响评价技术导则　地下水环境》，提出地下水环境保护措施与防治对策应该在（　　）完成。

A．准备阶段　　B．影响预测与评价阶段

C．现状调查与评价阶段　　D．结论阶段

4. 根据《环境影响评价技术导则　地下水环境》，制订地下水环境影响跟踪监测计划应该在（　　）完成。

A．准备阶段　　B．影响预测与评价阶段

C．现状调查与评价阶段　　D．结论阶段

5. 根据《环境影响评价技术导则　地下水环境》，地下水环境影响识别应根据建设项目建设期、运营期和服务期满后三个阶段的工程特征，识别其（　　）的地下水环境影响。

A．正常与非正常两种状态下　　B．正常与事故两种状态下

C．初期、中期和后期　　D．事故状态下

6. 根据《环境影响评价技术导则　地下水环境》，对于随着生产运行时间推移对地下水环境影响有可能加剧的建设项目，还应按运营期的变化特征分为（　　）分别进行环境影响识别。

A．正常与非正常两种状态下　　B．正常与事故两种状态下

C．初期、中期和后期　　D．事故状态下

7. 根据《环境影响评价技术导则　地下水环境》，对于随着生产运行时间推

移对地下水环境影响有可能加剧的建设项目，还应按（　　）的变化特征分为初期、中期和后期分别进行环境影响识别。

A．设计期　　B．建设期　　C．运营期　　D．服务期满后

8．某Ⅱ类建设项目拟建在应急水源准保护区的补给径流区内，根据《环境影响评价技术导则　地下水环境》，该项目地下水环境评价工作等级为（　　）。

A．一级　　B．二级　　C．三级　　D．定性分析

9．某Ⅲ类建设项目拟建在工业区内，根据《环境影响评价技术导则　地下水环境》，该项目地下水环境评价工作等级为（　　）。

A．一级　　B．二级

C．三级　　D．不开展地下水环境影响评价

10．某Ⅳ类拟建设项目所在场地涉及分散式饮用水水源地，根据《环境影响评价技术导则　地下水环境》，该项目地下水环境评价工作等级为（　　）。

A．一级　　B．二级

C．三级　　D．不开展地下水环境影响评价

11．某危险废物填埋场拟建在不敏感区域，根据《环境影响评价技术导则　地下水环境》，该项目地下水环境评价工作等级为（　　）。

A．一级　　B．二级

C．三级　　D．定性分析

12．某地下储油库拟利用人工专制盐岩洞穴进行建设，根据《环境影响评价技术导则　地下水环境》，该项目地下水环境评价工作等级为（　　）。

A．一级　　B．二级　　C．三级　　D．定性分析

13．某Ⅱ类建设项目涉及A、B两块不同敏感程度的场地，根据《环境影响评价技术导则　地下水环境》，A场地的地下水环境评价工作等级为二级，B场地的地下水环境评价工作等级为三级，则该项目地下水环境评价工作等级为（　　）。

A．一级　　B．二级

C．三级　　D．A场地为二级，B地场为三级

14．某拟建高速公路在服务区内建设一加油站，距离该加油站100 m处有一备用饮用水水源准保护区，根据《环境影响评价技术导则　地下水环境》，则该高速公路地下水环境评价工作等级为（　　）。

A．二级

B．三级

C．加油站为二级，其余路段三级

D．加油站为一级，其余路段不开展地下水环境影响评价

15．根据《环境影响评价技术导则　地下水环境》，地下水环境影响评价原则

性要求是（　　）。

A．现场调查为主　　B．勘察试验为主

C．充分利用已有资料和数据　　D．定性分析为主

16．根据《环境影响评价技术导则　地下水环境》，一级评价要求场地环境水文地质资料的调查精度和评价区的环境水文地质资料的调查精度应分别不低于（　　）。

A．1∶10 000，1∶50 000　　B．1∶50 000，1∶10 000

C．1∶100 000，1∶500 000　　D．1∶20 000，1∶100 000

17．根据《环境影响评价技术导则　地下水环境》，对于二级评价项目，评价区的环境水文地质资料的调查精度应不低于（　　）。

A．1∶10 000　　B．1∶100 000　　C．1∶20 000　　D．1∶50 000

18．根据《环境影响评价技术导则　地下水环境》，关于地下水一级评价的技术要求，说法错误的是（　　）。

A．基本查清场地环境水文地质条件，有针对性地开展现场勘察试验

B．采用解析法进行地下水环境影响预测

C．详细掌握调查评价区环境水文地质条件

D．根据预测评价结果和场地包气带特征及其防污性能，提出切实可行的地下水环境影响跟踪监测计划

19．根据《环境影响评价技术导则　地下水环境》，关于地下水二级评价的技术要求，说法错误的是（　　）。

A．基本掌握调查评价区的环境水文地质条件

B．开展地下水环境现状监测

C．选择采用数值法或解析法进行影响预测

D．提出切实可行的环境保护措施与地下水环境影响跟踪监测计划和应急预案

20．根据《环境影响评价技术导则　地下水环境》，下列哪个内容不属于地下水三级评价的技术要求？（　　）

A．了解调查评价区和场地环境水文地质条件

B．开展地下水环境现状监测

C．采用解析法或类比分析法进行地下水影响分析与评价

D．提出切实可行的环境保护措施与地下水环境影响跟踪监测计划

21．根据《环境影响评价技术导则　地下水环境》，下列关于建设项目地下水环境现状调查与评价工作原则的说法正确的是（　　）。

A．地下水环境现状调查与评价工作应遵循现状监测与长期动态资料分析相结合的原则

B. 地下水环境现状调查与评价工作的深度各级评价的要求基本一致

C. 对于三级评价的改、扩建类建设项目，应开展现有工业场地的包气带污染现状调查

D. 对于长输油品、化学品管线等线性工程，调查评价工作应重点针对管道线路可能对地下水产生污染的地区开展

22. 根据《环境影响评价技术导则　地下水环境》，下列关于调查评价范围确定的说法正确的是（　　）。

A. 采用查表法确定

B. 采用公式计算法确定

C. 线性工程以工程边界两侧向外延伸 100 m 作为调查评价范围

D. 可采用公式计算法、查表法和自定义法确定

23. 某化工制造项目，地下水评价等级为二级，评价范围不满足公式计算法的要求，根据《环境影响评价技术导则　地下水环境》，该项目的调查评价范围为（　　）km^2。

A. ≥20　　B. ≤5　　C. 6～20　　D. ≤6

24. 某化工制造项目，地下水评价等级为二级，所在地水文地质条件相对简单，经公式计算其评价范围为5 km^2，根据《环境影响评价技术导则　地下水环境》，该项目的调查评价范围为（　　）km^2。

A. 5　　B. 6　　C. 20　　D. 10

25. 某化工制造项目，地下水评价等级为二级，经公式计算其评价范围为5 km^2，所处水文地质单元范围为4 km^2，根据《环境影响评价技术导则　地下水环境》，该项目的调查评价范围为（　　）km^2。

A. 4　　B. 5　　C. 6　　D. 10

26. 某石油管线项目，没有穿越饮用水水源准保护区，地下水评价等级为三级，根据《环境影响评价技术导则　地下水环境》，该项目的调查评价范围为（　　）。

A. 中心线两侧向外延伸 200 m　　B. 中心线两侧向外延伸 100 m

C. 边界两侧向外延伸 200 m　　D. 边界两侧向外延伸面积≤6 km^2

27. 根据《环境影响评价技术导则　地下水环境》，关于地下水污染源调查的内容与要求的说法，正确的有（　　）。

A. 调查评价区内所有的地下水污染源

B. 对于一级、二级的改、扩建项目，应在可能造成地下水污染的主要装置或设施附近开展包气带污染现状调查

C. 对于一级、二级的改、扩建项目，应对场地全面开展包气带污染现状调查

D. 对于三级的改、扩建项目，应在可能造成地下水污染的主要装置或设施附近开

展包气带污染现状调查

28．根据《环境影响评价技术导则　地下水环境》，地下水环境现状监测点采用（　　）的布设原则。

A．放射性布点与功能性布点相结合

B．均匀性布点与功能性布点相结合

C．控制性布点与均匀性布点相结合

D．控制性布点与功能性布点相结合

29．根据《环境影响评价技术导则　地下水环境》，一般情况下，地下水水位监测点数应大于相应评价级别地下水水质监测点数的（　　）倍以上。

A．1　　B．2　　C．3　　D．4

30．根据《环境影响评价技术导则　地下水环境》，一级评价项目潜水含水层的水质监测点应不少于（　　）。

A．1 个　　B．3 个　　C．7 个/层　　D．7 个

31．根据《环境影响评价技术导则　地下水环境》，二级评价项目潜水含水层的水质监测点应不少于（　　）。

A．5 个/层　　B．3 个/层　　C．5 个　　D．7 个/层

32．根据《环境影响评价技术导则　地下水环境》，三级评价项目潜水含水层水质监测点应不少于（　　）个。

A．1　　B．3　　C．5　　D．7

33．根据《环境影响评价技术导则　地下水环境》，一般情况下，地下水水质现状监测只取一个水质样品，取样点深度宜在地下水位以下（　　）m 左右。

A．0.5　　B．1.0　　C．1.5　　D．2.0

34．根据《环境影响评价技术导则　地下水环境》，对管道型岩溶区等水文地质条件复杂的地区，地下水现状监测点应（　　）。

A．一级评价至少设置 5 个监测点　　B．二级评价项目至少设置 3 个监测点

C．三级评价至少设置 1 个监测点　　D．视情况确定，并说明布设理由

35．根据《环境影响评价技术导则　地下水环境》，评价等级为一级的建设项目，关于地下水位监测频率要求，正确的是（　　）。

A．若掌握近 2 年内至少一个连续水文年的枯、平、丰水期地下水位动态监测资料，评价期内至少开展二期地下水水位监测

B．若掌握近 3 年内至少一个连续水文年的枯、平、丰水期地下水位动态监测资料，评价期内至少开展一期地下水水位监测

C．若掌握近 3 年内至少一个连续水文年的枯、平、丰水期地下水位动态监测资料，评价期内至少开展二期地下水水位监测

D．若掌握近3 年内至少一个连续水文年的枯、丰水期地下水位动态监测资料，评价期内至少开展一期地下水水位监测

36．根据《环境影响评价技术导则　地下水环境》，评价等级为二级的建设项目，关于地下水位监测频率要求，正确的是（　　）。

A．若掌握近3 年内至少一期的监测资料，评价期内可不再进行现状水位监测

B．若掌握近3 年内至少一个连续水文年的枯、丰水期地下水位动态监测资料，评价期内至少开展一期地下水水位监测

C．若掌握近3 年内至少一个连续水文年的枯、丰水期地下水位动态监测资料，评价期可不再开展现状地下水水位监测

D．若掌握近2 年内至少一个连续水文年的枯、丰水期地下水位动态监测资料，评价期可不再开展现状地下水水位监测

37．根据《环境影响评价技术导则　地下水环境》，地下水水质现状评价应采用（　　）进行评价。

A．综合指数法　　B．标准指数法

C．加权平均法　　D．南京指数法

38．根据《环境影响评价技术导则　地下水环境》，某水质因子的监测数据经计算，标准指数=1，表明该水质因子（　　）。

A．已超标　　B．达标

C．超标率为1　　D．不能判断达标情况

39．根据《环境影响评价技术导则　地下水环境》，关于地下水环境影响预测原则，说法错误的是（　　）。

A．地下水环境影响预测应遵循保护优先、预防为主的原则

B．应预测建设项目对地下水水质产生的直接影响，重点预测对地下水环境保护目标的影响

C．一级评价项目应预测地下水水位变化及影响范围

D．建设项目地下水环境影响预测应遵循《环境影响评价技术导则　总纲》中确定的原则

40．根据《环境影响评价技术导则　地下水环境》，地下水环境影响预测时段应选取（　　）。

A．至少包括污染发生后100 d、1 000 d时间节点

B．至少包括建设期和营运期

C．至少包括建设期、营运期、服务期满后

D．至少包括污染发生后200 d、1 000 d时间节点

41．根据《环境影响评价技术导则　地下水环境》，关于地下水环境影响预测

情景设置，说法错误的是（　　）。

A. 已依据国家标准设计了地下水污染防渗措施的建设项目，可不进行正常状况情景下的预测

B. 已依据国家标准设计了地下水污染防渗措施的建设项目，可不进行非正常状况情景下的预测

C. 一般情况下，建设项目须对正常状况的情景进行预测

D. 一般情况下，建设项目须对非正常状况的情景进行预测

42. 根据《环境影响评价技术导则　地下水环境》，下列关于建设项目地下水环境影响预测因子的选取，说法错误的是（　　）。

A. 按照识别方法识别出来的各类别的所有特征因子

B. 改、扩建后新增加的特征因子应作为预测因子

C. 污染场地已查明的主要污染物应作为预测因子

D. 地方要求控制的污染物应作为预测因子

43. 根据《环境影响评价技术导则　地下水环境》，下列关于不同地下水环境影响评价等级应采用的预测方法，说法错误的是（　　）。

A. 一般情况下，一级评价应采用数值法

B. 二级评价中水文地质条件复杂且适宜采用数值法时，建议优先采用数值法

C. 三级评价不可采用解析法

D. 三级评价可采用类比分析法

44. 根据《环境影响评价技术导则　地下水环境》，关于地下水环境影响预测源强确定的依据，下列说法错误的是（　　）。

A. 正常状况下，预测源强应结合建设项目工程分析和相关设计规范确定

B. 非正常状况下，预测源强应结合建设项目工程分析确定

C. 非正常状况下，预测源强可根据工艺设备系统老化或腐蚀程度设定

D. 非正常状况下，预测源强可根据地下水环境保护措施系统老化或腐蚀程度设定

45. 根据《环境影响评价技术导则　地下水环境》，关于地下水环境影响预测模型概化的内容，下列说法错误的是（　　）。

A. 根据排放规律污染源可以概化为连续恒定排放或非连续恒定排放以及瞬时排放

B. 各级评价项目，预测所需的包气带垂向渗透系数、含水层渗透系数、给水度等参数初始值的获取应以收集评价范围内已有水文地质资料为主，现场试验获取为辅

C. 水文地质条件概化可根据调查评价区和场地环境水文地质条件进行

D. 一级评价项目，预测所需的包气带垂向渗透系数、含水层渗透系数、给水度等参数初始值应通过现场试验获取

46．根据《环境影响评价技术导则　地下水环境》，下列（　　）不属于地下水环境影响的预测内容。

A．给出特征因子不同时段的影响范围、程度，最大迁移距离

B．给出预测期内场地边界处特征因子随时间的变化规律

C．给出预测期内地下水环境保护目标处特征因子随时间的变化规律

D．给出预测期内场地边界特征因子随空间的变化规律

47．根据《环境影响评价技术导则　地下水环境》，在（　　）时需预测特征因子在包气带中迁移。

A．建设项目场地天然包气带垂向渗透系数大于 1×10^{-6}cm/s 或厚度超过 100 m

B．建设项目场地天然包气带垂向渗透系数小于 1×10^{-6}cm/s 或厚度超过 100 m

C．建设项目场地天然包气带横向渗透系数小于 1×10^{-6}cm/s 或厚度超过 50 m

D．建设项目场地天然包气带垂向渗透系数小于 1×10^{-6}cm/s 或厚度超过 50 m

48．根据《环境影响评价技术导则　地下水环境》，地下水环境影响评价时，重点评价（　　）。

A．建设项目直接对地下水环境保护目标的影响

B．建设项目对地表水环境保护目标的影响

C．建设项目间接对地下水环境保护目标的影响

D．建设项目对周围环境保护目标的影响

49．根据《环境影响评价技术导则　地下水环境》，关于建设项目地下水环境影响评价结论的要求，说法错误的是（　　）。

A．在建设项目实施的某个阶段，有个别评价因子出现较大范围超标，但采取环保措施后，可满足行业相关标准要求的，可得出满足标准要求的结论

B．建设项目各个不同阶段，除场界内小范围以外地区，均能满足地下水质量标准要求的，可得出满足标准要求的结论

C．改、扩建项目已经排放的及将要排放的主要污染物在评价范围内地下水中已经超标的，但超标值较小，可得出不满足标准要求的结论

D．环保措施在经济上明显不合理但技术上可行，可得出满足标准要求的结论

50．根据《环境影响评价技术导则　地下水环境》，地下水环境保护措施与对策的基本要求应按照哪些原则确定？（　　）

A．保护优先、源头控制、污染监控、污染者担责

B．源头控制、分区防控、污染监控、应急响应

C．保护优先、预防为主、综合治理、公众参与、损害担责

D．保护优先、预防为主、防治结合、因地制宜

51．根据《环境影响评价技术导则　地下水环境》，地下水环境保护措施与对

策的基本要求中，应重点突出（　　）的原则确定。

A．饮用水水质安全　　B．饮用水水量安全

C．地表水功能安全　　D．源头控制

52．根据《环境影响评价技术导则　地下水环境》，关于地下水环境保护措施与对策的基本要求，下列哪个说法是错误的？（　　）

A．改、扩建项目应针对现有工程引起的地下水污染问题，提出“以新带老”的对策和措施，防止地下水污染加剧

B．应按照“源头控制、分区防控、污染监控、应急响应”，重点突出地面水水质安全的原则确定

C．列表给出初步估算各地下水环境保护措施的投资概算，并分析其技术、经济可行性

D．提出合理、可行、操作性强的地下水环境跟踪监测方案以及定期信息公开

53．根据《环境影响评价技术导则　地下水环境》，一般情况下，建设项目地下水分区防控措施应以（　　）为主。

A．水平防渗　　B．垂向防渗

C．优化总图布置　　D．地基处理

54．根据《环境影响评价技术导则　地下水环境》，关于建设项目地下水分区防控措施，下列说法错误的是（　　）。

A．根据非正常状况下的预测评价结果，在建设项目服务年限内个别评价因子超标范围超出厂界时，应提出优化总图布置的建议或地基处理方案

B．一般情况下，分区防控措施应以水平防渗为主，防控措施应满足相关标准要求

C．对难以采取水平防渗的场地，可采用垂向防渗为主、局部水平防渗为辅的防控措施

D．对难以采取水平防渗的场地，可采用优化总图布置的建议或地基处理的防控措施

55．根据《环境影响评价技术导则　地下水环境》，地下水跟踪监测计划应根据（　　）设置跟踪监测点。

A．建设项目特点和敏感保护目标情况

B．建设项目特点和环境水文地质条件

C．敏感保护目标情况和环境水文地质条件

D．建设项目特点和项目周边环境特点

56．根据《环境影响评价技术导则　地下水环境》，下列（　　）不属于地下水跟踪监测计划的内容。

A. 明确跟踪监测点与建设项目的位置关系

B. 跟踪监测点坐标

C. 井结构

D. 井口面积

57. 根据《环境影响评价技术导则　地下水环境》，关于地下水跟踪监测点数量及布点的要求，说法正确的是（　　）。

A. 一级评价的建设项目，一般不少于 4 个

B. 二级评价的建设项目，一般不少于 2 个

C. 一级、二级评价的建设项目，一般不少于 3 个

D. 三级评价的建设项目，一般不少于 2 个

58. 根据《环境影响评价技术导则　地下水环境》，关于二级评价项目的地下水跟踪监测点数量及布点的要求，说法正确的是（　　）。

A. 一般不少于 3 个，应至少在建设项目场地，上、下游各布设 1 个

B. 一般不少于 1 个，应至少在建设项目场地布置 1 个

C. 一般不少于 1 个，应至少在建设项目场地下游布置 1 个

D. 在建设项目总图布置基础之上，结合预测评价结果和应急响应时间要求，在重点污染风险源处增设监测点

59. 根据《环境影响评价技术导则　地下水环境》，关于三级评价项目的地下水跟踪监测点数量及布点的要求，说法正确的是（　　）。

A. 一般不少于 1 个，应至少在建设项目场地布置 1 个

B. 一般不少于 1 个，应至少在建设项目场地上游布置 1 个

C. 一般不少于 1 个，应至少在建设项目场地下游布置 1 个

D. 一般不少于 2 个，应至少在建设项目场地上、下游布置 1 个

二、不定项选择题（每题的备选项中至少有一个符合题意）

1. 根据《环境影响评价技术导则　地下水环境》，关于地下水环境影响评价中的建设项目分类的说法错误的是（　　）。

A. Ⅰ类、Ⅱ类、Ⅲ类建设项目的地下水环境影响评价应执行地下水导则中的规定

B. Ⅰ类、Ⅱ类、Ⅲ类、Ⅳ类建设项目的地下水环境影响评价都应执行地下水导则中的规定

C. Ⅰ类、Ⅱ类建设项目的地下水环境影响评价应执行地下水导则中的规定，Ⅲ类、Ⅳ类可以不需要

D. Ⅳ类建设项目不开展地下水环境影响评价

2. 根据《环境影响评价技术导则　地下水环境》，下列哪些工作属准备阶段的内容？（　　）

A. 进行初步工程分析　　B. 识别环境影响

C. 环境水文地质调查　　D. 现场踏勘

3. 根据《环境影响评价技术导则　地下水环境》，地下水环境影响识别的内容有（　　）。

A. 识别可能造成地下水污染的装置和设施

B. 识别建设项目在建设期、运营期、服务期满后可能的地下水污染途径

C. 识别建设项目可能导致地下水污染的特征因子

D. 识别建设项目可能产生的环境水文地质问题

4. 根据《环境影响评价技术导则　地下水环境》，建设项目地下水环境影响评价工作等级的划分，应根据（　　）等指标确定。

A. 地下水环境敏感程度　　B. 建设项目场地的包气带防污性能

C. 地下水环境影响评价项目类别　　D. 污水排放量

5. 根据《环境影响评价技术导则　地下水环境》，下列内容属于地下水一级评价的技术要求的是（　　）。

A. 详细掌握调查评价区环境水文地质条件，了解调查评价区地下水开发利用现状与规划

B. 基本查清场地环境水文地质条件，有针对性地开展现场勘察试验

C. 预测评价应结合相应环保措施，针对可能的污染情景，预测污染物运移趋势，评价建设项目对地下水环境保护目标的影响

D. 采用解析法或类比分析法进行地下水影响分析与评价

6. 根据《环境影响评价技术导则　地下水环境》，下列内容属于地下水二级评价的技术要求的是（　　）。

A. 基本掌握调查评价区的环境水文地质条件，了解调查评价区地下水开发利用现状与规划

B. 基本查清场地环境水文地质条件，有针对性地开展现场勘察试验

C. 选择采用数值法或解析法进行影响预测，预测污染物运移趋势和对地下水环境保护目标的影响

D. 提出切实可行的环境保护措施与地下水环境影响跟踪监测计划

7. 根据《环境影响评价技术导则　地下水环境》，下列内容不属于地下水三级评价的技术要求的是（　　）。

A. 了解调查评价区地下水开发利用现状与规划

B. 根据场地环境水文地质条件的掌握情况，有针对性地补充必要的现场勘察

试验

C．采用解析法或类比分析法预测污染物运移趋势和对地下水环境保护目标的影响

D．提出切实可行的环境保护措施与地下水环境影响跟踪监测计划

8．根据《环境影响评价技术导则　地下水环境》，关于环境水文地质条件的调查，下列哪些内容不属于地下水二级评价的要求？（　　）

A．含（隔）水层结构及分布特征

B．地下水补径排条件和地下水流场

C．各含水层之间以及地表水与地下水之间的水力联系

D．地下水动态变化特征

9．根据《环境影响评价技术导则　地下水环境》，建设项目地下水环境现状调查与评价工作确定的原则应遵循（　　）。

A．资料搜集与现场调查相结合

B．项目所在场地调查（勘察）与类比考查相结合

C．现状监测与长期动态资料分析相结合

D．现场调查与预测评价相结合

10．根据《环境影响评价技术导则　地下水环境》，下列关于建设项目地下水环境现状调查与评价工作原则的说法正确的是（　　）。

A．地下水环境现状调查与评价工作的深度应满足相应的工作级别要求

B．对于一级、二级评价的改、扩建类建设项目，应开展现有工业场地的包气带污染现状调查

C．对于三级评价的改、扩建类建设项目，应开展现有工业场地的包气带污染现状调查

D．对于长输油品、化学品管线等线性工程，调查评价工作应重点针对场站、服务站等可能对地下水产生污染的地区开展

11．根据《环境影响评价技术导则　地下水环境》，地下水环境现状调查评价范围应包括（　　）为基本原则。

A．建设项目相关的地下水环境保护目标

B．以能说明地下水环境的现状

C．反映调查评价区地下水基本流场特征

D．满足地下水环境影响预测和评价

12．根据《环境影响评价技术导则　地下水环境》，下列关于调查评价范围确定的说法正确是（　　）。

A．当建设项目所在地水文地质条件相对简单，且所掌握的资料能够满足公式计算

法的要求时，应采用公式计算法确定评价范围

B．当不满足公式计算法的要求时，可采用查表法确定

C．当计算或查表范围超出所处水文地质单元边界时，应以范围最大为宜

D．根据建设项目所在地水文地质条件自行定义评价范围时，需说明理由

13．根据《环境影响评价技术导则　地下水环境》，下列属水文地质条件调查的主要内容的是（　　）。

A．气象、水文、土壤和植被状况　B．地貌特征与矿产资源

C．泉水开发利用情况　D．地下水污染对照值

14．根据《环境影响评价技术导则　地下水环境》，下列属水文地质条件调查的主要内容的是（　　）。

A．地下水补给、径流和排泄条件　B．隔水层的岩性

C．环境水文地质问题调查　D．地层岩性

15．根据《环境影响评价技术导则　地下水环境》，下列属场地范围内应重点调查的水文地质条件的是（　　）。

A．地下水水位、水质　B．包气带岩性、结构

C．包气带厚度、分布　D．包气带的垂向渗透系数

16．根据《环境影响评价技术导则　地下水环境》，地下水环境现状监测点应主要布设在（　　）以及对于确定边界条件有控制意义的地点。

A．建设项目场地　B．周围环境敏感点

C．地下水污染源　D．主要现状环境水文地质问题

17. 根据《环境影响评价技术导则　地下水环境》，监测点的层位应包括（　　）。

A．潜水含水层

B．承压水

C．包气带水

D．可能受建设项目影响且具有饮用水开发利用价值的含水层

18．根据《环境影响评价技术导则　地下水环境》，关于地下水现状监测点的布设原则，说法正确的是（　　）。

A．地下水环境现状监测井点采用控制性布点与功能性布点相结合的布设原则

B．对于Ⅰ类和Ⅱ类改、扩建项目，当现有监测井不能满足监测位置和监测深度要求时，应布设新的地下水现状监测井

C．一般情况下，地下水水位监测点数宜大于相应评价级别地下水水质监测点数的3倍

D．当现有监测点不能满足监测位置和监测深度要求时，应布设新的地下水现状监测井，现状监测井的布设应兼顾地下水环境影响跟踪监测计划

19. 根据《环境影响评价技术导则　地下水环境》，对于一级评价项目，关于地下水水质监测点布设的具体要求，说法正确的是（　　）。

A. 潜水含水层的水质监测点应不少于 7 个，可能受建设项目影响且具有饮用水开发利用价值的含水层 3～5 个

B. 潜水含水层的水质监测点应不少于 7 个，可能受建设项目影响且具有饮用水开发利用价值的含水层 2～4 个

C. 原则上建设项目场地上游和两侧的地下水水质监测点均不得少于 1 个

D. 原则上建设项目场地及其下游影响区的地下水水质监测点不得少于 3 个

20. 根据《环境影响评价技术导则　地下水环境》，对于二级评价项目，关于地下水水质监测点布设的具体要求，说法正确的是（　　）。

A. 潜水含水层的水质监测点应不少于 7 个，可能受建设项目影响且具有饮用水开发利用价值的含水层 3～5 个

B. 潜水含水层的水质监测点应不少于 5 个，可能受建设项目影响且具有饮用水开发利用价值的含水层 2～4 个

C. 原则上建设项目场地上游和两侧的地下水水质监测点均不得少于 1 个

D. 原则上建设项目场地及其下游影响区的地下水水质监测点不得少于 2 个

21. 根据《环境影响评价技术导则　地下水环境》，对于三级评价项目，关于地下水水质监测点布设的具体要求，说法正确的是（　　）。

A. 潜水含水层水质监测点应不少于 3 个，可能受建设项目影响且具有饮用水开发利用价值的含水层 1～2 个

B. 潜水含水层水质监测点应不少于 5 个，可能受建设项目影响且具有饮用水开发利用价值的含水层 1～2 个

C. 原则上建设项目场地上游和两侧的地下水水质监测点均不得少于 1 个

D. 原则上建设项目场地上游及下游影响区的地下水水质监测点各不得少于 1 个

22. 根据《环境影响评价技术导则　地下水环境》，对于包气带厚度超过 100 m 的评价区或监测井较难布置的基岩山区，地下水水质监测点数无法满足导则要求时，关于地下水水质监测点的布置，说法正确的是（　　）。

A. 一般情况下，该类地区一级、二级评价项目至少设置 5 个监测点

B. 一般情况下，该类地区一级、二级评价项目至少设置 3 个监测点

C. 一般情况下，该类地区三级评价项目至少设置 1 个监测点

D. 一般情况下，该类地区三级评价项目根据需要设置一定数量的监测点

23. 根据《环境影响评价技术导则　地下水环境》，关于地下水水质样品采集与现场测定的方法要求，正确的有（　　）。

A. 地下水水质取样应根据特征因子在地下水中的迁移特性选取适当的取样方法

B. 一般情况下，只取一个水质样品，取样点深度宜在地下水水位以下 1.0 m 左右

C. 建设项目为改、扩建项目，且特征因子为重质非水相液体时，应至少在含水层中部和底部分别取 2 个样品

D. 地下水样品应采用自动式采样泵或人工活塞闭合式与敞口式定深采样器进行采集

24. 根据《环境影响评价技术导则　地下水环境》，对评价等级为二级的建设项目，关于地下水质监测频率要求，正确的有（　　）。

A. 各级评价项目，基本水质因子若掌握近 3 年至少一期水质监测数据，基本水质因子可在评价期补充开展一期现状监测

B. 一级、二级评价项目，基本水质因子若掌握近 3 年至少一期水质监测数据，特征因子在评价期内需至少开展一期现状值监测，三级评价则不需开展

C. 在包气带厚度超过 100 m 的评价区，若掌握近 3 年内至少一期的监测资料，则评价期内可不进行现状水位、水质监测，否则要开展一期监测

D. 在监测井较难布置的基岩山区，若掌握近 2 年内至少一期的监测资料，则评价期内可不进行现状水位、水质监测，否则要开展一期监测

25. 根据《环境影响评价技术导则　地下水环境》，下列（　　）若掌握近 3 年内至少一期的监测资料，评价期内可不进行现状水位、水质监测，否则，至少开展一期现状水位、水质监测。

A. 沙漠地区　　B. 包气带厚度超过 100 m 的评价区

C. 监测井较难布置的基岩山区　　D. 黄土地区

26. 根据《环境影响评价技术导则　地下水环境》，地下水水质现状监测结果应统计（　　）。

A. 最大值、最小值、均值　　B. 检出率

C. 标准差　　D. 超标率

27. 根据《环境影响评价技术导则　地下水环境》，地下水环境影响预测的范围、时段、内容和方法均应根据（　　）确定。

A. 评价工作等级　　B. 工程特征

C. 环境特征　　D. 当地环境功能和环保要求

28. 根据《环境影响评价技术导则　地下水环境》，当建设项目场地天然包气带符合下列（　　）时，预测范围应扩展至包气带。

A. 垂向渗透系数小于 1×10^{-6}cm/s　　B. 垂向渗透系数大于 1×10^{-6}cm/s

C. 厚度超过 50 m　　D. 厚度超过 100 m

29. 根据《环境影响评价技术导则　地下水环境》，关于地下水环境影响预测范围，说法正确的有（　　）。

A．地下水环境影响预测范围一般与调查评价范围一致

B．预测层位应以承压水含水层或污染物直接进入的含水层为主

C．当建设项目场地天然包气带垂向渗透系数小于 1×10^{-6}cm/s 时，预测范围应扩展至包气带

D．当建设项目场地天然包气带厚度超过 200 m 时，预测范围应扩展至包气带

30．根据《环境影响评价技术导则　地下水环境》，一般情况，建设项目地下水环境影响预测情景设置包括（　　）。

A．正常状况　　B．建设期

C．非正常状况　　D．营运期

31．根据《环境影响评价技术导则　地下水环境》，建设项目地下水环境影响预测因子应包括（　　）。

A．识别出的特征因子

B．现有工程已经产生的但改、扩建后不会继续产生的特征因子

C．污染场地已查明的主要污染物

D．国家或地方要求控制的污染物

32．根据《环境影响评价技术导则　地下水环境》，采用类比分析法时，类比分析对象与拟预测对象之间应满足下列（　　）要求。

A．二者的投资规模相似

B．二者的环境水文地质条件、水动力场条件相似

C．二者的工程类型、规模对地下水环境的影响具有相似性

D．二者的特征因子对地下水环境的影响具有相似性

33．根据《环境影响评价技术导则　地下水环境》，采用解析模型预测污染物在含水层中的扩散时，一般应满足下列（　　）。

A．污染物的排放对地下水流场没有明显的影响

B．污染物的排放对地下水流场有明显的影响

C．评价区内含水层的基本参数变化很大

D．评价区内含水层的基本参数不变或变化很小

34．根据《环境影响评价技术导则　地下水环境》，关于不同地下水环境影响评价等级应采用的预测方法，说法错误的是（　　）。

A．一般情况下，一级评价应采用数值法

B．二级评价中水文地质条件复杂且适宜采用解析法

C．二级评价中建议优先采用数值法

D．三级评价可采用回归分析、趋势外推、时序分析或类比预测法

35．根据《环境影响评价技术导则　地下水环境》，地下水环境影响预测模型

概化的内容有（　　）。

A．工程分析概化

B．污染源概化

C．水文地质参数初始值的确定

D．水文地质条件概化

36．根据《环境影响评价技术导则　地下水环境》，进行地下水环境影响预测时，水文地质条件概化应根据（　　）等因素进行。

A．环境保护敏感目标　　B．含水介质结构特征

C．边界性质　　D．地下水补、径、排条件

37．根据《环境影响评价技术导则　地下水环境》，进行地下水环境影响预测时，污染源概化按排放规律可概化为（　　）。

A．瞬时排放　　B．连续恒定排放

C．点源　　D．非连续恒定排放

38．根据《环境影响评价技术导则　地下水环境》，属于地下水环境影响预测内容的有（　　）。

A．给出预测期内地下水环境保护目标处特征因子随时间的变化规律

B．给出特征因子不同时段的影响范围、程度，最大迁移距离

C．污染场地修复治理工程项目应给出污染物变化趋势或污染控制的范围

D．给出预测期内场地边界特征因子随时间的变化规律

39．根据《环境影响评价技术导则　地下水环境》，属于地下水环境影响预测内容的有（　　）。

A．当建设项目场地天然包气带垂向渗透系数小于 1×10^{-6}cm/s，须考虑包气带阻滞作用，预测特征因子在包气带中的迁移

B．给出所有评价因子不同时段的影响范围、程度和最大迁移距离

C．污染场地修复治理工程项目应给出污染物变化趋势或污染控制的范围

D．当建设项目场地天然包气带厚度超过 100 m 时，须考虑包气带阻滞作用，预测特征因子在包气带中的迁移

40．根据《环境影响评价技术导则　地下水环境》，关于建设项目地下水环境影响评价的原则，下列说法错误的是（　　）。

A．评价应以地下水环境现状调查和地下水环境影响预测结果为依据

B．对建设项目各实施阶段（建设期、运营期及服务期满后）不同环节及不同污染防控措施下的地下水环境影响进行评价

C．地下水环境影响预测未包括环境质量现状值时，无须叠加环境质量现状值即可进行评价

D．必须评价建设项目对地下水水质的间接影响

41．根据《环境影响评价技术导则　地下水环境》，评价建设项目对地下水水质影响时，可采用（　　）判据得出可以满足标准要求的结论。

A．在建设项目实施的某个阶段，有个别评价因子出现较大范围超标，但采取环保措施后，可满足 GB/T 14848 或国家（行业、地方）相关标准要求的

B．在建设项目实施的某个阶段，有个别评价因子出现较大范围超标，但采取环保措施后，仍不满足 GB/T 14848 或国家（行业、地方）相关标准要求的

C．新建项目排放的主要污染物，改、扩建项目已经排放的及将要排放的主要污染物在评价范围内地下水中已经超标的，但超标值较小

D．建设项目各个不同阶段，除场界内小范围以外地区，均能满足 GB/T 14848 或国家（行业、地方）相关标准要求的

42．根据《环境影响评价技术导则　地下水环境》，评价建设项目对地下水水质影响时，以下（　　）可得出不能满足标准要求的结论。

A．在建设项目实施的某个阶段，有个别评价因子出现较大范围超标，但采取环保措施后，可满足《地下水质量标准》或国家（行业、地方）相关标准要求的

B．新建项目排放的主要污染物，改、扩建项目已经排放的及将要排放的主要污染物在评价范围内地下水中已经超标的

C．环保措施在技术上不可行

D．环保措施在经济上明显不合理的

43．根据《环境影响评价技术导则　地下水环境》，地下水环境保护措施与对策的基本要求应按照（　　）原则确定。

A．分区防控　　　　　　　　　　B．应急响应

C．污染监控　　　　　　　　　　D．源头控制

44．根据《环境影响评价技术导则　地下水环境》，地下水环境环保对策措施建议应根据下列（　　）提出。

A．建设项目特点

B．调查评价区和场地环境水文地质条件

C．建设项目投资规模

D．环境影响预测与评价结果

45．根据《环境影响评价技术导则　地下水环境》，建设项目地下水污染防控对策有（　　）。

A．定期信息公开和环境影响后评估措施

B．源头控制措施

C．应急响应措施

D．分区防控措施

46．根据《环境影响评价技术导则　地下水环境》，下列关于地下水源头控制措施的说法，正确的有（　　）。

A．提出工艺、管道、设备、污水储存及处理构筑物应采取的污染控制措施

B．采用垂向防渗为主，局部水平防渗为辅的防控措施

C．减少项目污染物的排放量

D．提出项目各类废物循环利用的具体方案

47．根据《环境影响评价技术导则　地下水环境》，一般情况下，分区防控措施应以水平防渗为主，防控措施应满足相关标准要求，但对于未颁布相关标准的行业，应根据（　　）提出防渗技术要求。

A．预测结果和场地包气带特征及其防污性能

B．污染控制难易程度

C．污染物特性

D．建设项目类别

48．根据《环境影响评价技术导则　地下水环境》，下列关于地下水环境监测与管理的说法，正确的有（　　）。

A．应设置跟踪监测计划，应给出监测点位、坐标、井深、井结构、监测层位、监测因子及监测频率等相关参数

B．应建立地下水环境监测管理体系

C．应明确跟踪监测点的基本功能，必要时，明确跟踪监测点兼具的污染控制功能

D．根据环境管理对监测工作的需要，应提出有关监测机构、人员及装备的建议

49．根据《环境影响评价技术导则　地下水环境》，地下水环境监测管理体系包括（　　）。

A．制订地下水环境影响跟踪监测计划

B．建立地下水环境影响跟踪监测制度

C．配备先进的监测仪器和设备

D．定期信息公开

50．根据《环境影响评价技术导则　地下水环境》，关于地下水跟踪监测点数量及布点的要求，说法正确的是（　　）。

A．一级评价的建设项目，一般不少于 4 个，应至少在建设项目场地上、下游各布设 1 个

B．二级评价的建设项目，一般不少于 3 个，应至少在建设项目场地上、下游各

布设1个

C．三级评价的建设项目，一般不少于1个，应至少在建设项目场地上游布置1个

D．三级评价的建设项目，一般不少于1个，应至少在建设项目场地下游布置1个

51．根据《环境影响评价技术导则　地下水环境》，对于一级评价的建设项目，关于地下水跟踪监测点数量及布点的要求，说法错误的是（　　）。

A．一般不少于4个，应至少在建设项目场地上、下游各布设1个

B．一般不少于3个，应至少在建设项目场地上、下游各布设1个

C．一般不少于2个，应至少在建设项目场地及下游各布设1个

D．在建设项目总图布置基础之上，结合预测评价结果和应急响应时间要求，在重点污染风险源处增设监测点

参考答案

一、单项选择题

1．D

2．A　【解析】旧导则把地下水环境影响评价分为四个阶段：准备阶段、现状调查与工程分析阶段、预测评价阶段、报告编写阶段。而2016年的导则也是分为四个阶段：准备阶段、现状调查与评价阶段、影响预测与评价阶段、结论阶段，每个阶段的工作内容比较清晰。注意两者的区别。

3．D　4．D

5．A　【解析】选项B属旧导则的地下水环境影响。

6．C　7．C

8．B　【解析】导则中的表2矩阵（评价工作等级分级表）要记住，一般来说，评价等级的确定每年命题的概率较大。“应急水源准保护区的补给径流区”属较敏感，Ⅱ类对应“较敏感”，评价工作等级为二级。

9．C　【解析】“工业区”属不敏感，Ⅲ类对应“不敏感”，评价工作等级为三级。

10．D　【解析】虽然“分散式饮用水水源地”属较敏感，但Ⅳ类项目不开展地下水环境影响评价。

11．A　【解析】危险废物填埋场应进行一级评价，不按导则表2划分评价工作等级。这个等级划分应该记住。

12. A 【解析】对于利用废弃盐岩矿井洞穴或人工专制盐岩洞穴、废弃矿井巷道加水幕系统、人工硬岩洞库加水幕系统、地质条件较好的含水层储油、枯竭的油气层储油等形式的地下储油库，危险废物填埋场应进行一级评价，不按导则表2划分评价工作等级。这里利用的种类较多，不一一列举，注意考题可能针对这种特殊情况命题。

13. D 【解析】当同一建设项目涉及两个或两个以上场地时，各场地应分别判定评价工作等级，并按相应等级开展评价工作。这点与其他要素导则划分等级不同。

14. D 【解析】线性工程根据所涉地下水环境敏感程度和主要站场位置（如输油站、泵站、加油站、机务段、服务站等）进行分段判定评价等级，并按相应等级分别开展评价工作。据导则附录A，高速公路（含加油站）应编写报告书，高速公路属Ⅳ类项目，加油站属Ⅱ类项目，备用饮用水水源准保护区属“敏感”，因此，该加油站的地下水评价等级为一级。其余路段由于为Ⅳ类项目，Ⅳ类建设项目不开展地下水环境影响评价。

15. C 【解析】地下水环境影响评价应充分利用已有资料和数据，当已有资料和数据不能满足评价要求时，应开展相应评价等级要求的补充调查，必要时进行勘察试验。

16. A 【解析】一级评价要求场地环境水文地质资料的调查精度应不低于1∶10 000比例尺，评价区的环境水文地质资料的调查精度应不低于1∶50 000比例尺。

17. D 【解析】二级评价环境水文地质资料的调查精度要求能够清晰反映建设项目与环境敏感区、地下水环境保护目标的位置关系，并根据建设项目特点和水文地质条件复杂程度确定调查精度，建议一般以不低于1∶50 000比例尺为宜。

18. B 【解析】选项B是二级评价的要求，一级评价应采用数值法进行地下水环境影响预测。

19. D 【解析】二级、三级评价不需要制订应急预案。

20. B 【解析】虽然导则对于三级评价没有明确要求开展地下水环境现状监测，但要求“基本掌握调查评价区的地下水补径排条件和地下水环境质量现状”。

21. A 【解析】选项C的正确说法是：对于一级、二级评价的改、扩建类建设项目，应开展现有工业场地的包气带污染现状调查。选项D的正确说法是：对于长输油品、化学品管线等线性工程，调查评价工作应重点针对场站、服务站等可能对地下水产生污染的地区开展。

22. D 【解析】线性工程应以工程边界两侧向外延伸200 m作为调查评价范围；穿越饮用水水源准保护区时，调查评价范围应至少包含水源保护区。

23. C 【解析】不满足公式计算法的要求时，可采用查表法确定，查表的结果为 6～20 km^2。

24. A 【解析】当建设项目所在地水文地质条件相对简单，且所掌握的资料能够满足公式计算法的要求时，应采用公式计算法确定。

25. A 【解析】当计算或查表范围超出所处水文地质单元边界时，应以所处水文地质单元边界为宜。

26. C 【解析】线性项目对地下水的影响具有特殊性，因此结合其特点进行了单独说明。线性工程应以工程边界两侧向外延伸 200 m 作为调查评价范围；穿越饮用水水源准保护区时，调查评价范围应至少包含水源保护区。

27. B 【解析】选项 A 的正确说法是：调查评价区内具有与建设项目产生或排放同种特征因子的地下水污染源，也就是说，在评价区内如果地下水污染源排放的特征因子与建设项目排放的不同，是可以不调查的。对于三级的改、扩建项目，包气带污染现状调查没有硬性规定。

28. D 29. B

30. D 【解析】选项 C 属于旧导则的布点要求。

31. C 32. B 33. B

34. D 【解析】管道型岩溶区等水文地质条件复杂的地区，地下水现状监测点应视情况确定，并说明布设理由。

35. B

36. C 【解析】选项 A 是三级评价的要求。

37. B

38. B 【解析】标准指数>1，表明该水质因子已超标，标准指数越大，超标越严重。

39. C 【解析】选项 C 是旧导则的内容。

40. A 【解析】地下水环境影响预测时段应选取可能产生地下水污染的关键时段，至少包括污染发生后 100 d、1 000 d，服务年限或能反映特征因子迁移规律的其他重要的时间节点。

41. B 【解析】选项 B 的正确说法是：已依据 GB 16889、GB 18597、GB 18598、GB 18599、GB/T 50934 设计地下水污染防渗措施的建设项目，可不进行正常状况情景下的预测，但须进行非正常状况情景下的预测。

42. A 【解析】选项 A 的正确说法是：根据相关识别方法识别出的特征因子，按照重金属、持久性有机污染物和其他类别进行分类，并对每一类别中的各项因子采用标准指数法进行排序，分别取标准指数最大的因子作为预测因子。另外，现有工程已经产生的且改、扩建后将继续产生的特征因子也应作为预测因子，国家要求控制的污染物应作为预测因子。

43. C 【解析】建设项目地下水环境影响预测方法包括数学模型法和类比分析法。其中，数学模型法包括数值法、解析法等方法。一般情况下，一级评价应采用数值法，不宜概化为等效多孔介质的地区除外；二级评价中水文地质条件复杂且适宜采用数值法时，建议优先采用数值法；三级评价可采用解析法或类比分析法。

44. B 【解析】非正常状况下，预测源强可根据工艺设备或地下水环境保护措施系统老化或腐蚀程度等设定。

45. D 【解析】选项 D 的内容是旧导则的要求，对于 2016 年版的导则，不管是哪级评价，预测所需的包气带垂向渗透系数、含水层渗透系数、给水度等参数初始值的获取应以收集评价范围内已有水文地质资料为主，不满足预测要求时需通过现场试验获取。

46. D

47. B 【解析】当建设项目场地天然包气带垂向渗透系数小于 1×10^{-6}cm/s 或厚度超过 100 m 时，须考虑包气带阻滞作用，预测特征因子在包气带中迁移。

48. A

49. D 【解析】在建设项目实施的某个阶段，有个别评价因子出现较大范围超标，但采取环保措施后，可满足 GB/T 14848（地下水质量标准）或国家（行业、地方）相关标准要求的，能得出满足标准要求的结论。

50. B 【解析】选项 C 属《环境保护法》的基本原则。

51. A 【解析】地下水环境保护措施与对策应符合《中华人民共和国水污染防治法》和《中华人民共和国环境影响评价法》的相关规定，按照“源头控制、分区防控、污染监控、应急响应”，重点突出饮用水水质安全的原则确定。

52. B 【解析】选项B的正确说法是：应按照“源头控制、分区防控、污染监控、应急响应”，重点突出饮用水水质安全的原则确定。选项D属于地下水污染防控的环境管理体系的内容。

53. A　54. D　55. B

56. D 【解析】跟踪监测计划应根据环境水文地质条件和建设项目特点设置跟踪监测点，跟踪监测点应明确与建设项目的位置关系，给出点位、坐标、井深、井结构、监测层位、监测因子及监测频率等相关参数。

57. C 【解析】一级、二级评价的建设项目，一般不少于 3 个，应至少在建设项目场地，上、下游各布设 1 个。一级评价的建设项目，应在建设项目总图布置基础之上，结合预测评价结果和应急响应时间要求，在重点污染风险源处增设监测点。三级评价的建设项目，一般不少于 1 个，应至少在建设项目场地下游布置 1 个。

58. A 【解析】选项 D 是一级评价的建设项目的布点要求。

59. C

二、不定项选择题

1. BC

2. ABD 【解析】2016年导则的工作程序中没有“工程分析”的内容，只有“初步工程分析”内容。这点与旧导则的工作程序有所区别。

3. ABC 【解析】可能造成地下水污染的装置和设施包括位置、规模、材质等。注意考题把设施细化放在选项中。选项D目前不是环保管理的范畴。

4. AC 【解析】注意与旧导则的区别。

5. BC 【解析】对于调查评价区地下水开发利用现状与规划，一级评价要求是“详细掌握”，二级评价是“了解”，三级评价没有要求。

6. ACD 【解析】对于二级评价项目，选项B的正确说法是：根据场地环境水文地质条件的掌握情况，有针对性地补充必要的现场勘察试验。

7. ABC 【解析】对于选项C，三级评价项目，“预测污染物运移趋势和对地下水环境保护目标的影响”要求太高。

8. CD 【解析】一级评价的要求是：详细掌握调查评价区环境水文地质条件，主要包括含（隔）水层结构及分布特征、地下水补径排条件、地下水流场、地下水动态变化特征、各含水层之间以及地表水与地下水之间的水力联系等。二级评价的要求是：基本掌握调查评价区的环境水文地质条件，主要包括含（隔）水层结构及其分布特征、地下水补径排条件、地下水流场等。注意两者的比较，其中：含（隔）水层结构及分布特征、地下水补径排条件、地下水流场是两者都需调查的。

9. ABC 【解析】地下水环境现状调查与评价工作应遵循资料搜集与现场调查相结合、项目所在场地调查（勘察）与类比考查相结合、现状监测与长期动态资料分析相结合的原则。

10. ABD 11. ABCD

12. ABD 【解析】选项C的正确说法是：当计算或查表范围超出所处水文地质单元边界时，应以所处水文地质单元边界为宜。

13. ABCD 【解析】水文地质条件调查的主要内容很多，无需逐条去背，与地下水有关的内容基本都属其范畴，大部分内容看过一次基本知道。此题只列出一些容易被忽视的选项。

14. ABD 【解析】环境水文地质问题调查属旧导则的内容。环境水文地质问题调查在建设项目的地质灾害评估中会进行专门分析，不属于环保管理范畴。

15. BCD 【解析】场地范围内应重点调查包气带岩性、结构、厚度、分布及垂向渗透系数等。

16. ABC 【解析】监测点应主要布设在建设项目场地、周围环境敏感点、地下水污染源以及对于确定边界条件有控制意义的地点。选项 D 属于旧导则的要求，目前已不属于环保关注的内容。

17. AD　【解析】监测层位应包括潜水含水层、可能受建设项目影响且具有饮用水开发利用价值的含水层。同时注意选项 D 中的“且”字。

18. AD　【解析】选项B属旧导则的内容。选项C的正确说法是：一般情况下，地下水水位监测点数宜大于相应评价级别地下水水质监测点数的2倍。

19. ACD　【解析】一级评价项目潜水含水层的水质监测点应不少于7个，可能受建设项目影响且具有饮用水开发利用价值的含水层3～5个。原则上建设项目场地上游和两侧的地下水水质监测点均不得少于1个，建设项目场地及其下游影响区的地下水水质监测点不得少于3个。

20. BCD　【解析】二级评价项目潜水含水层的水质监测点应不少于 5 个，可能受建设项目影响且具有饮用水开发利用价值的含水层 2～4 个。原则上建设项目场地上游和两侧的地下水水质监测点均不得少于 1 个，建设项目场地及其下游影响区的地下水水质监测点不得少于 2 个。

21. AD　【解析】三级评价项目潜水含水层水质监测点应不少于 3 个，可能受建设项目影响且具有饮用水开发利用价值的含水层 1～2 个。原则上建设项目场地上游及下游影响区的地下水水质监测点各不得少于 1 个。

22. BD　【解析】在包气带厚度超过 100 m 的评价区或监测井较难布置的基岩山区，地下水质监测点数无法满足导则要求时，可视情况调整数量，并说明调整理由。一般情况下，该类地区一级、二级评价项目至少设置 3 个监测点，三级评价项目根据需要设置一定数量的监测点。

23. ABD　【解析】建设项目为改、扩建项目，且特征因子为 DNAPLs（重质非水相液体）时，应至少在含水层底部取一个样品。重质非水相液体（Dense Non-aqueous Phase Liquid）指密度大于水的化学物质，不易溶于水，具有挥发性特点，主要是石油工业及其相关的有机化工带来的污染产物，主要为含氯溶剂类。它的主要特点是比重大于水，因此，重力作用是其进入土壤与地下水的主要动力。

24. AC　【解析】基本水质因子的水质监测频率应参照导则表 4，若掌握近 3 年至少一期水质监测数据，基本水质因子可在评价期补充开展一期现状监测；特征因子在评价期内需至少开展一期现状监测。“若掌握近 3 年至少一期水质监测数据”是针对各级评价项目。选项 D 主要是时间不对，应该是近 3 年。

25. BC　【解析】在包气带厚度超过100 m的评价区或监测井较难布置的基岩山区，若掌握近3年内至少一期的监测资料，评价期内可不进行现状水位、水质监测；若无上述资料，至少开展一期现状水位、水质监测。

26. ABCD　27. ABCD　28. AD

29. AC 【解析】选项 B 的正确说法是：预测层位应以潜水含水层或污染物直接进入的含水层为主，兼顾与其水力联系密切且具有饮用水开发利用价值的含水层。选项 D 的正确说法是：当建设项目场地天然包气带垂向渗透系数小于 1×10^{-6}cm/s 或厚度超过 100 m 时，预测范围应扩展至包气带。

30. AC

31. ACD 【解析】选项 B 的正确说法是：现有工程已经产生的且改、扩建后将继续产生的特征因子，改、扩建后新增加的特征因子。

32. BCD 33. AD

34. BD 【解析】一般情况下，一级评价应采用数值法，不宜概化为等效多孔介质的地区除外；二级评价中水文地质条件复杂且适宜采用数值法时，建议优先采用数值法；三级评价可采用解析法或类比分析法。

35. BCD

36. BCD 【解析】水文地质条件概化是根据调查评价区和场地环境水文地质条件，对边界性质、介质特征、水流特征和补径排等条件进行概化。

37. ABD 【解析】污染源概化包括排放形式与排放规律的概化。根据污染源的具体情况，排放形式可以概化为点源、线源、面源；排放规律可以简化为连续恒定排放或非连续恒定排放以及瞬时排放。

38. ABCD

39. ACD 【解析】当建设项目场地天然包气带垂向渗透系数小于 1×10^{-6}cm/s 或厚度超过 100 m 时，须考虑包气带阻滞作用，预测特征因子在包气带中的迁移。

40. CD 【解析】地下水环境影响预测未包括环境质量现状值时，应叠加环境质量现状值后再进行评价；应评价建设项目对地下水水质的直接影响，重点评价建设项目对地下水环境保护目标的影响。

41. AD 【解析】得出可以满足标准要求的结论有两个：一是在建设项目各个不同阶段，除场界内小范围以外地区，均能满足《地下水质量标准》（GB/T 14848 —93）或国家（行业、地方）相关标准要求的；二是在建设项目实施的某个阶段，有个别评价因子出现较大范围超标，但采取环保措施后，可满足GB/T 14848或国家（行业、地方）相关标准要求的。

42. BCD 【解析】选项 A 是可以满足标准要求的结论。

43. ABCD

44. ABD 【解析】地下水环境环保对策措施建议应根据建设项目特点、调查评价区和场地环境水文地质条件，在建设项目可行性研究提出的污染防控对策的基础上，根据环境影响预测与评价结果，提出需要增加或完善的地下水环境保护措施和对策。

45. BD　【解析】本题问的是“污染防控对策”，并不是“环境保护措施与对策”，因此，选项 A、C 不能选。

46. ACD　【解析】源头控制措施主要包括提出各类废物循环利用的具体方案，减少污染物的排放量；提出工艺、管道、设备、污水储存及处理构筑物应采取的污染控制措施，将污染物跑、冒、滴、漏降到最低限度。选项 B 属分区防控措施。

47. ABC　【解析】对于未颁布相关标准的行业，根据预测结果和场地包气带特征及其防污性能，提出防渗技术要求；或根据建设项目场地天然包气带防污性能、污染控制难易程度和污染物特性，参照导则表 7 提出防渗技术要求。

48. ABCD　49. ABC

50. BD　【解析】一级、二级评价的建设项目跟踪监测点数量要求是一样的。

51. AC　【解析】选项 D 是对一级评价项目的特殊要求。

第六章　声环境影响评价技术导则与相关标准

第一节　环境影响评价技术导则　声环境

一、单项选择题（每题的备选项中，只有一个最符合题意）

1．建设项目既拥有固定声源，又拥有流动声源时，应（　　）。

A．只进行固定声源环境影响评价　　B．只进行流动声源环境影响评价

C．分别进行噪声环境影响评价　　D．只进行叠加环境影响评价

2．同一敏感点既受到固定声源影响，又受到流动声源影响时，应进行（　　）。

A．固定声源环境影响评价　　B．流动声源环境影响评价

C．分别进行噪声环境影响评价　　D．叠加环境影响评价

3．在声源发声时间内，声源位置不发生移动的声源称（　　）。

A．固定声源　　B．流动声源

C．点声源　　D．线声源

4．以柱面波形式辐射声波的声源，辐射声波的声压幅值与声波传播距离的平方根（$\sqrt{r}$）成反比，此种声源称为（　　）。

A．面声源　　B．流动声源　　C．点声源　　D．线声源

5．在声环境影响评价中，声源近似为点声源的条件是（　　）。

A．声源中心到预测点之间的距离超过声源平均几何尺寸 2 倍时

B．声源中心到预测点之间的距离超过声源最大几何尺寸 3 倍时

C．声源中心到预测点之间的距离超过声源最大几何尺寸 2 倍时

D．声源中心到预测点之间的距离超过声源平均几何尺寸 3 倍时

6．在声场内的一定点位上，在某一段时间内连续暴露不同 A 声级变化，用能量平均的方法以 A 声级表示该段时间内的噪声大小，这个声级称为（　　）。

A．倍频带声压级　　B．昼夜等效声级

C．A 声功率级　　D．等效连续 A 声级

7．在环境噪声评价量中“L_{WECPNL}”符号表示（　　）。

A．A计权声功率级　　B．声功率级

C．计权等效连续感觉噪声级　　D．等效连续A声级

8．突发噪声的评价量为（　　）。

A．昼间等效声级（L_d）　　B．最大A声级（L_{max}）

C．夜间等效声级（L_n）　　D．等效连续A声级（L_{eq}）

9．机场周围区域受飞机通过（起飞、降落、低空飞越）噪声环境影响的评价量为（　　）。

A．A计权声功率级　　B．最大A声级（L_{max}）

C．计权等效连续感觉噪声级（L_{WECPN}）　　D．等效连续A声级

10．电梯噪声的评价量为（　　）。

A．昼间等效声级（L_d）　　B．最大A声级（L_{max}）

C．等效感觉噪声级（L_{EPN}）　　D．等效连续A声级（L_{eq}）

11．频发、偶发噪声的评价量为（　　）。

A．A声功率级　　B．等效感觉噪声级（L_{EPN}）

C．最大A声级（L_{max}）　　D．等效连续A声级（L_{eq}）

12．运行期声源为固定声源时，（　　）作为环境影响评价时段。

A．固定声源投产运行前　　B．固定声源投产运行中

C．固定声源施工后　　D．固定声源投产运行后

13．运行期声源为流动声源时，应将（　　）作为环境影响评价时段。

A．工程预测的代表性时段　　B．工程预测的运行近期时段

C．工程预测的运行中期时段　　D．工程预测的运行远期时段

14．某中型项目，建设前后评价范围内敏感目标噪声级增高量为7～11 dB（A），受影响人口显著增多，此建设项目声环境影响应按（　　）进行工作。

A．一级评价　　B．二级评价

C．三级评价　　D．二级或三级评价

15．某中型项目，建设前后评价范围内敏感目标噪声级增高量为3 dB（A），此建设项目声环境影响应按（　　）进行工作。

A．一级评价　　B．二级评价

C．三级评价　　D．二级或三级评价

16．某新建的大型建设项目，建设前后评价范围内敏感目标噪声级增高量为3～4 dB（A），但受影响人口数量显著增多，此建设项目声环境影响应按（　　）进行工作。

A．一级评价　　B．二级评价

C. 三级评价　　D. 二级或三级评价

17. 某新建的中型建设项目，所在的声环境功能区为 3 类区，建设前后对评价范围内的商场噪声级增高量为 7～9 dB（A），对评价范围内的居住区噪声级增高量为 3～4 dB（A），此建设项目声环境影响应按（　　）进行工作。

A. 一级评价　　B. 二级评价

C. 三级评价　　D. 二级或三级评价

18. 某改建的中型建设项目，其所在声环境功能区是居住、商业、工业混杂区，此建设项目声环境影响应按（　　）进行工作。

A. 一级评价　　B. 二级评价

C. 三级评价　　D. 二级或三级评价

19. 某中型新建项目，其附近有一疗养区院，此建设项目声环境影响应按（　　）进行工作。

A. 一级评价　　B. 二级评价

C. 三级评价　　D. 一级或二级评价

20. 某扩建的大型建设项目，其所在声环境功能区内有一所大学，此建设项目声环境影响应按（　　）进行工作。

A. 一级评价　　B. 二级评价

C. 三级评价　　D. 二级或三级评价

21. 某新建的大型建设项目，建设前后评价范围内敏感目标噪声级增高量为 2 dB（A），此建设项目声环境影响应按（　　）进行工作。

A. 一级评价　　B. 二级评价

C. 三级评价　　D. 二级或三级评价

22. 某扩建的中型建设项目，其所在声环境功能区内有一个工业区，此建设项目声环境影响应按（　　）进行工作。

A. 一级评价　　B. 二级评价

C. 三级评价　　D. 二级或三级评价

23. 某新建工厂的声环境影响评价工作等级为一级，一般情况下，其评价范围为（　　）。

A. 以建设项目边界向外 100 m　　B. 以建设项目包络线边界向外 200 m

C. 以建设项目边界向外 200 m　　D. 以建设项目中心点向外 200 m

24. 某城市轨道交通地上线路的声环境影响评价工作等级为一级，一般情况下，其评价范围为（　　）。

A. 道路中心线外两侧 300 m 以内　　B. 道路中心线外两侧 200 m 以内

C. 道路边界线外两侧 200 m 以内　　D. 道路红线外两侧 200 m 以内

25．机场周围飞机噪声评价范围应根据飞行量（ ）。

A．计算到 L_{EPN} 为 80 dB 的区域　　B．计算到 L_{WECPN} 为 80 dB 的区域

C．计算到 L_{EPN} 为 70 dB 的区域　　D．计算到 L_{WECPN} 为 70 dB 的区域

26．某机场项目，声环境影响评价工作等级为一级，其评价范围一般为（ ）。

A．以主要航迹离跑道两端侧向各 200 m 的范围

B．以主要航迹离跑道两端各 1～2 km、侧向各 6～12 km 的范围

C．以主要航迹离跑道两端各 6～12 km、侧向各 1～2 km 的范围

D．以主要航迹离跑道两端各 2～10 km、侧向各 2～4 km 的范围

27．二、三级声环境评价范围如依据建设项目声源计算得到的（ ）到 200 m 处，仍不能满足相应功能区标准值时，应将评价范围扩大到满足标准值的距离。

A．贡献值　B．叠加值　C．背景值　D．预测值

28．对于一级声环境评价项目，当敏感目标（ ）建筑时，应绘制垂直方向的等声级线图。

A．高于（含）二层　　B．高于（不含）三层

C．高于（含）三层　　D．高于（含）四层

29．评价范围内具有代表性的敏感目标的声环境质量现状需要实测，是（ ）评价的基本要求。

A．一级　B．二级　C．一级和二级　D．三级

30．对于固定声源评价，一定要绘制等声级线图，是（ ）评价的基本要求。

A．一级　B．二级　C．一级和二级　D．三级

31．在工程分析中，要在标有比例尺的图中标识固定声源的具体位置或流动声源的路线、跑道等位置，是（ ）评价的基本要求。

A．一级　B．二级　C．三级　D．以上都是

32．对工程可行性研究和评价中提出的不同选址（选线）和建设布局方案，应根据不同方案噪声影响人口的数量和噪声影响的程度进行比选，并从声环境保护角度提出最终的推荐方案，这是（ ）评价的基本要求。

A．一级　B．二级　C．三级　D．一级和二级

33．声环境现状调查需收集评价范围内（ ）地理地形图。

A．（1∶20 00）～（1∶100 000）　　B．（1∶2 000）～（1∶50 000）

C．（1∶5 000）～（1∶100 000）　　D．（1∶500）～（1∶5 000）

34．声环境现状监测布点应（ ）评价范围。

A．大于　B．小于　C．覆盖　D．略大于

35．对于改、扩建机场工程，声环境现状监测点一般布设在（ ）处。

A．机场场界　　B．机场跑道

C．机场航迹线　　D．主要敏感目标

36．对于单条跑道改、扩建机场工程，测点数量可分别布设（　　）个飞机噪声测点。

A．1～2　　B．9～14　　C．12～18　　D．3～9

37．对于两条跑道改、扩建机场工程，测点数量可分别布设（　　）个飞机噪声测点。

A．1～3　　B．9～14　　C．12～18　　D．3～9

38．对于三条跑道改、扩建机场工程，测点数量可分别布设（　　）个飞机噪声测点。

A．1～4　　B．9～14　　C．12～18　　D．3～9

39．声环境影响预测范围与评价范围的关系是（　　）。

A．预测范围应大于评价范围　　B．预测范围应小于评价范围

C．预测范围应与评价范围相同　　D．预测范围应大于等于评价范围

40．声环境评价等级为一级，在缺少声源源强的相关资料时，应通过（　　）取得，并给出相应的条件。

A．类比分析　　B．类比测量

C．系统分析　　D．引用已有的数据

41．任何形状的声源，只要声波波长（　　）声源几何尺寸，该声源可视为点声源。

A．远远大于　　B．远远小于

C．等于　　D．远远小于等于

42．在声环境影响评价中，声源中心到预测点之间的距离超过声源最大几何尺寸（　　）时，可将该声源近似为点声源。

A．很多　　B．1 倍　　C．3 倍　　D．2 倍

43．公路、城市道路交通运输噪声预测内容中，按（　　）绘制代表性路段的等声级线图，分析敏感目标所受噪声影响的程度，确定噪声影响的范围，并说明受影响人口分布情况。

A．预测值　　B．背景值　　C．贡献值　　D．叠加值

44．机场飞机噪声预测的内容中，需给出计权等效连续感觉噪声级（L_{WECPN}）为（　　）dB 的等声级线图。

A．65、70、75、80、85　　B．70、75、80、85、90

C．60、70、80、90、100　　D．75、80、85、90、95

45．进行边界噪声评价时，新建建设项目以工程噪声（　　）作为评价量。

A．预测值　　B．背景值　　C．边界噪声值　　D．贡献值

46．进行边界噪声评价时，改扩建建设项目以（ ）作为评价量。

A．预测值 B．背景值 C．边界噪声值 D．贡献值

47．进行敏感目标噪声环境影响评价时，以（ ）作为评价量。

A．敏感目标背景噪声值

B．敏感目标所受的噪声贡献值

C．敏感目标所受的噪声贡献值与背景噪声值叠加后的预测值

D．敏感目标所受的噪声原始值

48．对于改扩建的公路、铁路等建设项目，如预测噪声贡献值时已包括了现有声源的影响，则以预测的噪声（ ）作为评价量。

A．预测值 B．背景值 C．边界噪声值 D．贡献值

49．在噪声超标原因分析时，对于通过城镇建成区和规划区的路段，还应分析（ ）是否符合城市规划部门提出的防噪声距离。

A．建设项目与敏感目标间的距离 B．建设项目与交通线路的距离

C．建设项目与工业区的距离 D．建设项目与商业建筑的距离

50．由建设项目自身声源在预测点产生的声级为（ ）。

A．贡献值 B．背景值 C．预测值 D．叠加值

51．不含建设项目自身声源影响的环境声级为（ ）。

A．贡献值 B．背景值 C．预测值 D．叠加值

52．预测点的贡献值和背景值按能量叠加方法计算得到的声级为（ ）。

A．贡献值 B．背景值 C．预测值 D．最大预测值

53．各倍频带声压级经能量叠加法求得的和为总声压级。根据《环境影响评价技术导则 声环境》，同一噪声源在相同位置、相同时段测得的评价量中，大小关系必定成立的是（ ）。

A．总声压级≥A 声级 B．A 声级≥总声压级

C．总声压级≥各倍频带声压级 D．A 声级≥各倍频带声压级

54．根据《环境影响评价技术导则 声环境》，预测紧邻道路第一排第十层居民住宅处的环境噪声影响时，主要考虑的声传播衰减因素是（ ）。

A．几何发散衰减 B．地面效应衰减

C．临路建筑引起的声级衰减 D．绿化林带引起的声级衰减

55．根据《环境影响评价技术导则 声环境》，关于建设项目实施过程中声环境影响评价时段，说法正确的是（ ）。

A．建设项目实施过程中，声环境影响评价时段不包括施工期

B．建设项目实施过程中，声环境影响评价时段不包括运行期

C．运行期声源为流动声源时，仅以工程预测近期作为环境影响评价时段

D. 运行期声源为固定声源时，固定声源投产运行后作为环境影响评价时段

56. 某新建城市快速路通过位于 2 类声环境功能区的城市大型居民稠密区。根据《环境影响评价技术导则　声环境》，该项目声环境影响评价工作等级应为（　　）。

A. 一级　　B. 二级　　C. 三级　　D. 低于三级

57. 根据《环境影响评价技术导则　声环境》，关于声环境影响评价范围，说法正确的是（　　）。

A. 声环境影响评价等级为一级的公路建设项目，其评价范围一般为道路用地红线两侧 200 m

B. 公路建设项目评价范围边界处噪声影响预测值必须能满足相应功能区标准值，否则适当扩大评价范围

C. 声环境影响评价等级为一级的机场建设项目，其评价范围最远至主航迹下跑道两端各 12 km

D. 机场周围飞机噪声评价范围应根据飞行量计算到 L_{WECPN} 为 75 dB 的区域

58. 根据《环境影响评价技术导则　声环境》，（　　）不属于声环境现状调查内容。

A. 评价范围内的声环境功能区划

B. 评价范围内的地貌特征、地形高差

C. 建设项目所在区域的主要气象特征

D. 评价范围内现有人群对噪声敏感程度的个体差异

59. 根据《环境影响评价技术导则　声环境》，不符合声环境现状监测点布置原则的是（　　）。

A. 布点应覆盖整个评价范围

B. 为满足预测需要，可在评价范围内垂直于线声源不同距离处布设监测点

C. 评价范围内没有明显声源，且声级较低时，可选择有代表性的区域布设测点

D. 评价范围内有明显声源，且呈线声源特点时，受影响敏感目标处的现状声级均需实测

60. 根据《环境影响评价技术导则　声环境》，（　　）属于新建铁路项目声环境现状评价内容。

A. 拟建铁路噪声源特性分析

B. 拟建铁路边界噪声达标情况

C. 拟建铁路两侧敏感目标处现状噪声达标情况

D. 拟建铁路两侧 4b 类声环境功能区达标情况

61. 根据《环境影响评价技术导则　声环境》，可以采用点声源模式进行预测的是（　　）。

A．已知距卡车 1 m 处的噪声级，预测距卡车 30 m 处的噪声级

B．已知距卡车 30 m 处的噪声级，预测距卡车 1 m 处的噪声级

C．已知卡车声功率级，预测距卡车 1 m 处的噪声级

D．已知卡车声功率级，预测距卡车 30 m 处的噪声级

62．根据《环境影响评价技术导则　声环境》，（　　）属于拟建停车场声环境影响评价内容。

A．场界噪声贡献值及周围敏感目标处噪声预测值达标情况

B．场界噪声预测值及周围敏感目标处噪声贡献值达标情况

C．分析施工场地边界噪声与《工业企业厂界环境噪声排放标准》的相符性

D．分析施工噪声对周围敏感目标的影响与《建筑施工场界噪声限值》的相符性

63．某工厂技改前停止生产情况下，厂界外敏感目标处噪声背景值为 47 dB，正常生产情况下噪声级为 50 dB，技改后厂区噪声对该敏感目标的噪声贡献值为 53 dB。根据《环境影响评价技术导则　声环境》，技改后该敏感目标处的声环境影响预测值为（　　）dB。

A．53　　B．54　　C．55　　D．56

二、不定项选择题（每题的备选项中至少有一个符合题意）

1．按评价对象划分，声环境评价类别可分为（　　）。

A．固定声源的环境影响评价

B．建设项目声源对外环境的环境影响评价

C．流动声源的环境影响评价

D．外环境声源对需要安静建设项目的环境影响评价

2．按声源种类划分，声环境评价类别可分为（　　）。

A．固定声源的环境影响评价

B．建设项目声源对外环境的环境影响评价

C．流动声源的环境影响评价

D．外环境声源对需要安静建设项目的环境影响评价

3．根据 GB 3096－2008，声环境功能区的环境质量评价量有（　　）。

A．昼间等效声级（L_d）　　B．最大 A 声级（L_{max}）

C．夜间等效声级（L_n）　　D．等效连续 A 声级（L_{eq}）

4．根据《环境影响评价技术导则　声环境》（HJ 2.4—2009），声源源强表达量有（　　）。

A．距离声源 r 处的 A 声级[L_A（r）]

B．中心频率为 63～8 000 Hz 8 个倍频带的声功率级

C．A 声功率级（L_{AW}）

D．等效连续 A 声级（L_{eq}）

E．等效感觉噪声级（L_{EPN}）

5．声环境评价量为最大 A 声级（L_{max}）的情况有（　　）。

A．突发噪声

B．非稳态噪声

C．室内噪声倍频带声压级

D．频发、偶发噪声

6．工业企业厂界、建筑施工场界噪声评价量为（　　）。

A．昼间等效声级（L_d）

B．等效连续 A 声级（L_{eq}）

C．夜间等效声级（L_n）

D．室内噪声倍频带声压级

7．铁路边界、城市轨道交通车站站台噪声评价量为（　　）。

A．昼间等效声级（L_d）

B．等效感觉噪声级（L_{EPN}）

C．夜间等效声级（L_n）

D．最大 A 声级（L_{max}）

8．“声环境质量预测”应该在（　　）环节之后进行。

A．建设项目噪声贡献值预测

B．声环境质量现状评价

C．环境噪声现状调查

D．声环境影响评价

E．声传播路径分析

9．“声环境质量现状评价”应该在（　　）基础上进行。

A．声源调查

B．声传播路径分析

C．敏感目标的分布、数量

D．声环境功能区确认

E．声环境质量

10．根据建设项目实施过程中噪声的影响特点，可按（　　）分别开展声环境影响评价。

A．退役期

B．施工期

C．筹建期

D．运行期

11．运行期声源为流动声源时，应将（　　）分别作为环境影响评价时段。

A．工程预测的运营时段

B．工程预测的运行近期时段

C．工程预测的运行中期时段

D．工程预测的运行远期时段

12．某建设项目的声环境影响评价工作等级为二级，判断的依据可能是（　　）。

A．建设前后评价范围内敏感目标噪声级增高量达 5 dB（A）

B．受噪声影响人口数量增加较多

C．建设项目投资额为中型规模

D．建设项目所处声环境功能区为 GB 3096 规定的 2 类地区

13．噪声评价工作等级划分的依据包括（　　）。

A．建设项目所在区域的声环境功能区类别

B．按投资额划分建设项目规模

C．受建设项目影响人口的数量

D．建设项目建设前后所在区域的声环境质量变化程度

14．某建设项目的声环境影响评价工作等级为一级，判断的依据可能是（　　）。

A．建设前后评价范围内敏感目标噪声级增高量达 5 dB（A）

B．受影响人口数量显著增多

C．评价范围内有对噪声有特别限制要求的保护区等敏感目标

D．建设项目所处声环境功能区为 GB 3096 规定的 1 类地区

15．某工业项目，与一级声环境评价范围相比，二级、三级可根据（　　）情况适当缩小评价范围。

A．建设项目所在区域的声环境功能区类别

B．建设项目相邻区域的声环境功能区类别

C．敏感目标

D．投资规模

16．下列（　　）属于三级声环境影响评价工作的基本要求。

A．工程分析中，在缺少声源源强的相关资料时，应通过类比测量取得，并给出类比测量的条件

B．从声环境保护角度对工程可行性研究和评价中提出的不同选址（选线）和建设布局方案的环境合理性进行分析

C．评价范围内主要敏感目标的声环境质量现状以实测为主

D．要针对建设工程特点提出噪声防治措施并给予达标分析

E．噪声预测应给出建设项目建成后各敏感目标的预测值及厂界（或场界、边界）噪声值，分析敏感目标受影响的范围和程度

17．对于一级评价项目，下列（　　）应绘制等声级线图。

A．固定声源评价　　B．机场周围飞机噪声评价

C．流动声源经过城镇建成区路段　　D．流动声源经过规划区路段

E．面声源

18．在工程分析中，下列（　　）对于声环境各级评价都是需要的。

A．在缺少声源源强的相关资料时，应通过类比测量取得，并给出类比测量的条件

B．给出建设项目对环境有影响的主要声源的数量、位置和声源源强

C．在标有比例尺的图中标识固定声源的具体位置或流动声源的路线、跑道等位置

D．针对建设工程特点提出噪声防治措施、达标分析，并进行经济和技术可行性论证

19．针对建设项目的工程特点和所在区域的环境特征提出噪声防治措施，并要进行经济、技术可行性论证，给出防治措施的最终降噪效果和达标分析，这是（　　）评价的基本要求。

A．一级　　B．二级　　C．三级　　D．四级

20．对于噪声预测，下列（　　）是一级评价的基本要求。

A．给出建设项目建成后不同类别的声环境功能区内受影响的人口分布、噪声超标的范围和程度

B．给出各敏感目标的预测值和厂界（或场界、边界）噪声值

C．固定声源评价、机场周围飞机噪声评价、流动声源经过城镇建成区和规划区路段的评价应绘制等声级线图

D．噪声预测应覆盖全部敏感目标

E．当敏感目标高于（不含）三层建筑时，应绘制垂直方向的等声级线图

21．对于噪声预测，下列（　　）是二级评价的基本要求。

A．给出建设项目建成后不同类别的声环境功能区内受影响的人口分布、噪声超标的范围和程度

B．给出各敏感目标的预测值和厂界（或场界、边界）噪声值

C．固定声源评价、机场周围飞机噪声评价、流动声源经过城镇建成区和规划区路段的评价应绘制等声级线图

D．噪声预测应覆盖全部敏感目标

E．当敏感目标高于（含）三层建筑时，应绘制垂直方向的等声级线图

22．对于噪声预测，下列（　　）是三级评价的基本要求。

A．给出建设项目建成后不同类别的声环境功能区内受影响的人口分布、噪声超标的范围和程度

B．给出各敏感目标的预测值和厂界（或场界、边界）噪声值

C．机场周围飞机噪声评价、流动声源的评价应绘制等声级线图

D．噪声预测应覆盖全部敏感目标

E．分析敏感目标受影响的范围和程度

23．对工程预测的不同代表性时段噪声级可能发生变化的建设项目，应分别预测其不同时段的噪声级。这是（　　）评价的基本要求。

A．一级　　B．二级　　C．三级　　D．四级

24．下列（　　）是一级、二级声环境评价共有的基本要求。

A．固定声源评价、机场周围飞机噪声评价、流动声源经过城镇建成区和规划

区路段的评价应绘制等声级线图，当敏感目标高于（含）三层建筑时，还应绘制垂直方向的等声级线图

B. 应根据不同选址（选线）和建设布局方案噪声影响人口的数量和噪声影响的程度进行比选，并从声环境保护角度提出最终的推荐方案

C. 针对建设项目的工程特点和所在区域的环境特征提出噪声防治措施，并进行经济、技术可行性论证，明确防治措施的最终降噪效果和达标分析

D. 噪声预测应覆盖全部敏感目标，给出各敏感目标的预测值及厂界（或场界、边界）噪声值

E. 对工程预测的不同代表性时段噪声级可能发生变化的建设项目，应分别预测其不同时段的噪声级

25. 声环境现状调查的主要内容有（　　）。

A. 现状声源　　B. 敏感目标

C. 声环境功能区划　　D. 影响声波传播的环境要素

26. 影响声波传播的环境要素需调查建设项目所在区域的（　　）。

A. 年平均风速　　B. 主导风向

C. 年平均气温　　D. 年平均相对湿度

27. 声环境功能区划需调查评价范围内（　　）。

A. 不同区域的声环境功能区划情况　　B. 敏感目标

C. 声环境功能区划图　　D. 各声环境功能区的声环境质量现状

28. 声环境调查敏感目标主要包括的内容有（　　）。

A. 敏感目标的名称

B. 敏感目标的规模

C. 敏感目标的人口分布

D. 以图、表相结合的方式说明敏感目标与建设项目的关系

29. 当建设项目所在区域的声环境功能区的声环境质量现状超过相应标准要求或噪声值相对较高时，需对区域内主要声源的（　　）等相关情况进行调查。

A. 名称　　B. 数量

C. 影响的噪声级　　D. 位置

30. 声环境现状调查的基本方法有（　　）。

A. 现场调查法　　B. 经验估计法

C. 收集资料法　　D. 现场测量法

31. 下列关于声环境现状监测的布点原则，说法正确的有（　　）。

A. 布点应覆盖整个评价范围，仅包括厂界（或场界、边界）

B. 当敏感目标高于（含）三层建筑时，应选取有代表性的不同楼层设置测点

C．评价范围内没有明显的声源，且声级较低时，可选择有代表性的区域布设测点

D．评价范围内有明显的声源，并对敏感目标的声环境质量有影响时，应根据声源种类采取不同的监测布点原则

32．当声源为流动声源，且呈现线声源特点时，现状测点位置选取应兼顾（　　），布设在具有代表性的敏感目标处。

A．工程特点　　B．敏感目标的分布状况

C．线声源噪声影响随距离衰减的特点　　D．敏感目标的规模

33．当声源为固定声源时，现状测点应重点布设在（　　）。

A．现有声源影响敏感目标处

B．可能既受到现有声源影响，又受到建设项目声源影响的敏感目标处

C．建设项目声源影响敏感目标处

D．有代表性的敏感目标处

34．下列关于声环境现状监测的布点原则，说法正确的有（　　）。

A．对于固定声源，为满足预测需要，可在距离现有声源不同距离处布设衰减测点

B．当敏感目标高于（含）二层建筑时，还应选取有代表性的不同楼层设置测点

C．对于流动声源，为满足预测需要，可选取若干线声源的垂线，在垂线上距声源不同距离处布设监测点

D．评价范围内没有明显的声源，但声级较高时，可选择有代表性的区域布设测点

35．声环境现状评价的主要内容有（　　）。

A．给出不同类别的声环境功能区噪声超标范围内的人口数及分布情况

B．分别评价不同类别的声环境功能区内各敏感目标的超标、达标情况，说明其受到现有主要声源的影响状况

C．分析评价范围内现有主要声源种类、数量及相应的噪声级、噪声特性等，明确主要声源分布

D．以图、表结合的方式给出评价范围内的声环境功能区及其划分情况

E．以图、表结合的方式给出评价范围内的现有敏感目标的分布情况

36．按声环境影响预测点的确定原则，（　　）应作为预测点。

A．建设项目厂界（或场界、边界）　　B．评价范围内的所有建筑物

C．建设项目中心点　　D．评价范围内的敏感目标

37．声环境预测需要的基础资料包括（　　）。

A．建设项目的声源资料　　B．敏感目标的规模

C．影响声波传播的各类参量　　D．建设项目的规模

38．建设项目的声源资料包括（　　）。

A．声源对敏感目标的作用时间段　　B．频率特性

C．声源的空间位置　　D．噪声级与发声持续时间

E．声源种类与数量

39．影响声波传播的各类参量包括（　　）。

A．所处区域常年平均气温、年平均湿度、年平均风速、主导风向

B．所处区域的人口分布情况

C．声源和预测点间障碍物的位置及长、宽、高等数据

D．声源和预测点间的地形、高差

E．声源和预测点间树林、灌木等的分布情况，地面覆盖情况

40．影响声波传播的各类参量应通过（　　）取得。

A．经验系数　　B．现场调查

C．资料收集　　D．类比分析

41．在声环境预测过程中遇到的声源往往是复杂的，需根据（　　）把声源简化成点声源、线声源或面声源。

A．声源的地理位置　　B．声源的性质

C．预测点与声源之间的距离　　D．设备的型号、种类

42．在下列（　　）情况下，声源可当做点声源处理。

A．预测点离开声源的距离比声源本身尺寸大得多时

B．声源中心到预测点之间的距离超过声源最大几何尺寸 2 倍时

C．声波波长远远小于声源几何尺寸时

D．声波波长远远大于声源几何尺寸时

43．户外声传播声级衰减的主要因素有（　　）。

A．屏障屏蔽　　B．地面效应

C．几何发散　　D．大气吸收

E．通过房屋群的衰减

44．工业噪声预测的内容包括（　　）。

A．厂界（或场界、边界）噪声预测

B．敏感目标噪声预测

C．绘制等声级线图

D．预测高层建筑有代表性的不同楼层所受的噪声影响

E．根据厂界（或场界、边界）和敏感目标受影响的状况，明确影响厂界（或场界、边界）和周围声环境功能区声环境质量的主要声源，分析厂界和敏感

目标的超标原因

45. 下列哪些是公路、城市道路交通运输噪声预测的内容？（　　）

A. 预测各预测点的贡献值、预测值、预测值与现状噪声值的差值

B. 给出满足相应声环境功能区标准要求的距离

C. 预测高层建筑有代表性的不同楼层所受的噪声影响

D. 按预测值绘制代表性路段的等声级线图，分析敏感目标所受噪声影响的程度，确定噪声影响的范围，并说明受影响人口分布情况

E. 给出评价范围内敏感目标的计权等效连续感觉噪声级

46. 机场飞机噪声预测的内容中，给出计权等效连续感觉噪声级（L_{WECPN}）等声级线图应该在（　　）地形图上绘制。

A. 1∶50 000　　　　B. 1∶100 000

C. 1∶10 000　　　　D. 1∶500 000

47. 下列（　　）是机场飞机噪声预测的内容。

A. 在 1∶50 000 地形图上给出计权等效连续感觉噪声级（L_{WECPN}）为 70 dB、75 dB、80 dB、85 dB、90 dB 的等声级线图

B. 给出评价范围内敏感目标的计权等效连续感觉噪声级（L_{WECPN}）

C. 预测高层建筑有代表性的不同楼层所受的噪声影响

D. 给出不同声级范围内的面积、户数、人口

E. 依据评价工作等级要求，给出相应的预测结果

48. 下列（　　）是敏感建筑建设项目声环境影响预测的内容。

A. 建设项目声源对项目及外环境的影响预测

B. 外环境（如周边公路、工厂等）对敏感建筑建设项目的环境影响预测

C. 计算建设项目主要声源对属于建设项目的敏感建筑的敏感目标的噪声影响

D. 计算外环境声源对属于建设项目的敏感建筑的噪声影响

E. 计算建设项目主要声源对建设项目周边的敏感目标的噪声影响

49. 声环境影响评价的主要内容包括（　　）。

A. 评价方法和评价量　　　　B. 影响范围、影响程度分析

C. 噪声超标原因分析　　　　D. 对策建议

50. 下列关于声环境评价量的说法，正确的有（　　）。

A. 进行边界噪声评价时，新建建设项目以工程噪声预测值作为评价量

B. 改扩建建设项目以工程噪声贡献值与受到现有工程影响的边界噪声值叠加后的预测值作为评价量

C. 进行敏感目标噪声环境影响评价时，以敏感目标所受的噪声贡献值与背景噪声值叠加后的预测值作为评价量

D．对于改扩建的公路、铁路等建设项目，如预测噪声贡献值时已包括了现有声源的影响，则以预测值作为评价量

51．声环境影响评价的对策建议应包括（　　）。

A．分析建设项目的选址（选线）、规划布局和设备选型等的合理性

B．评价噪声防治对策的适用性和防治效果

C．提出需要增加的噪声防治对策的建议

D．提出需要增加的噪声污染管理、噪声监测及跟踪评价的建议

E．提出需要增加的噪声监测及跟踪评价的建议

52．根据《环境影响评价技术导则　声环境》，关于声环境现状监测布点，说法正确的有（　　）。

A．厂界（或场界、边界）布设监测点

B．覆盖整个评价范围

C．代表性敏感点布设监测点

D．必要时距离现有声源不同距离处布设监测点

53．根据《环境影响评价技术导则　声环境》，三级声环境影响评价的基本要求有（　　）。

A．必须绘制噪声等声级图

B．必须预测防治措施的降噪效果

C．必须实测主要敏感目标处的现状声级

D．必须给出各敏感目标处的噪声预测值及厂界（或场界、边界）噪声值

54．关于工业企业厂界噪声预测内容，符合《环境影响评价技术导则　声环境》要求的有（　　）。

A．厂界噪声各倍频带声压级

B．厂界噪声的最大值及位置

C．叠加背景值后的厂界噪声值

D．建设项目声源对厂界噪声的贡献值

参考答案

一、单项选择题

1．C　2．D

3．A　【解析】导则对于固定声源和点声源，流动声源和线声源有明确的定义。

4. D 5. C 6. D 7. C 8. B 9. C

10. B 【解析】声级起伏较大的噪声为非稳态噪声，非稳态噪声的评价量为最大 A 声级，电梯噪声属非稳态噪声。

11. C 12. D 13. A

14. A 【解析】项目建设前后评价范围内敏感目标噪声级增高达 5 dB（A）以上[不含 5 dB（A）]或受影响人口显著增多的情况，应按一级评价进行工作。HJ 2.4—2009 对于评价工作等级的划分主要从三个方面来判断（满足其中之一就可）：一是项目所处声环境功能区；二是建设前后评价范围内敏感目标噪声级增高量的大小，注意“敏感目标”；三是受建设项目影响人口的数量（具体影响人口数量导则没有界定）。

15. B 【解析】二级评价的划分条件之一：建设前后评价范围内敏感目标噪声级增高量为 3～5 dB（A）[注意：含 3 dB（A）和 5 dB（A）]。

16. A 【解析】据“噪声级增高量为 3～4 dB（A）”划分，应为二级，但按“受影响人口数量显著增多”划分，应为一级。在确定评价工作等级时，如建设项目符合两个以上级别的划分原则，按较高级别的评价等级评价，因此，为一级。

17. B 【解析】按“所在的声环境功能区为 3 类区”划分应为三级。商场不是敏感目标，其噪声级增高量的大小不是划分评价等级的依据，只有“评价范围内敏感目标的噪声级增高量”才是划分的依据，居住区属敏感目标，以噪声级增高量为 3～4 dB（A）来判断，应为二级。

18. B 【解析】建设项目所处声环境功能区为 GB 3096 规定的 1 类、2 类地区，应按二级评价进行工作。1 类区指以居住、医疗卫生、文化教育、科研设计、行政办公为主的地区。2 类区指商业金融、集市贸易为主的地区，或者居住、商业、工业混杂区。

19. A 【解析】建设项目所处声环境功能区为 GB 3096 规定的 0 类功能区以及对噪声有特别限制要求的保护区等敏感目标，不管项目大小，都应按一级评价工作。0 类地区指康复疗养区等特别需要安静的地区。

20. B 【解析】大学所在区域属 1 类地区。

21. C 【解析】项目的大小不是划分评价等级的依据之一。

22. C 【解析】工业区属 GB 3096 规定的 3 类区。3 类区指以工业生产、仓储物流为主要功能的地区。4 类区指交通干线两侧一定距离之内，需要防止交通噪声对周围环境产生严重影响的区域，包括 4a 类、4b 类两种类型（具体分类见 GB 3096 —2008）。

23. C

24. B 【解析】城市道路、公路、铁路、城市轨道交通地上线路和水运线路等建设项目的评价范围属同一类型。

25. D　26. C　27. A　28. C

29. A　【解析】对敏感目标，二级评价以实测为主，可适当利用评价范围内已有的声环境质量监测资料。三级评价，可利用评价范围内已有的声环境质量监测资料，若无现状监测资料时应进行实测。

30. A　【解析】二级评价的基本要求是：根据评价需要绘制等声级线图。三级评价没有此要求。

31. D　32. A　33. B　34. C　35. D　36. D　37. B　38. C　39. D　40. B　41. A　42. D　43. C　44. B　45. D

46. A　【解析】进行边界噪声评价时，改扩建建设项目以工程噪声贡献值与受到现有工程影响的边界噪声值叠加后的预测值作为评价量。

47. C　48. D　49. A　50. A　51. B　52. C

53. C　【解析】A 声级只是一种测量仪器得出的表达式，无法比较。

54. A　【解析】高层建筑物，几何发散衰减亦即距离衰减是最主要的，其他是附带考虑的因素。

55. D　【解析】选项 C 的正确说法是：运行期声源为流动声源时，将工程预测的代表性时段（近期、中期、远期）作为环境影响评价时段。

56. B

57. C　【解析】选项 A 中，应为“道路中心线”。选项 B 的正确说法是：如依据建设项目声源计算得到的贡献值到 200 m 处，仍不能满足相应功能区标准值时，应将评价范围扩大到满足标准值的距离。选项 D 中，应为“70 dB”。

58. D

59. D　【解析】当声源为流动声源，且呈现线声源特点时，现状测点位置选取应兼顾敏感目标的分布状况、工程特点及线声源噪声影响随距离衰减的特点，布设在具有代表性的敏感目标处。

60. A　【解析】选项 BCD 属预测后的评价内容。

61. A　【解析】本题考查点声源的概念。

62. A

63. B　【解析】本题主要考查背景值、贡献值、预测值的含义及其应用，此题较灵活。由题中给出的信息可知，技改前厂区噪声对该敏感目标的噪声贡献值应为 47 dB，技改后厂区噪声对该敏感目标的噪声贡献值为 53 dB，两者相差 6 dB，叠加后增加 1 dB。

二、不定项选择题

1. BD 2. AC

3. ABC 【解析】声环境功能区的环境质量评价量为昼间等效声级、夜间等效声级，突发噪声的评价量为最大 A 声级。

4. ABCE 5. ABCD 6. ACD 7. AC 8. ABCE 9. ACDE 10. BD 11. BCD 12. ABD 13. ACD 14. BC 15. ABC 16. ADE 17. ABCD

18. ABC 【解析】复习时注意归纳总结各级评价的共同点和不同点。

19. AB 【解析】三级评价的基本要求是：针对建设项目的工程特点和所在区域的环境特征提出噪声防治措施，并进行达标分析。三级评价没有对噪声防治措施要求进行经济、技术可行性论证。

20. ABCD

21. ABD 【解析】对于二级评价项目，根据评价需要绘制等声级线图。A、B、D 三选项的内容也是一级和二级评价在噪声预测方面的共同要求。

22. BE 23. AB

24. CDE 【解析】A 和 B 选项属一级评价的基本要求。另外，声环境质量现状一级评价需要实测，二级评价以实测为主。

25. ABCD 26. ABCD 27. AD 28. ABCD 29. ABCD 30. ACD

31. BCD 【解析】选项 A 的正确说法是：布点应覆盖整个评价范围，包括厂界（或场界、边界）和敏感目标。

32. ABC 33. BD 34. AC

35. ABCDE 【解析】简单来说，现状评价的主要内容有：（1）声环境功能区划分情况；（2）敏感目标的分布情况；（3）主要声源特性和分布；（4）各敏感目标的超标、达标情况；（5）功能区噪声超标范围内的人口数及分布情况。

36. AD 37. AC 38. ABCDE 39. ACDE 40. BC 41. BC 42. ABD

43. ABCDE 【解析】其他衰减包括通过工业场所的衰减等。

44. ABCE 【解析】选项 D 是公路、城市道路交通运输噪声预测的内容。

45. ABC 【解析】选项 E 是机场飞机噪声预测的内容。选项 D 的错误在于：绘制代表性路段的等声级线图是按贡献值，而不是按预测值。

46. AC 47. ABDE

48. ABCDE 【解析】注意：属于建设项目的敏感建筑所受噪声影响是建设项目主要声源和外环境声源影响的叠加。

49. ABCD

50. BC 【解析】选项 A 的正确说法是“进行边界噪声评价时，新建建设项目以工程噪声贡献值作为评价量”。选项D的正确说法是“对于改扩建的公路、铁路等建设项目，如预测噪声贡献值时已包括了现有声源的影响，则以预测的噪声贡献值作为评价量”。

51. ABCDE

52. ABCD

53. D 【解析】三级评价可以用现状监测资料。

54. BD 【解析】注意预测值和贡献值的区别。

第二节 相关声环境标准

一、单项选择题（每题的备选项中，只有一个最符合题意）

1. 0类声环境功能区执行的环境噪声昼夜标准值分别是（ ）dB。

A. 70、55 B. 65、55 C. 50、40 D. 60、50

2. 1类声环境功能区执行的环境噪声昼夜标准值分别是（ ）dB。

A. 55、45 B. 65、55 C. 50、40 D. 60、50

3. 2类声环境功能区执行的环境噪声昼夜标准值分别是（ ）dB。

A. 50、40 B. 65、55 C. 55、45 D. 60、50

4. 3类声环境功能区执行的环境噪声昼夜标准值分别是（ ）dB。

A. 55、45 B. 65、55 C. 50、40 D. 60、50

5. 4类声环境功能区执行的环境噪声昼夜标准值分别是（ ）dB。

A. 70、55 B. 65、55 C. 70、60 D. 60、50

6. 以商业金融为主的区域执行的环境噪声昼夜标准值分别是（ ）dB。

A. 50、35 B. 50、40 C. 50、45 D. 60、50

7. 城市工业区执行的环境噪声昼夜标准值分别是（ ）dB。

A. 55、45 B. 65、55 C. 50、40 D. 60、50

8. 城市居住、商业、工业混杂区执行的环境噪声昼夜标准值分别是（ ）dB。

A. 55、45 B. 65、55 C. 50、40 D. 60、50

9. 城市康复疗养区执行的环境噪声昼夜标准值分别是（ ）dB。

A. 55、45 B. 65、55 C. 50、40 D. 60、50

10. 铁路干线两侧区域执行的环境噪声昼夜标准值分别是（ ）。

A. 60、50 B. 65、55 C. 70、55 D. 70、60

11. 城市居住区域执行的环境噪声昼夜标准值分别是（ ）dB。

A．50、40　B．55、45　C．70、55　D．70、60

12．4b 类声环境功能区环境噪声限值，适用于（　　）起环境影响评价文件通过审批的新建铁路（含新开廊道的增建铁路）干线建设项目两侧区域。

A．2008 年 10 月 1 日　B．2009 年 1 月 1 日

C．2011 年 1 月 1 日　D．2012 年 1 月 1 日

13．某铁路项目穿越某市城区，于 2007 年 4 月 1 日建成，2008 年 12 月 30 日获得改建的环境影响评价的批文，则该铁路干线两侧区域不通过列车时的环境背景噪声限值，执行的昼夜标准值分别是（　　）dB。

A．50、40　B．55、45　C．70、55　D．70、60

14．各类声环境功能区夜间突发的噪声，其最大值不准超过标准值（　　）dB。

A．10　B．25　C．20　D．15

15．位于乡村的康复疗养区执行（　　）声环境功能区要求。

A．0 类　B．1 类　C．2 类　D．3 类

16．乡村村庄原则上执行的环境噪声昼夜标准值分别是（　　）dB。

A．55、45　C．50、40　B．65、55　D．60、50

17．乡村集镇执行的环境噪声昼夜标准值分别是（　　）dB。

A．55、45　B．65、55　C．50、40　D．60、50

18．乡村中，独立于村庄、集镇之外的工业、仓储集中区执行的环境噪声昼夜标准值分别是（　　）dB。

A．55、45　B．65、55　C．50、40　D．60、50

19．乡村中，位于交通干线两侧一定距离内的噪声敏感建筑物执行（　　）声环境功能区要求。

A．3 类　B．4 类　C．4a 类　D．4b 类

20．一般户外、噪声敏感建筑物户外、噪声敏感建筑物室内进行环境噪声的测量时，距地面高度的共同要求是（　　）。

A．≥1.2 m　B．≥1.5 m　C．≥1 m　D．以上都不对

21．一般户外进行环境噪声的测量时，距离任何反射物（地面除外）至少（　　）m 以外测量，距地面高度 1.2 m 以上。

A．1.5　B．2.5　C．3.5　D．4

22．在一般户外进行环境噪声的测量时，如使用监测车辆测量，传声器应固定在车顶部（　　）m 高度处。

A．≥1.2　B．1.5　C．1.2～1.5　D．1.2

23．在噪声敏感建筑物户外进行环境噪声的测量时，在噪声敏感建筑物外，距墙壁或窗户（　　）m 处，距地面高度 1.2 m 以上测量。

A. 1　　B. 1.2　　C. 1.2～1.5　　D. 1.5

24. 在噪声敏感建筑物室内进行环境噪声的测量时，距离墙面和其他反射面至少1 m，距窗约（　　）m处，距地面1.2～1.5 m高测量。

A. 1　　B. 1.2　　C. 1.2～1.5　　D. 1.5

25. 居民、文教区执行城市区域铅垂向Z振级昼夜标准值分别是（　　）dB。

A. 65、65　　B. 75、72　　C. 70、65　　D. 70、67

26. 《城市区域环境振动标准》规定：每日发生几次的冲击振动，其最大值昼间不允许超过标准值（　　）dB，夜间不超过（　　）dB。

A. 5　2　　B. 12　5　　C. 10　3　　D. 15　5

27. 某铁路干线两侧，每日发生几次冲击振动，其最大值夜间不超过（　　）dB。

A. 85　　B. 83　　C. 75　　D. 78

28. 铁路干线两侧执行城市区域铅垂向Z振级昼夜标准值分别是（　　）dB。

A. 70、70　　B. 75、72　　C. 80、80　　D. 70、67

29. 商业与居民混合区执行城市区域铅垂向Z振级昼夜标准值分别是（　　）dB。

A. 75、65　　B. 75、72　　C. 80、80　　D. 70、67

30. 交通干线道路两侧执行城市区域铅垂向Z振级昼夜标准值分别是（　　）dB。

A. 75、65　　B. 75、72　　C. 80、80　　D. 70、67

31. 《工业企业厂界环境噪声排放标准》规定了工业企业和固定设备（　　）环境噪声排放限值及其测量方法。

A. 四周　　B. 厂界　　C. 区域　　D. 范围

32. 据《工业企业厂界环境噪声排放标准》，1类声环境功能区执行厂界环境噪声昼夜排放限值分别是（　　）dB。

A. 50、40　　B. 65、55　　C. 55、45　　D. 60、50

33. 据《工业企业厂界环境噪声排放标准》，4类声环境功能区执行的厂界环境噪声昼夜排放限值分别是（　　）dB。

A. 50、40　　B. 65、55　　C. 70、60　　D. 70、55

34. 据《工业企业厂界环境噪声排放标准》，夜间频发噪声的最大声级超过限值的幅度不得高于（　　）dB（A）。

A. 20　　B. 5　　C. 15　　D. 10

35. 据《工业企业厂界环境噪声排放标准》，夜间偶发噪声的最大声级超过限值的幅度不得高于（　　）dB（A）。

A. 20　　B. 5　　C. 15　　D. 10

36. 据《工业企业厂界环境噪声排放标准》，当厂界与噪声敏感建筑物距离小于（　　）时，厂界环境噪声应在噪声敏感建筑物的室内测量，并将相应噪声限值减（ ）作为评价依据。

A．1.5 m 10 dB（A） B．1 m 10 dB（A）

C．1 m 5 dB（A） D．2 m 5 dB（A）

37．据《工业企业厂界环境噪声排放标准》，当厂界与噪声敏感建筑物距离小于1 m 时，厂界环境噪声应在（ ）测量。

A．厂界外 0.5 m B．噪声敏感建筑物的室内

C．噪声敏感建筑物的室外 0.2 m D．噪声敏感建筑物的室外

38．一般情况下，测点选在工业企业厂界外（ ）m、高度（ ）m 以上、距任一反射面距离不小于 0.5 m 的位置。

A．0.8 1 B．1.2 1 C．1 1.2 D．1.5 1.3

39．室内噪声测量时，室内测量点位设在距任一反射面至少 0.5 m 以上、距地面 1.2 m 高度处，在（ ）状态下测量。

A．受噪声影响方向的窗户开启 B．受噪声影响方向的窗户关闭

C．未受噪声影响方向的窗户开启 D．未受噪声影响方向的窗户关闭

40．当厂界有围墙且周围有受影响的噪声敏感建筑物时，测点应选在厂界外 1 m、高于围墙（ ）m 以上的位置。

A．0.2 B．0.5 C．0.8 D．1

41．《建筑施工场界环境噪声排放标准》适用于（ ）建筑施工噪声排放的管理、评价及控制。

A．周围有噪声敏感建筑物的 B．抢险施工过程中

C．抢险施工过程中 D．所有

42．《建筑施工场界环境噪声排放标准》不适用于（ ）。

A．通信工程施工过程中产生噪声的管理、评价及控制

B．市政工程施工过程中产生噪声的管理、评价及控制

C．抢修、抢险施工过程中产生噪声的管理、评价及控制

D．交通工程施工过程中产生噪声的管理、评价及控制

43．据《建筑施工场界环境噪声排放标准》，建筑施工场界环境噪声排放限值是（ ）。

A．昼间≤70 dB（A）、夜间≤50 dB（A）

B．昼间≤70 dB（A）、夜间≤55 dB（A）

C．昼间≤60 dB（A）、夜间≤50 dB（A）

D．昼间≤65 dB（A）、夜间≤55 dB（A）

44．据《建筑施工场界环境噪声排放标准》，混凝土搅拌机在城市建筑施工时，噪声昼夜限值分别是（ ）dB。

A. 75、55　B. 85、75　C. 65、55　D. 70、55

45. 据《建筑施工场界环境噪声排放标准》，各种打桩机在城市建筑施工时，噪声昼夜限值分别是（　　）。

A. 75 dB、禁止施工　B. 85 dB、禁止施工

C. 70 dB、55 dB　D. 70 dB、60 dB

46. 据《建筑施工场界环境噪声排放标准》，某建筑物施工时，场界距噪声敏感建筑物较近，其室外不满足测量条件，在噪声敏感建筑物室内测量，则所测场界噪声的评价依据为（　　）。

A. 昼间≤60 dB（A）、夜间≤50 dB（A）

B. 昼间≤70 dB（A）、夜间≤55 dB（A）

C. 昼间≤60 dB（A）、夜间≤45 dB（A）

D. 昼间≤65 dB（A）、夜间≤50 dB（A）

47. 据《建筑施工场界环境噪声排放标准》，建筑施工场界夜间噪声最大声级超过限值的幅度不得高于（　　）dB（A）。

A. 5　B. 10　C. 15　D. 20

48. 据《建筑施工场界环境噪声排放标准》，背景噪声值比噪声测量值（　　）以上时，噪声测量值不做修正。

A. 低 5 dB（A）　B. 低 10 dB（A）

C. 高 5 dB（A）　D. 高 10 dB（A）

49.《社会生活环境噪声排放标准》（GB 22337—2008）的适用范围是（　　）。

A. 营业性文化娱乐场所、事业单位、团体使用的向环境排放噪声的设备、设施的管理、评价与控制

B. 营业性文化娱乐场所、商业经营活动中使用的向环境排放噪声的设备、设施的管理、评价与控制

C. 营业性商业经营活动中使用的向环境排放噪声的设备、设施的管理、评价与控制

D. 营业性文化娱乐场所、商业经营活动中使用的向环境排放噪声的设备、设施的评价

50. 据《社会生活环境噪声排放标准》，某电影院附近 10 m 处有一所医院，则该电影院执行的昼夜噪声排放限值分别是（　　）dB。

A. 55、45　B. 50、40　C. 60、50　D. 65、55

51. 据《社会生活环境噪声排放标准》，某文化娱乐设施拟建在物流中心内，则该文化娱乐设施执行的昼夜噪声排放限值分别是（　　）dB。

A. 55、45　B. 50、40　C. 60、50　D. 65、55

52. 据《社会生活环境噪声排放标准》，某商场拟建在城市快速路附近，则该商场执行的昼夜噪声排放限值分别是（　　）dB。

A. 50、40　　B. 55、45　　C. 65、55　　D. 70、55

53. 据《社会生活环境噪声排放标准》，某卡拉 OK 厅拟建在铁路干线南侧区域，环境影响评价时，该卡拉 OK 厅执行的昼夜噪声排放限值分别是（　　）dB。

A. 55、45　　B. 60、50　　C. 70、60　　D. 70、55

54. 据《社会生活环境噪声排放标准》，某卡拉 OK 厅拟建在乡村集镇内，环境影响评价时，该卡拉 OK 厅执行的昼夜噪声排放限值分别是（　　）dB。

A. 55、45　　B. 60、50　　C. 70、60　　D. 70、55

55. 据《社会生活环境噪声排放标准》，某电影院拟建在乡村村庄内，环境影响评价时，该电影院执行的昼夜噪声排放限值分别是（　　）dB。

A. 55、45　　B. 60、50　　C. 70、60　　D. 70、55

56. 据《社会生活环境噪声排放标准》，某歌舞厅位于居住、商业、工业混杂区，距最近的住宅楼只有 0.9 m，则该歌舞厅执行的昼夜噪声排放限值分别是（　　）dB。

A. 55、45　　B. 50、40　　C. 60、50　　D. 65、55

57. 据《社会生活环境噪声排放标准》，在社会生活噪声排放源边界处无法进行噪声测量或测量的结果不能如实反映其对噪声敏感建筑物的影响程度的情况下，噪声测量应在可能受影响的敏感建筑物（　　）进行。

A. 窗内 1 m 处　　B. 窗外 1.2 m 处

C. 窗外 1 m 处　　D. 窗外 1.5 m 处

58. 据《社会生活环境噪声排放标准》，社会生活环境噪声测量应在无雨雪、无雷电天气，风速为（　　）m/s 以下时进行。

A. 2　　B. 3　　C. 4　　D. 5

59. 据《社会生活环境噪声排放标准》，在社会生活噪声排放源测点布设时，一般情况下，测点选在社会生活噪声排放源边界外（　　）m、高度（　　）m 以上、距任一反射面距离不小于 0.5 m 的位置。

A. 1　1.5　　B. 1　1.2

C. 1.2　1.5　　D. 1　1

60. 据《社会生活环境噪声排放标准》，在社会生活噪声排放源测点布设时，当边界有围墙且周围有受影响的噪声敏感建筑物时，测点应选在边界外 1 m、高于围墙（　　）m 以上的位置。

A. 0.5　　B. 0.8

C. 1　　D. 1.2

61．据《社会生活环境噪声排放标准》，在社会生活噪声排放源测点布设时，当边界无法测量到声源的实际排放状况时（如声源位于高空、边界设有声屏障等），除按一般情况设置测点外，同时在受影响的噪声敏感建筑物（　　）另设测点。

A．户内 1 m 处　　B．户外 1.5 m 处

C．户外 2 m 处　　D．户外 1 m 处

62．据《社会生活环境噪声排放标准》，在社会生活噪声排放源测点布设时，室内噪声测量点位置应设在距任一反射面至少 0.5 m 以上、距地面 1.2 m 高度处，在（　　）测量。

A．未受噪声影响方向的窗户开启状态下

B．受噪声影响方向的窗户关闭状态下

C．受噪声影响方向的窗户开启状态下

D．未受噪声影响方向的窗户关闭状态下

63．据《社会生活环境噪声排放标准》，社会生活噪声排放源的固定设备结构传声至噪声敏感建筑物室内，在噪声敏感建筑物室内测量时，测点应距任一反射面至少 0.5 m、距地面 1.2 m、距外窗 1 m 以上，（　　）测量。

A．窗户关闭状态下　　B．窗户半开启状态下

C．窗户开启状态下　　D．窗户外

64．据《社会生活环境噪声排放标准》，对于社会生活噪声排放源的测量结果，噪声测量值与背景噪声值相差（　　）dB（A）时，噪声测量值不做修正。

A．大于 5　　B．大于 8　　C．大于 10　　D．大于 15

65．据《社会生活环境噪声排放标准》，对于社会生活噪声排放源的测量结果，噪声测量值与背景噪声值相差在（　　）dB（A）时，噪声测量值应进行修正。

A．3～10　　B．2～10　　C．5～10　　D．6～10

66．据《社会生活环境噪声排放标准》，某社会生活噪声排放源测量值为 53.6 dB（A），背景噪声值为 50.1 dB（A），则噪声测量值修正后为（　　）dB（A）。

A．53.6　　B．51.6　　C．50.6　　D．52.6

67．据《社会生活环境噪声排放标准》，某社会生活噪声排放源测量值为 60.1 dB（A），背景噪声值为 55.1 dB（A），则噪声测量值修正后为（　　）dB（A）。

A．58.1　　B．60.1　　C．55.1　　D．59.1

68．据《社会生活环境噪声排放标准》，某社会生活噪声排放源测量值为 65.4 dB（A），背景噪声值为 57.1 dB（A），则噪声测量值修正后为（　　）dB（A）。

A．62.4　　B．64　　C．63.4　　D．64.4

69．依据《工业企业厂界环境噪声排放标准》，某企业空压机房邻近厂界，评价该处厂界环境噪声测量结果时，必须采用的评价量是（　　）。

A．昼间、夜间声压级和昼间、夜间最大声级

B．昼间、夜间等效连续 A 声级和夜间最大声级

C．昼间、夜间等效连续 A 声级和昼间最大声级

D．昼间、夜间倍频带声压级和昼间、夜间最大声级

70．依据《社会生活环境噪声排放标准》，评价商场楼顶空调冷却塔噪声对临近居民住宅楼影响时，必须选择的评价量是（　　）。

A．昼间、夜间等效声级　　B．冷却塔工作时段等效声级

C．昼间、夜间最大声级　　D．冷却塔昼间工作时段最大声级

71．依据《声环境质量标准》，在进行环境噪声测量时，以下噪声监测点布置正确的是（　　）。

A．一般户外测点距离任何反射面（含地面）1.0 m

B．在噪声敏感建筑物外，测点距墙壁或窗户 1 m，距地面 1.2 m 以上

C．在噪声敏感建筑物室内，测点距离墙面或其他反射面 0.5 m

D．在噪声敏感建筑物室内，关闭门窗情况下，测点布置于室内中央，距地面 1.2 m 以上

72．平原地区城市轨道交通（地面段）经过 1 类声环境功能区，依据《声环境质量标准》，距外侧轨道中心线 30 m 处的临街建筑对应的声环境功能区类别应是（　　）类。

A．1　　B．2　　C．4a　　D．4b

73．位于城市商业中心区的居民住宅，在《城市区域环境振动标准》中对应的“适用地带范围”是（　　）。

A．特殊住宅区　　B．居民、文教区

C．混合区、商业中心区　　D．工业集中区

74．以下噪声源适用《社会生活环境噪声排放标准》的是（　　）。

A．学校广播喇叭　　B．商场广播喇叭

C．机车风笛　　D．工厂广播喇叭

75．位于 1 类声环境功能区的某居民住宅楼 1 层为文化娱乐厅，依据《社会生活环境噪声排放标准》，评价该居民住宅楼卧室受文化娱乐厅固定设备结构传播噪声影响的等效声级不得超过（　　）。

A．昼间 40 dB，夜间 30 dB　　B．昼间 45 dB，夜间 35 dB

C．昼间 50 dB，夜间 40 dB　　D．昼间 55 dB，夜间 45 dB

76．机场周围区域拟建一建筑材料厂，该厂运行期的声环境影响评价应执行的标准为（　　）。

A．《建筑施工场界噪声限值》《声环境质量标准》

B．《工业企业厂界环境噪声排放标准》《声环境质量标准》

C．《建筑施工场界噪声限值》《机场周围飞机噪声环境标准》

D．《工业企业厂界环境噪声排放标准》《机场周围飞机噪声环境标准》

77．根据《工业企业厂界环境噪声排放标准》，邻近货场货物装卸区一侧厂界处夜间噪声评价量应包括（　　）。

A．频发声级和偶发声级　　B．脉冲声级和最大声级

C．等效声级和最大声级　　D．稳态声级和非稳态声级

78．某娱乐场所边界背景噪声值为 52 dB，正常营业时噪声测量值为 54 dB。根据《社会生活环境噪声排放标准》，确定该娱乐场所在边界处排放的噪声级时测量结果的修正为（　　）。

A．无需修正

B．修正值为−3 dB

C．修正值−4 dB

D．应采取措施降低背景噪声后重新测量，再按要求进行修正

79．下列环境噪声监测点布设符合《声环境质量标准》的是（　　）。

A．一般户外测点距任何反射面 1 m 处，距地面高度 1.0 m 以上

B．噪声敏感建筑物户内测点距墙壁或窗户 1 m 处，距地面高度 1.2 m 以上

C．噪声敏感建筑物户外测点距墙壁或窗户 1 m 处，距地面高度 1.2 m 以上

D．噪声敏感建筑物户内、户外测点均需距墙壁或窗户 1 m 处，距地面高度 1.2 m 以上

二、不定项选择题（每题的备选项中至少有一个符合题意）

1．下列情况中不适用于《声环境质量标准》的是（　　）。

A．5 类声环境功能区的环境噪声限值

B．声环境质量评价与管理

C．5 类声环境功能区的环境噪声测量方法

D．机场周围区域受飞机通过（起飞、降落、低空飞越）噪声的评价与管理

2．据《声环境质量标准》，下列（　　）情况，铁路干线两侧区域不通过列车时的环境背景噪声限值按 4a 执行。

A．2010 年 12 月 31 日后建成运营的铁路

B．对穿越城区的既有铁路干线进行改建的铁路建设项目

C．2011 年 1 月 1 日后建成运营的铁路

D．穿越城区的既有铁路干线

E．对穿越城区的既有铁路干线进行扩建的铁路建设项目

3. 据《声环境质量标准》，下列哪些交通干线两侧一定距离之内属 4a 类声环境功能区？（　　）

A. 城市轨道交通（地面段）　　B. 内河航道两侧区域

C. 城市快速路　　D. 二级公路

E. 铁路干线

4. 据《声环境质量标准》，下列（　　）情况，交通干线两侧一定距离之内的环境噪声限值按昼间 70 dB（A），夜间 55 dB（A）执行。

A. 高速公路　　B. 一级公路

C. 城市次干路　　D. 城市主干路

E. 2010 年 10 月 1 日获得环境影响评价文件审批的铁路干线

5. 《工业企业厂界环境噪声排放标准》规定了（　　）。

A. 工业企业和固定设备厂界环境噪声排放限值

B. 商业经营活动中可能产生环境噪声污染的设备、设施边界噪声排放限值

C. 工厂及有可能造成噪声污染的企事业单位的边界噪声排放限值

D. 工业企业和固定设备厂界环境噪声测量方法

6. 《工业企业厂界环境噪声排放标准》适用于对（　　）。

A. 营业性文化娱乐场所使用的向环境排放噪声的设备、设施的管理、评价

B. 工业企业噪声排放的管理、评价及控制

C. 工厂及有可能造成噪声污染的企事业单位的边界噪声排放限值

D. 机关、事业单位、团体等对外环境排放噪声的单位

7. 据《工业企业厂界环境噪声排放标准》，下列关于工业企业厂界环境噪声测量结果评价的说法，错误的有（　　）。

A. 同一测点每天的测量结果按昼间、夜间进行评价

B. 各个测点的测量结果加权后评价

C. 最小声级 L_{min} 直接评价

D. 各个测点的测量结果应单独评价

8. 以下哪些行为不属于《建筑施工场界环境噪声排放标准》的适用范围？（　　）

A. 抢修施工过程中产生噪声的排放监管

B. 抢险施工过程中产生噪声的排放监管

C. 已竣工交付使用的住宅楼进行室内装修活动

D. 某建筑物在学校附近进行基础工程施工

9. 据《建筑施工场界环境噪声排放标准》，关于场界噪声的测量，说法错误的有（　　）。

A. 测量应在无雨雪、无雷电天气，风速为 5 m/s 以下时进行

B. 测点应设在对噪声敏感建筑物影响较大、距离适中的位置

C. 施工期间，测量连续 10 min 的等效声级，夜间同时测量最大声级

D. 背景噪声测量，稳态噪声测量 1 min 的等效声级，非稳态噪声测量 20 min 的等效声级

10. 据《建筑施工场界环境噪声排放标准》，关于场界噪声测量结果评价的有关规定，说法正确的有（　　）。

A. 各个测点的测量结果应单独评价

B. 各个测点的测量结果应平均后评价

C. 最大声级 L_{Amax} 平均后评价

D. 最大声级 L_{Amax} 直接评价

11. 下列行为中适用于《社会生活环境噪声排放标准》（GB 22337—2008）的是（　　）。

A. 机关单位对外环境排放噪声的评价

B. 营业性文化娱乐场所使用的向环境排放噪声的设备、设施的评价

C. 商业经营活动中使用的向环境排放噪声的设备、设施的管理、控制

D. 事业单位对外环境排放噪声的管理

12. 下列活动（场所）中适用于《社会生活环境噪声排放标准》（GB 22337—2008）的是（　　）。

A. 商场　　B. 高等院校　　C. 电影院　　D. 歌舞厅

13. 据《社会生活环境噪声排放标准》，在社会生活噪声排放源边界布设多个测点时，其中应包括（　　）的位置。

A. 距噪声敏感建筑物较近　　B. 距噪声敏感建筑物较远

C. 受被测声源影响大　　D. 受被测声源影响小

14. 据《社会生活环境噪声排放标准》，下列关于社会生活环境噪声测点位置的说法，正确的有（　　）。

A. 社会生活噪声排放源的固定设备结构传声至噪声敏感建筑物室内，在噪声敏感建筑物室内测量时，被测房间内的电视机应关闭

B. 一般情况下，测点选在社会生活噪声排放源边界外 1 m、高度 1.2 m 以上、距任一反射面距离不小于 1.2 m 的位置

C. 当声源边界设有声屏障时，除按一般情况设置测点外，同时应在受影响的噪声敏感建筑物户外 1 m 处另设测点

D. 室内噪声测量时，室内测量点位设在距任一反射面至少 1 m 以上、距地面 1.2 m 高度处，在受噪声影响方向的窗户开启状态下测量

15. 据《社会生活环境噪声排放标准》，下列关于社会生活环境噪声测量时段的说法，错误的有（　　）。

A. 分别在昼间、夜间两个时段测量

B. 夜间如有频发、偶发噪声影响时应同时测量最小声级

C. 被测声源是非稳态噪声，采用 1 min 的等效声级

D. 被测声源是非稳态噪声，测量被测声源有代表性时段的等效声级，必要时测量被测声源整个正常工作时段的等效声级

16. 据《社会生活环境噪声排放标准》，下列关于社会生活环境噪声背景噪声测量的说法，正确的有（　　）。

A. 背景噪声测量时段时间长度应大于被测声源测量的时间长度

B. 背景噪声测量时段时间长度应等于被测声源测量的时间长度

C. 背景噪声测量时段时间长度应小于被测声源测量的时间长度

D. 背景噪声测量环境应不受被测声源影响且其他声环境与测量被测声源时保持一致

17. 据《社会生活环境噪声排放标准》，下列关于社会生活环境噪声测量结果评价的说法，正确的有（　）。

A. 同一测点每天的测量结果按昼间、夜间进行评价

B. 各个测点的测量结果加权后评价

C. 最大声级 L_{max} 直接评价

D. 各个测点的测量结果应单独评价

18. 《声环境质量标准》适用的区域包括（　　）。

A. 城市规划区　　　　B. 乡村

C. 铁路干线两侧　　　D. 机场周围受飞机通过所产生噪声影响的区域

19. 以下属于《工业企业厂界环境噪声排放标准》规定的内容有（　　）。

A. 工业企业和固定设备厂界昼间最大声级限值

B. 工业企业和固定设备厂界环境噪声排放限值

C. 工业企业和固定设备厂界环境噪声测量方法

D. 工业企业和固定设备厂界环境噪声测量结果修正方法

20. 依据《工业企业厂界环境噪声排放标准》，以下厂界环境噪声测量方法正确的是（　　）。

A. 测量应在无雨雪、无雷电、风速小于 10 m/s 的天气下进行

B. 当厂界有围墙，应在厂界外 1 m、高于围墙 0.5 m 以上位置设置测点

C. 每次测量前、后在测量现场应对测量仪器进行声学校准，前、后校准示值偏差不得大于 1.0 dB

D．当厂界设有声屏障，除在厂界外 1 m、高度 1.2 m 以上设置测点外，同时在受影响敏感建筑物户外 1 m 处另设测点

21．根据《声环境质量标准》，关于 2 类声环境功能区突发噪声限值，说法正确的有（　　）。

A．昼间突发噪声最大声级不高于 75 dB

B．夜间突发噪声最大声级不高于 65 dB

C．昼间突发噪声最大声级不高于 70 dB

D．夜间突发噪声最大声级不高于 60 dB

22．下列产生结构传播噪声的声源中，适用《工业企业厂界环境噪声排放标准》的有（　　）。

A．铁路列车　　B．燃气轮机

C．住宅楼集中供热水泵　　D．罗茨风机

参考答案

一、单项选择题

1．C　2．A

3．D　【解析】除 4a 类环境区域的昼夜标准值相差 15 dB，其他类别昼夜标准值相差 10 dB。每类的昼夜标准值依次相差 5 dB，当然 3 类和 4a 类的夜间标准值 55 dB 是不变的。也就是说记住了 0 类昼夜标准值 50 dB 和 40 dB，按上述原则可推出其他类别的昼夜标准值。

4．B　5．A　6．D

7．B　【解析】城市工业区属 3 类区。

8．D　【解析】城市居住、商业、工业混杂区属 2 类区。

9．C　【解析】0 类声环境功能区指康复疗养区等特别需要安静的区域。

10．D　【解析】4b 类标准适用于铁路干线两侧区域。4a 类标准适用于高速公路、一级公路、二级公路、城市快速路、城市主干路、城市次干路、城市轨道交通（地面段）、内河航道两侧区域。

11．B　【解析】1 类标准适用于以居民住宅、医疗卫生、文化教育、科研设计、行政办公为主要功能，需要保持安静的区域。

12．C

13．C　【解析】下列两种情况，铁路干线两侧区域不通过列车时的环境背景噪声限值按昼间 70 dB（A），夜间 55 dB（A）执行。一是穿越城区的既有铁路干

线；二是对穿越城区的既有铁路干线进行改建、扩建的铁路建设项目。既有铁路是指2010年12月31日前已建成运营的铁路或环境影响评价文件已通过审批的铁路建设项目。

14. D

15. A 【解析】位于乡村的康复疗养区执行0类声环境功能区要求。

16. A 【解析】村庄原则上执行 1 类声环境功能区要求，工业活动较多的村庄以及有交通干线经过的村庄（指执行4类声环境功能区要求以外的地区）可局部或全部执行2类声环境功能区要求。

17. D 【解析】集镇执行2类声环境功能区要求。

18. B 【解析】独立于村庄、集镇之外的工业、仓储集中区执行 3 类声环境功能区要求。

19. B 【解析】位于交通干线两侧一定距离（参考GB/T 15190第8.3条规定）内的噪声敏感建筑物执行4类声环境功能区要求。GB/T 15190即《城市区域环境噪声适用区划分技术规范》，该规范的第8.3条明确了4类标准适用区域的划分，其中包含道路交通干线两侧区域的划分、铁路（含轻轨）两侧区域的划分、内河航道两侧区域的划分。该题并未明确属哪类交通干线两侧，因此，选B是合适的。

20. A 21. C 22. D 23. A 24. D

25. D 【解析】此知识的记忆要点是：①特殊住宅区执行的昼夜标准值相同，65 dB；铁路干线两侧执行的昼夜标准值相同，80 dB。②混合区、商业中心区、工业集中区、交通干线道路两侧执行的昼夜标准值相同，都是75 dB（昼）、72 dB（夜）。③居民、文教区执行的昼夜标准值分别是70 dB、67 dB。

26. C

27. B 【解析】《城市区域环境振动标准》规定：每日发生几次的冲击振动，其最大值昼间不允许超过标准值 10 dB，夜间不超过 3 dB。而铁路干线两侧执行的铅垂向Z 振级标准值昼夜值都是80 dB。

28. C 29. B 30. B 31. B

32. C 【解析】《工业企业厂界环境噪声排放标准》《社会生活环境噪声排放标准》《声环境质量标准》的比较：①适用的类别都是用阿拉伯字母表示。以前的排放标准是用希腊字母表示。②适用的类别都是五类，但是《声环境质量标准》的4类再分了4a类和4b类。③各种类别的昼间夜间标准值两者基本一致。各类标准适用范围基本一致。

各种类别的昼间夜间标准值请各位考生记住，因为考试大纲在三个标准中都有相应的要求。

环境噪声限值（《声环境质量标准》）　单位：dB（A）

类别		昼间	夜间
0		50	40
1		55	45
2		60	50
3		65	55
4	4a	70	55
	4b	70	60

▲五种类型声环境功能区适用范围：

按区域的使用功能特点和环境质量要求，声环境功能区分为以下五种类型：

0 类声环境功能区：指康复疗养区等特别需要安静的区域。

1 类声环境功能区：指以居民住宅、医疗卫生、文化教育、科研设计、行政办公为主要功能，需要保持安静的区域。

2 类声环境功能区：指以商业金融、集市贸易为主要功能，或者居住、商业、工业混杂，需要维护住宅安静的区域。

3 类声环境功能区：指以工业生产、仓储物流为主要功能，需要防止工业噪声对周围环境产生严重影响的区域。

4 类声环境功能区：指交通干线两侧一定距离之内，需要防止交通噪声对周围环境产生严重影响的区域，包括 4a 类和 4b 类两种类型。4a 类为高速公路、一级公路、二级公路、城市快速路、城市主干路、城市次干路、城市轨道交通（地面段）、内河航道两侧区域；4b 类为铁路干线两侧区域。

工业企业厂界和社会生活噪声排放源边界噪声排放限值　单位：dB（A）

类别	昼间	夜间
0	50	40
1	55	45
2	60	50
3	65	55
4	70	55

33. D　34. D　35. C　36. B　37. B

38. C　【解析】《工业企业厂界环境噪声排放标准》和《社会生活环境噪声排放标准》中的测量方法基本相同。对于本标准考试大纲仅作“了解”，而《社会生活环境噪声排放标准》对此部分内容的要求是“熟悉”，因此，大部分习题在《社会生活环境噪声排放标准》中出现。

39. A　40. B

41. A　【解析】噪声敏感建筑物是指医院、学校、机关、科研单位、住宅等需要保持安静的建筑物。该标准不适用于抢修、抢险施工过程中产生噪声的排放监管。

42. C　【解析】市政、通信、交通、水利等其他类型的施工噪声排放可参照本标准执行。

43. B　44. D　45. C

46. C　【解析】当场界距噪声敏感建筑物较近，其室外不满足测量条件时，可在噪声敏感建筑物室内测量，并将相应的限值减 10 dB（A）作为评价依据。

47. C　48. B　49. B　50. A

51. D　【解析】物流中心属于 3 类声环境功能区，执行 3 类标准。

52. D

53. D　【解析】铁路干线两侧区域属 4b 类声环境功能区，但《社会生活环境噪声排放标准》中的边界噪声排放限值只有 4 类，没有细分，因此，答案为 D 非 C。

54. B　【解析】据《声环境质量标准》（GB 3096—2008）乡村声环境功能的确定原则是：集镇执行 2 类声环境功能区要求。因此，答案为 B。

55. A　【解析】据《声环境质量标准》（GB 3096—2008）乡村声环境功能的确定原则是：村庄原则上执行 1 类声环境功能区要求，工业活动较多的村庄以及有交通干线经过的村庄（指执行 4 类声环境功能区要求以外的地区）可局部或全部执行 2 类声环境功能区要求。因此，答案为 A。

56. B　【解析】居住、商业、工业混杂区属 2 类声环境功能区，边界外执行 2 类标准（60 dB、50 dB），但因为距最近的住宅楼只有 0.9 m，小于 1 m，按《社会生活环境噪声排放标准》的 4.1.3 规定："当社会生活噪声排放源边界与噪声敏感建筑物距离小于 1 m 时，应在噪声敏感建筑物的室内测量，并将相应的边界噪声排放限值减 10 dB（A）作为评价依据。"因此，答案为 B。

57. C　58. D　59. B　60. A　61. D　62. C　63. A　64. C　65. A

66. C　【解析】噪声测量值与背景噪声值相差 3.5 dB（A），取整后为 3 dB（A），则修正值为−3，噪声测量值修正后为 50.6 dB（A）。

67. A　【解析】噪声测量值与背景噪声值相差 5 dB（A），取整后为 5 dB（A），则修正值为−2，噪声测量值修正后为 58.1 dB（A）。

68. D　【解析】噪声测量值与背景噪声值相差 8.1 dB（A），取整后为 8 dB（A），则修正值为−1，噪声测量值修正后为 64.4 dB（A）。

69. B　【解析】空压机属突发噪声。除测量昼间、夜间等效连续 A 声级外，夜间有频发、偶发噪声影响时同时测量最大声级。

70. A 【解析】空调冷却塔噪声属于稳态噪声。

71. B 【解析】选项A应为“3.5 m”，选项C应为“1 m”，选项D在《声环境质量标准》中没有此说法。

72. C 【解析】4b类为铁路干线两侧区域。

73. C 【解析】“城市商业中心区的居民住宅”属“混合区”。

74. B

75. A 【解析】1类声环境功能区边界噪声排放限值为：昼间55 dB、夜间45 dB。1类声环境功能区固定设备结构传播室内噪声排放限值A类房间为昼间40 dB、夜间30 dB。此题考查得较细。

76. D

77. C 【解析】货场货物装卸属频发噪声，夜间有频发、偶发噪声影响时同时测量最大声级。

78. D 【解析】本题考查测量结果的修正要求，有三种情况。

79. C 【解析】此题考查很细，类似于不定项选择题。选项A的正确说法是：距离任何反射物（地面除外）至少3.5 m外测量，距地面高度1.2 m以上；选项B、D的正确说法是：噪声敏感建筑物户内，距离墙面和其他反射面至少1 m，距窗约1.5 m处，距地面1.2～1.5 m高；噪声敏感建筑物户外，在噪声敏感建筑物外，距墙壁或窗户1 m处，距地面高度1.2 m以上。

二、不定项选择题

1. D　2. BDE　3. ABCD　4. ABCDE

5. AD 【解析】《工业企业厂界环境噪声排放标准》将《工业企业厂界噪声标准》（GB 12348—90）和《工业企业厂界噪声测量方法》（GB 12349—90）合并为一个标准，名称也相应改变了。

6. BD　7. BC

8. ABC 【解析】建筑施工是指工程建设实施阶段的生产活动，是各类建筑物的建造过程，包括基础工程施工、主体结构施工、屋面工程施工、装饰工程施工（已竣工交付使用的住宅楼进行室内装修活动除外）等。

9. BC 【解析】选项B的错误较明显，选项C的错误是“测量连续10 min的等效声级”，应为“测量连续20 min的等效声级”。施工场界噪声测量气象条件、测点位置、测量结果修正与其他噪声标准基本一致，但测量时段、背景噪声测量略有不同。

10. AD　11. BC　12. ACD　13. AC　14. AC　15. BC　16. BD　17. ACD

18. ABC 【解析】机场周围区域受飞机通过（起飞、降落、低空飞越）噪声的影响，不适用于该标准。

19. BCD 【解析】昼间最大声级限值没有规定，夜间最大声级限值有规定。

20. BD 【解析】选项 A 中的风速应小于 5 m/s，选项 C 中的前、后校准示值偏差不得大于 0.5 dB。

21. B 【解析】2 类声环境功能区标准为：昼间 60 dB，夜间 50 dB。各类声环境功能区夜间突发噪声，其最大声级超过环境噪声限值的幅度不得高于 15 dB(A)

22. C 【解析】关键是要抓住固定设备传播至噪声敏感建筑物室内。

第七章　生态影响评价技术导则与相关标准

第一节　环境影响评价技术导则　生态影响

一、单项选择题（每题的备选项中，只有一个最符合题意）

1. 根据《环境影响评价技术导则　生态影响》，位于原厂界（或永久用地）范围内的工业类改扩建项目，其生态影响评价等级为（　　）。

A. 一级　　B. 二级

C. 三级　　D. 做生态影响分析就可以

2. 某拟建工程的建设会影响到世界自然遗产地，工程占地仅为 0.8 km^2，据《环境影响评价技术导则　生态影响》，此工程的生态影响工作等级为（　　）。

A. 一级　　B. 二级　　C. 三级　　D. 四级

3. 某拟建公路长 100 km，占用人工林、荒地、部分耕地、建设用地，据《环境影响评价技术导则　生态影响》，此公路的生态影响工作等级为（　　）。

A. 一级　　B. 二级　　C. 三级　　D. 四级

4. 某拟建公路长 100 km，部分路段占用人工林、荒地，部分路段占用某森林公园，据《环境影响评价技术导则　生态影响》，此公路的生态影响工作等级为（　　）。

A. 一级　　B. 二级　　C. 三级　　D. 四级

5. 某拟建水库占地面积 2 km^2，影响区域涉及部分原始天然林，据《环境影响评价技术导则　生态影响》，此工程的生态影响工作等级为（　　）。

A. 一级　　B. 二级　　C. 三级　　D. 四级

6. 某工程的建设可能影响到自然保护区，工程占地为 10 km^2，据《环境影响评价技术导则　生态影响》，此工程的生态影响工作等级为（　　）。

A. 一级　　B. 二级　　C. 三级　　D. 四级

7. 某拟建公路长 60 km，部分路段占用人工林、荒地，部分路段会影响到某风景名胜区，据《环境影响评价技术导则　生态影响》，此公路的生态影响工作等级为（　　）。

A．一级　B．二级　C．三级　D．四级

8．某拟建项目永久占地 1.8 km^2、临时占地 0.7 km^2，该项目会影响到某地质公园，据《环境影响评价技术导则　生态影响》，此项目的生态影响工作等级为（　　）。

A．一级　B．二级　C．三级　D．四级

9．某扩建项目，原项目占地 5 km^2，扩建项目新增占地 1.6 km^2，该改扩建项目会影响到附近某天然渔场，据《环境影响评价技术导则　生态影响》，此项目的生态影响工作等级为（　　）。

A．一级　B．二级　C．三级　D．四级

10．某拟建矿山开采项目项目占地 18 km^2，需占用部分人工次生经济林和耕地，该矿山开采项目会导致耕地无法恢复，据《环境影响评价技术导则　生态影响》，此项目的生态影响工作等级为（　　）。

A．一级　B．二级　C．三级　D．四级

11．根据《环境影响评价技术导则　生态影响》，生态影响评价应能够充分体现（　　），涵盖评价项目全部活动的直接影响区域和间接影响区域。

A．区域可持续发展　B．区域的生态敏感性

C．生态完整性　D．生态功能性

12．根据《环境影响评价技术导则　生态影响》，工程分析时段应涵盖工程全过程，以（　　）为调查分析的重点。

A．勘察期和施工期　B．施工期和运营期

C．运营期和退役期　D．勘察期和运营期

13．根据《环境影响评价技术导则　生态影响》，根据评价项目自身特点、区域的生态特点以及评价项目与影响区域生态系统的相互关系，确定工程分析的重点，分析（　　）。

A．生态影响的替代方案　B．生态影响的方式

C．生态影响的施工时序　D．生态影响的源及其强度

14．根据《环境影响评价技术导则　生态影响》，生态现状调查的范围应（　　）。

A．大于评价工作的范围　B．等于评价工作的范围

C．不小于评价工作的范围　D．不大于评价工作的范围

15．根据《环境影响评价技术导则　生态影响》，（　　）评级的生态现状调查应给出用采样地样方实测、遥感等方法测定的生物量、物种多样性等数据，给出主要生物物种名录、受保护的野生动植物物种等调查资料。

A．一级　B．二级　C．三级　D．一级和二级

16．根据《环境影响评价技术导则　生态影响》，生态现状调查时，在（　　）时，应做专题调查。

A．项目投资额较大　　B．项目评价范围较大

C．有敏感生态保护目标　　D．项目评价等级大于二级以上

17．根据《环境影响评价技术导则　生态影响》，（　　）评级的生态现状调查，生物量和物种多样性调查可依据已有资料推断，或实测一定数量的、具有代表性的样方予以验证。

A．一级　　B．二级　　C．三级　　D．一级和二级

18．根据《环境影响评价技术导则　生态影响》，生态背景调查应重点调查（　　）。

A．生态系统类型、结构、功能和过程

B．相关的非生物因子特征

C．受保护的珍稀濒危物种、关键种、土著种、建群种和特有种以及天然的重要经济物种

D．主要生态问题

19．根据《环境影响评价技术导则　生态影响》，生态背景调查受保护的生物物种时，如涉及（　　）保护物种、珍稀濒危物种和地方特有物种时，应逐个或逐类说明其类型、分布、保护级别、保护状况等。

A．县级以上（含）　　B．市级以上（含）

C．国家级　　D．国家级和省级

20．根据《环境影响评价技术导则　生态影响》，对影响区域生态敏感性的调查，如涉及（　　）应逐个说明其类型、等级、分布、保护对象、功能区划、保护要求等。

A．特殊生态敏感区和重要生态敏感区

B．特殊生态敏感区

C．重要生态敏感区

D．居住区和文教、行政办公卫生区

21．根据《环境影响评价技术导则　生态影响》，生态现状调查中，对主要生态问题的调查，应调查影响区域内（　　）。

A．未来预计存在的制约本区域可持续发展的主要生态问题

B．已经存在的制约本区域可持续发展的主要生态问题

C．已经存在的制约本区域经济发展的主要生态问题

D．未来预计存在的制约本区域经济发展的主要生态问题

22．根据《环境影响评价技术导则　生态影响》，生态现状评价涉及受保护的敏感物种时，应重点分析该敏感物种的（　　）。

A．生态学特征　　B．结构　　C．变化趋势　　D．功能

23．根据《环境影响评价技术导则　生态影响》，将拟实施的开发建设活动的影响因素与可能受影响的环境因子分别列在同一张表格的行与列内。逐点进行分析，并逐条阐明影响的性质、强度等。由此分析开发建设活动的生态影响。该方法称为（　　）。

A．列表清单法　　B．图形叠置法

C．生态机理分析法　　D．网络法

24．根据《环境影响评价技术导则　生态影响》，根据建设项目的特点和受其影响的动、植物的生物学特征，依照生态学原理分析、预测工程生态影响的方法。该方法称为（　　）。

A．列表清单法　　B．图形叠置法

C．生态机理分析法　　D．景观生态学法

25．根据《环境影响评价技术导则　生态影响》，通过研究某一区域、一定时段内的生态系统类群的格局、特点、综合资源状况等自然规律，以及人为干预下的演替趋势，揭示人类活动在改变生物与环境方面的作用的方法称为（　　）。

A．列表清单法　　B．图形叠置法

C．生态机理分析法　　D．景观生态学法

26．根据《环境影响评价技术导则　生态影响》，生态影响防护与恢复的措施应按照（　　）的次序提出。

A．减缓、避让、补偿和重建　　B．避让、减缓、补偿和重建

C．减缓、补偿、重建和避让　　D．避让、补偿、减缓和重建

27．根据《环境影响评价技术导则　生态影响》，凡涉及不可替代、极具价值、极敏感、被破坏后很难恢复的敏感生态保护目标（如特殊生态敏感区、珍稀濒危物种）时，必须提出可靠的（　　）措施或生境替代方案。

A．修复　　B．补偿　　C．避让　　D．重建

28．根据《环境影响评价技术导则　生态影响》，涉及采取措施后可恢复或修复的生态目标时，也应尽可能提出（　　）措施，否则，应制订（　　）措施。

A．恢复　避让、修复和补偿　　B．避让　恢复、修复和补偿

C．修复　避让、恢复和补偿　　D．避让　恢复、修复和重建

29．根据《环境影响评价技术导则　生态影响》，对各种替代方案进行生态可行性论证后，应优先选择（　　）的替代方案。

A．生态影响最小　　B．生态影响可接受

C．生态影响最大　　D．投资估算最少

30．根据《环境影响评价技术导则　生态影响》，对各种替代方案进行生态可行性论证后，最终选定的方案至少应该是（　　）。

A．生态影响最小　B．投资估算最少的方案

C．工程量最少的方案　D．生态保护可行的方案

二、不定项选择题（每题的备选项中至少有一个符合题意）

1．根据《环境影响评价技术导则　生态影响》，生态影响评价工作分级划分是依据（　　）。

A．生态影响的程度　B．影响区域的生态敏感性

C．影响范围　D．评价项目的工程占地

2．根据《环境影响评价技术导则　生态影响》，关于生态影响评价工作分级和调整，说法正确的是（　　）。

A．评价项目的工程占地范围包含永久占地和水域，但不包括临时占地

B．改扩建工程的工程占地范围以全部占地（含水域）面积或长度计算

C．在拦河闸坝建设可能明显改变水文情势等情况下，评价工作等级应上调一级

D．在矿山开采可能导致矿区土地利用类型明显改变时，评价工作等级应上调一级

3．根据《环境影响评价技术导则　生态影响》，关于生态影响评价工作范围的确定原则，说法正确的是（　　）。

A．生态影响评价仅涵盖评价项目全部活动的直接影响区域

B．生态影响评价应能够充分体现生态完整性

C．生态影响评价范围可以影响区域所涉及的完整气候单元为参照边界

D．生态影响评价范围可以影响区域所涉及的完整地理单元界限为参照边界

4．根据《环境影响评价技术导则　生态影响》，生态评价工作范围应依据（　　）确定。

A．评价项目对生态因子的影响方式

B．评价项目对生态因子的影响程度

C．生态因子之间的相互影响

D．生态因子之间的相互影响和相互依存关系

5．根据《环境影响评价技术导则　生态影响》，关于生态影响评价工作范围的确定，说法正确的是（　　）。

A．一级为 8～30 km，二级为 2～8 km，三级为 1～2 km

B．生态影响评价具体工作范围可以参照各行业导则的规定

C．只要涵盖了评价项目全部活动的直接影响和间接影响区域就可以

D．评价工作范围可综合考虑评价项目与项目区的气候过程、水文过程、生物过程等生物地球化学循环过程的相互作用关系

6．根据《环境影响评价技术导则　生态影响》，生态影响评价工作范围可综合

考虑评价项目与项目区的气候过程、水文过程、生物过程等生物地球化学循环过程的相互作用关系，以评价项目影响区域所涉及的完整（　　）为参照边界。

A. 水文单元　　B. 生态单元

C. 地理单元界限　　D. 气候单元

7. 根据《环境影响评价技术导则　生态影响》，下列（　　）可以作为生态影响判定的依据。

A. 评价项目所在地区及相似区域生态背景值或本底值

B. 科学研究判定的生态效应

C. 评价项目实际的生态监测、模拟结果

D. 地方已颁布的资源环境保护等相关法规、政策、标准、规划和区划等确定的目标、措施与要求

8. 根据《环境影响评价技术导则　生态影响》，下列（　　）可以作为生态影响判定的依据。

A. 相关领域专家的咨询意见

B. 管理部门及公众的咨询意见

C. 已有性质、规模以及区域生态敏感性不同的项目的实际生态影响类比

D. 国家、行业已颁布的资源环境保护等相关法规、政策、标准、规划和区划等确定的目标、措施与要求

9. 根据《环境影响评价技术导则　生态影响》，下列（　　）属工程分析的内容。

A. 工程类型　　B. 生态背景调查

C. 工程的规划依据　　D. 规划环评依据

E. 环保投资

10. 根据《环境影响评价技术导则　生态影响》，下列（　　）属工程分析的内容。

A. 生态预测　　B. 工程总投资

C. 设计方案中的生态保护措施　　D. 替代方案

E. 现场布置

11. 根据《环境影响评价技术导则　生态影响》，下列（　　）属工程分析的内容。

A. 施工方式　　B. 施工时序

C. 生态现状评价　　D. 运行方式

E. 总平面布置

12. 根据《环境影响评价技术导则　生态影响》，工程分析时段应涵盖（　　）。

A. 设计期　　B. 勘察期　　C. 施工期

D. 运营期　　E. 退役期

13. 根据《环境影响评价技术导则　生态影响》，工程分析的重点应根据（　　）确定。

A. 评价项目自身特点

B. 评价项目的投资额

C. 区域的生态特点

D. 评价项目与影响区域生态系统的相互关系

14. 根据《环境影响评价技术导则　生态影响》，工程分析的重点主要应包括（　　）。

A. 可能造成重大资源占用和配置的工程行为

B. 可能产生间接、累积生态影响的工程行为

C. 与特殊生态敏感区和重要生态敏感区有关的工程行为

D. 可能产生重大生态影响的工程行为

15. 根据《环境影响评价技术导则　生态影响》，生态现状调查的内容和指标应能反映评价工作范围内的（　　）。

A. 现存的所有环境问题　　B. 生态背景特征

C. 现存的主要生态问题　　D. 环境要素背景值

16. 根据《环境影响评价技术导则　生态影响》，一级评价生态现状调查应做（　　）工作。

A. 通过实测、遥感等方法测定采样地样方的生物量

B. 可依据已有资料推断采样地样方的物种多样性数据

C. 给出主要生物物种名录

D. 给出受保护的野生动植物物种

17. 根据《环境影响评价技术导则　生态影响》，二级评价生态现状调查应做（　　）工作。

A. 物种多样性调查可依据已有资料推断，但生物量要实测

B. 生物量和物种多样性调查可实测一定数量的、具有代表性的样方予以验证推断的结果

C. 生物量调查可依据已有资料推断，但物种多样性要实测

D. 生物量和物种多样性调查可依据已有资料推断

18. 根据《环境影响评价技术导则　生态影响》，三级评价生态现状调查的最低要求是（　　）。

A. 生物量和物种多样性调查可依据已有资料推断

B. 实测一定数量的、具有代表性的样方说明样方地的生物量和植被类型

C. 实测一定数量的、具有代表性的样方说明样方地的生物量

D. 可充分借鉴已有资料进行说明

19. 根据《环境影响评价技术导则　生态影响》，生态背景调查主要调查影响区域内的（　　）。

A. 生态系统

B. 相关非生物因子特征

C. 主要生态问题

D. 受保护的生物物种，特别是保护物种

E. 特殊生态敏感区和重要生态敏感区

20. 根据《环境影响评价技术导则　生态影响》，生态背景调查受保护的生物物种时，（　　）需调查。

A. 珍稀濒危物种　　B. 关键种

C. 建群种和特有种　　D. 土著种

E. 天然的重要经济物种

21. 根据《环境影响评价技术导则　生态影响》，对涉及特殊生态敏感区和重要生态敏感区的调查，应逐个说明其（　　）。

A. 类型、等级　　B. 保护对象　　C. 分布

D. 保护要求　　E. 功能区划

22. 根据《环境影响评价技术导则　生态影响》，对涉及国家级和省级保护物种、珍稀濒危物种和地方特有物种时的调查，应逐个或逐类说明其（　　）。

A. 类型、分布　　B. 保护级别　　C. 保护对象

D. 保护状况　　E. 功能区划

23. 根据《环境影响评价技术导则　生态影响》，对于主要现状生态问题调查，应指出其（　　）。

A. 类型　　B. 发生特点　　C. 成因

D. 空间分布　　E. 功能区划

24. 根据《环境影响评价技术导则　生态影响》，生态现状调查中，下列（　　）属主要生态问题的调查。

A. 水土流失、泥石流　　B. 沙漠化、石漠化

C. 自然灾害　　D. 盐渍化

E. 生物入侵和污染危害

25. 根据《环境影响评价技术导则　生态影响》，下列（　　）属生态现状评价的主要内容。

A．分析影响区域内生态系统状况的主要原因

B．通过分析影响作用的方式、范围、强度和持续时间来判别生态系统受影响的范围、强度和持续时间

C．评价生态系统的结构与功能状况

D．生态系统面临的压力和存在的问题

E．生态系统的总体变化趋势

26．根据《环境影响评价技术导则　生态影响》，下列（　　）属生态现状评价的主要内容。

A．分析和评价受影响区域内动、植物等生态因子的现状组成、分布

B．评价区域涉及特殊生态敏感区或重要生态敏感区时，应分析其存在的问题等

C．评价区域涉及受保护的敏感物种时，应重点分析该敏感物种的生态学特征

D．评价区域涉及特殊生态敏感区或重要生态敏感区时，应分析其生态现状、保护现状等

E．预测评价项目对区域现存主要生态问题的影响趋势

27．根据《环境影响评价技术导则　生态影响》，预测生态系统组成和服务功能的变化趋势，应重点关注其中的（　　）。

A．不利影响　　B．不可逆影响

C．累积生态影响　　D．短期影响

28．根据《环境影响评价技术导则　生态影响》，对敏感生态保护目标的影响评价应在明确保护目标的性质、特点、法律地位和保护要求的情况下，分析评价项目的（　　）。

A．影响方式　　B．影响途径

C．预测潜在的后果　　D．影响程度

29．根据《环境影响评价技术导则　生态影响》，下列（　　）属生态影响预测与评价的内容。

A．通过分析影响作用的方式、范围、强度和持续时间来判别生态系统受影响的范围、强度和持续时间

B．预测生态系统组成和服务功能的变化趋势

C．预测评价项目对区域现存主要生态问题的影响趋势

D．敏感生态保护目标的影响评价应在明确保护目标的性质、特点、法律地位和保护要求的情况下，分析评价项目的影响途径、影响方式和影响程度，预测潜在的后果

30．根据《环境影响评价技术导则　生态影响》，生态影响预测与评价的常用

方法包括（　　）。

A．列表清单法　　B．图形叠置法
C．生态机理分析法　　D．景观生态学法
E．指数法与综合指数法

31．根据《环境影响评价技术导则　生态影响》，生态影响预测与评价的常用方法包括（　　）。

A．生物多样性评价法　　B．矩阵法
C．系统分析法　　D．类比分析法
E．网络法

32．根据《环境影响评价技术导则　生态影响》，图形叠置法有两种基本制作手段，即（　　）。

A．系统分析法　　B．3S 叠图法
C．指标法　　D．遥感调查法

33．根据《环境影响评价技术导则　生态影响》，下列关于生态现状评价制图的基本要求和方法，说法正确的是（　　）。

A．生态影响评价制图的工作精度一般不低于工程可行性研究制图精度
B．当涉及敏感生态保护目标时，应分幅单独成图，以提高成图精度
C．生态影响评价图件应符合专题地图制图的整饰规范要求
D．当成图范围过小时，可采用点线面相结合的方式，分幅成图

34．根据《环境影响评价技术导则　生态影响》，列表清单法主要应用于（　　）。

A．主要用于区域生态质量评价和影响评价
B．进行物种或栖息地重要性或优先度比选
C．进行生态保护措施的筛选
D．进行开发建设活动对生态因子的影响分析

35．根据《环境影响评价技术导则　生态影响》，图形叠置法主要应用于（　　）。

A．主要用于区域生态质量评价和影响评价
B．用于土地利用开发和农业开发中
C．用于具有区域性影响的特大型建设项目评价中
D．进行物种或栖息地重要性或优先度比选

36．根据《环境影响评价技术导则　生态影响》，关于生态影响的防护、恢复与补偿原则，说法正确的是（　　）。

A．涉及采取措施后可恢复或修复的生态目标时，尽可能先提出恢复措施
B．所采取的防护与恢复措施的效果应有利修复和增强区域生态功能
C．各项生态保护措施应按项目实施阶段分别提出

D．各项生态保护措施要提出实施时限和估算经费

37．根据《环境影响评价技术导则　生态影响》，凡涉及不可替代、极具价值、极敏感、被破坏后很难恢复的敏感生态保护目标（如特殊生态敏感区、珍稀濒危物种）时，必须提出可靠的（　　）。

A．补偿措施　　B．避让措施

C．生境替代方案　　D．重建措施

38．根据《环境影响评价技术导则　生态影响》，项目中替代方案的类型包括（　　）。

A．项目的组成和内容替代方案　　B．选线、选址替代方案

C．施工和运营方案的替代方案　　D．工艺和生产技术的替代方案

E．生态保护措施的替代方案

39．根据《环境影响评价技术导则　生态影响》，生态保护措施的基本内容应包括（　　）。

A．保护对象和目标　　B．内容、规模及工艺

C．实施空间和时序　　D．替代方案

40．根据《环境影响评价技术导则　生态影响》，生态保护措施的基本内容应包括（　　）。

A．保障措施和预期效果分析　　B．绘制生态保护措施平面布置示意图

C．典型措施设施施工图　　D．环境保护投资概算

参考答案

一、单项选择题

1．D

2．A　【解析】自然保护区、世界文化和自然遗产地属特殊生态敏感区。属特殊生态敏感区的项目，不管工程占地多大，评价等级都为一级。

3．B　【解析】从题干可知，影响的区域为一般区域。一般区域的长度以100 km为分界线，≥100 km为二级，其余长度都为三级。

4．A　【解析】从题干可知，森林公园属重要生态敏感区，其他区域为一般区域。对照“生态影响评价工作等级划分表”，如果按一般区域分级，应为二级，如果按重要生态敏感区分级应为一级。“当工程占地（含水域）范围的面积或长度分别属于两个不同评价工作等级时，原则上应按其中较高的评价工作等级进行评价。”因此，本项目应为一级。

5．C　【解析】原始天然林属重要生态敏感区，对照“生态影响评价工作等级

划分表”，评级等级为三级。

6. A

7. B　【解析】风景名胜区属重要生态敏感区。对于“特殊生态敏感区”“重要生态敏感区”“一般区域”的界定，需熟悉。另外，《环境影响评价技术导则　生态影响》与《建设项目环境影响评价分类管理名录》（2015年第33号令）中界定的环境敏感区是有所差异的，注意区别。《建设项目环境影响评价分类管理名录》中的“基本农田保护区、基本草原、资源型缺水地区、水土流失重点防治区、沙化土地封禁保护区、封闭及半封闭海域、富营养化水域”未列入重要生态敏感区的范畴。

8. B　【解析】评价项目的工程占地括永久占地和临时占地，共2.5 km^2，地质公园属重要生态敏感区，对照“生态影响评价工作等级划分表”，评级等级为二级。“生态影响评价工作等级划分表”中只有四个数据要记住，面积中的“2”“20”，长度中的“50”“100”，同时要注意“≤”“≥”。

9. C　【解析】天然渔场属重要生态敏感区，改扩建工程的工程占地范围以新增占地面积或长度计算。对照“生态影响评价工作等级划分表”，评级等级为三级。

10. B　【解析】从占用土地来看，影响的区域为一般区域，对照“生态影响评价工作等级划分表”，评价等级为三级。但“在矿山开采可能导致矿区土地利用类型明显改变，或拦河闸坝建设可能明显改变水文情势等情况下，评价工作等级应上调一级”，该矿山开采导致耕地无法恢复，土地利用类型明显改变，因此，该项目评价等级为二级。

11. C　12. B　13. D　14. C　15. A　16. C　17. B　18. C　19. D　20. A　21. B　22. A　23. A　24. C　25. D　26. B　27. C　28. B　29. A

30. D　【解析】优先选择生态影响最小的方案，不一定是最终选定的方案。最终选定的方案不一定是生态影响最小的方案，但至少应该是生态保护可行的方案。

二、不定项选择题

1. BD　【解析】选项A和C是旧导则的划分依据。

2. CD　【解析】评价项目的工程占地范围，包含水域，也包括永久占地和临时占地；改扩建工程的工程占地范围以新增占地（含水域）面积或长度计算。生态影响评价工作等级没有下调一级的说法。

3. BCD　【解析】生态影响评价工作范围要涵盖评价项目全部活动的直接影响区域和间接影响区域。直接影响是指经济社会活动所导致的不可避免的、与该活动同时同地发生的生态影响，比如工程施工占地、植被破坏等。而间接影响是指经济社会活动及其直接影响所诱发的、与该活动不在同一地点或不在同一时间发生的生态影响。比如大型水库建设可能诱发上游地区出现的地质灾害等。由于其发生的异地性或滞后性，往往不容易观测、监测或察觉到，需要借助于以往项目类比或经验的积累来判断。

4. ABCD

5. BCD　【解析】选项A为旧导则的评价范围界定。

6. ABCD　【解析】气候单元、水文单元、生态单元、地理单元界限的尺度较大，一般项目还不至于依据如此大尺度的单元来划分评价范围，比较适用于规划或战略环境影响评价中的生态影响评价范围的确定。

7. ABCD　8. ABD　9. ACDE　10. BCDE

11. ABDE　【解析】工程分析内容应包括的内容较多，上述几个题目中，常见的未列出选项，仅列出考生容易忽视的内容。

12. BCDE　13. ACD　14. ABCD　15. BC

16. ACD　【解析】一级评价的物种多样性数据也应通过实测、遥感等方法测定。

17. BD

18. D　【解析】考试时也会出现一个答案的不定项选择题，需引起考生的注意。

19. ABDE

20. ABCDE　【解析】对于调查受保护的生物物种，如涉及国家级和省级保护物种、珍稀濒危物种和地方特有物种时，应逐个或逐类说明其类型、分布、保护级别、保护状况等。

21. ABCDE

22. ABD　【解析】注意保护物种的调查主要是4个方面（类型、分布、保护级别、保护状况）；而生态敏感区域的调查主要是6个方面（类型、分布、等级、保护对象、功能区划、保护要求）。两者的调查要求的共同点都是逐个或逐类说明。

23. ABCD　24. ABCDE

25. ACDE　【解析】选项B为生态预测的内容。

26. ABCD　【解析】选项E为生态预测的内容。敏感物种的生态学特征主要是通过收集资料、咨询有关专家，充分利用前人的研究成果获得。

27. ABC　28. ABCD　29. ABCD　30. ABCDE

31. ACD　【解析】常用的方法包括列表清单法、图形叠置法、生态机理分析法、景观生态学法、指数法与综合指数法、类比分析法、系统分析法和生物多样性评价等。

32. BC　33. ABC

34. BCD　【解析】选项A是图形叠置法的应用范畴。

35. ABC　【解析】选项D是列表清单法的应用范畴。图形叠置法主要应用于区域性、大规模的开发活动，大型水利枢纽工程、新能源基地建设、矿业开发项目等。

36. BCD 37. BC 38. ABCDE 39. ABC

40. ABD 【解析】典型措施设施工艺图是需要的，但施工图在环评阶段还不需要。生态保护措施的基本内容应包括6个方面。

第二节 土壤环境质量

一、单项选择题（每题的备选项中，只有一个最符合题意）

1. 一级土壤环境标准是为（ ）规定的土壤环境质量的限制值。

A. 维持自然背景水平

B. 保障对植物正常生长环境不造成危害和污染

C. 维护人体健康

D. 保障农林业生产

2. 土壤环境质量分类中，Ⅰ类土壤主要适用于（ ）。

A. 果园　　B. 林地

C. 集中式生活饮用水水源地　　D. 蔬菜地

3. 对某铅锌矿项目进行环境影响评价时，该矿区附近农田应执行《土壤环境质量标准》中（ ）级标准。

A. 一　　B. 二　　C. 三　　D. 四

4. 根据《土壤环境质量标准》对土壤环境质量的分类，下列属于Ⅲ类土壤的是（ ）。

A. 茶园　　B. 牧场　　C. 林地　　D. 蔬菜地

5. 根据《土壤环境质量标准》，位于基本农田区的某无公害蔬菜生产基地土壤环境质量应执行的标准是（ ）级。

A. 一　　B. 二　　C. 三　　D. 四

6. 根据《土壤环境质量标准》，一般农田土壤环境质量应符合的类别是（ ）类。

A. Ⅰ　　B. Ⅱ　　C. Ⅲ　　D. Ⅳ

7. 某果园附近分布有大片蔬菜地。根据《土壤环境质量标准》，该果园土壤应执行的土壤环境质量标准是（ ）级。

A. 一　　B. 二　　C. 三　　D. 四

8．Ⅲ类土壤环境质量基本上（　　）。

A．对植物和环境有少量危害和污染　　B．保持自然背景高水平

C．对植物和环境不造成危害和污染　　D．保持自然背景水平

9．土壤质量基本上对植物和环境不造成危害和污染，此类土壤属（　　）。

A．Ⅰ类　　B．Ⅱ类　　C．Ⅲ类　　D．Ⅱ类或Ⅲ类

10．Ⅰ类土壤环境质量基本上（　　）。

A．对植物和环境有少量危害和污染　　B．保持自然背景低水平

C．对植物和环境不造成危害和污染　　D．保持自然背景水平

11．土壤环境质量一级标准是为保护区域自然生态，（　　）的土壤环境质量的限制值。

A．保障农业生产　　B．维护人体健康

C．维持自然背景　　D．保障农林业生产和植物正常生长

12．土壤环境质量三级标准是为（　　）的土壤临界值。

A．保障农业生产　　B．维护人体健康

C．维持自然背景　　D．保障农林业生产和植物正常生长

13．土壤环境质量二级标准是为保障农业生产，（　　）的土壤临界值。

A．保障工业生产　　B．维护人体健康

C．维持自然背景　　D．保障农林业生产和植物正常生长

14．为保障农林业生产和植物正常生长的土壤临界值，此级标准是（　　）。

A．一级标准　　B．二级标准

C．三级标准　　D．四级标准

二、不定项选择题（每题的备选项中至少有一个符合题意）

1．Ⅱ类土壤主要适用于一般农田、（　　）等土壤，土壤质量基本上对植物和环境不造成危害和污染。

A．集中式生活饮用水水源地　　B．蔬菜地

C．果园　　D．茶园　　E．牧场

2．Ⅰ类土壤主要适用于国家规定的（　　）和其他保护地区的土壤，土壤质量基本保持自然背景水平。

A．集中式生活饮用水水源地　　B．原有背景重金属含量低的自然保护区

C．牧场　　D．茶园

E．原有背景重金属含量高的自然保护区

3．Ⅲ类土壤主要适用于（　　），土壤质量基本上对植物和环境不造成危害和污染。

A．污染物容量较大的高背景值土壤

B．一般农田

C．林地土壤

D．矿产附近等地的农田土壤（蔬菜地除外）

4．土壤环境质量二级标准是为（　　）的土壤临界值。

A．保障农业生产　　B．维护人体健康

C．维持自然背景　　D．保障农林业生产和植物正常生长

5．以下用地属于《土壤环境质量标准》Ⅱ类区的有（　　）。

A．一般农田　　B．矿产附近农田

C．矿产附近蔬菜地　　D．集中式生活饮用水水源地

参考答案

一、单项选择题

1．A　2．C　3．C　4．C　5．B　6．B　7．B　8．C　9．D　10．D　11．C　12．D　13．B　14．C

二、不定项选择题

1．BCDE　2．ABCD　3．ACD　4．AB　5．AC

第八章　开发区区域环境影响评价技术导则

一、单项选择题（每题的备选选项中，只有一个最符合题意）

1. 以下开发建设活动，应按照《开发区区域环境影响评价技术导则》开展环境影响评价的是（　　）。

A. 建设保税区　　B. 建设商务中心

C. 建设铜冶炼厂　　D. 建设 60 万 t/a 甲醇厂

2. 在下列污染物中，未列入《开发区区域环境影响评价技术导则》中大气污染物总量控制指标的是（　　）。

A. 烟尘　　B. 粉尘

C. 二氧化硫　　D. 氮氧化物（以二氧化氮计）

3. 依据《开发区区域环境影响评价技术导则》，在开发区活动环境影响识别中，对于小规模开发区，以下表述正确的是（　　）。

A. 仅考虑对区内环境的影响

B. 主要考虑对区外环境的影响

C. 需要同时考虑对区内区外环境的影响

D. 主要考虑对区内环境的影响，同时根据情况考虑对区外环境的影响

4. 某机械加工（非精密加工）工业园区占地 5 km^2，无需集中供热，根据《开发区区域环境影响评价技术导则》，以下内容可不纳入该工业园区环境空气影响分析与评价主要内容的是（　　）。

A. 开发区能源结构及其环境空气影响分析

B. 集中供热厂的污染源排放情况及对环境质量的影响预测与分析

C. 工艺尾气排放方式、污染物种类、排放量、控制措施及其环境影响分析

D. 区外环境主要污染源对区内环境空气质量的影响分析

5. 根据《开发区区域环境影响评价技术导则》，进行开发区规划的环境可行性综合论证时，以下不需要考虑的是（　　）。

A. 总体布局的合理性　　B. 环境保护目标的可达性

C. 经济增长速度　　D. 产业结构的合理性

6. 根据《开发区区域环境影响评价技术导则》，进行规划方案分析时，从环境

影响的角度可以不进行分析的是（　　）。

A. 开发区总体布局

B. 各规划之间的协调性

C. 土地利用的生态适宜度

D. 开发区内具体项目装置配置的合理性

7. 某化工园区位于松花江流域，根据《开发区区域环境影响评价技术导则》，以下所排放的污染物中应作为总量控制指标因子的是（　　）。

A. SS　　B. pH　　C. 硝基苯　　D. 全盐量

8. 开发区的污染源分析中，鉴于规划实施的时间跨度较长并存在一定的不确定因素，污染源分析以（　　）为主。

A. 近期　　B. 中期　　C. 远期　　D. 中远期

9. 对于开发区规划可能影响区域噪声功能达标的，应考虑采取（　　）设置噪声隔离带等措施。

A. 临时性车辆管制　　B. 禁止夜间施工

C. 调整规划布局　　D. 个人防噪声设备

10. 为计算开发区大气环境容量，对所涉及的区域要进行环境功能区划，确定各功能区的（　　）。

A. 污染物排放总量　　B. 大气排放浓度

C. 环境空气质量标准　　D. 大气最大允许排放浓度

11. 涉及大量征用土地和移民搬迁，或可能导致原址居民生活方式、工作性质发生大的变化的开发区规划，环评中需设置（　　）分析专题。

A. 农业环境影响　　B. 土地利用变化

C. 基本农田及土地环境质量　　D. 社会影响

12. 在开发区区域环境影响评价中，对拟议的开发区各规划方案进行综合论证时，其中（　　）不属于综合论证的重点。

A. 功能区划　　B. 产业结构与布局

C. 环保设施建设　　D. 监测布点方案

13. 区域环评中，对于拟接纳开发区污水的水体，应根据（　　）水质标准要求，选择适当的水质模型分析确定水环境容量。

A. 建设单位上级部门提出的　　B. 建设单位提出的

C. 环境功能区划所规定的　　D. 环评单位建议的

14. 在开发区区域环境影响评价中，进行大气环境影响减缓措施分析时，重点是对（　　）进行多方案比较。

A. 排放口在线监测技术　　B. 煤的集中转换及其集中转换技术

C．区内各企业脱硫除尘技术　　　　D．太阳能及风力发电技术

15．按《开发区区域环境影响评价技术导则》的要求，水环境影响减缓措施应重点考虑（　　），深度处理与回用系统，以及废水排放的优化布局和排放方式的选择。

A．污水计量系统　　　　B．污水集中处理

C．后期雨水系统　　　　D．清净下水系统

16．开发区区域环境影响评价重点之一是要分析确定开发区主要相关环境介质的（　　），研究提出合理的污染物排放总量控制方案。

A．排放标准　　　　B．污染物排放量

C．环境容量　　　　D．环境保护方案

17．某设区的市建设高新技术开发区，依据《开发区区域环境影响评价技术导则》，以下可不列入“环境影响评价重点”的是（　　）。

A．确定该开发区主要相关环境介质的环境容量

B．该市A产业结构与布局环境影响分析论证

C．该开发区集中供热方案的环境可行性论证

D．识别该开发区区域开发活动产生的主要环境影响因素

18．《开发区区域环境影响评价技术导则》中“开发区区域环境影响评价实施方案”的基本内容不包括（　　）。

A．开发区规划简介

B．污染物排放总量控制方案

C．开发区及其周边地区的环境状况

D．规划方案的初步分析

19.《开发区区域环境影响评价技术导则》中“开发区规划方案初步分析”的内容应包括（　　）。

A．开发区污染物排放总量控制方案合理性分析

B．开发区规划目标的协调性分析

C．开发区环境现状调查结果分析

D．公众参与分析

20．依据《开发区区域环境影响评价技术导则》，以下符合开发区水环境容量与污染物总量控制要求的是（　　）。

A．总量控制因子应包括COD、TN、TP

B．总量控制因子的确定应考虑当地降水量

C．根据开发区技术经济条件确定水环境允许排放总量

D．根据《污水综合排放标准》制定水污染物总量控制方案

21．《开发区区域环境影响评价技术导则》中“对开发区规划的环境可行性进

行综合论证”的内容不包括（　　）。

A．开发区开发性质的合理性

B．开发区总体布局的合理性

C．开发区环境功能区划的合理性

D．开发区土地利用的生态适宜度

22．下列规划适用《开发区区域环境影响评价技术导则》的是（　　）。

A．省级交通规划　　B．化工企业发展规划

C．某旅游度假区规划　　D．自然保护区规划

23．根据《开发区区域环境影响评价技术导则》，（　　）不属于开发区生产力配置基本要素。

A．气候条件　　B．人力资源

C．矿产或原材料资源　　D．区域内各项目设备配置

24．开发规划目标的协调性分析是指按（　　）规划要素，逐项比较分析开发区规划与所在区域总体规划、其他专项规划、环境保护规划的协调性。

A．主要的　　B．部分　　C．所有的　　D．次要的

25．开发规划目标的协调性分析可采用（　　）说明开发区规划发展目标及环境目标，与所在区域规划目标及环境保护目标的协调性。

A．矩阵的方式　　B．列表的方式

C．数学分析法　　D．系统分析法

26．开发规划目标的协调性分析是指按主要的规划要素，逐项比较分析开发区规划与所在区域总体规划、其他专项规划、（　　）的协调性。

A．环境保护规划　　B．土地利用规划

C．城市总体规划　　D．国土规划

27．涉及大量征用土地、移民搬迁或可能导致原址居民生活方式、工作性质发生大的变化的开发区规划，需设置（　　）。

A．环境现状调查和评价专题　　B．公众参与专题

C．社会影响分析专题　　D．规划方案分析专题

28．区域环境现状调查和评价时，要概述区域环境保护规划和主要环境保护目标和指标，分析区域存在的主要环境问题，并以（　　）列出可能对区域发展目标、开发区规划目标形成制约的关键环境因素或条件。

A．表格形式　　B．定量形式

C．方框图的形式　　D．数学模式计算后

29．开发区确定的大气污染物总量控制指标主要是（　　）。

A．NO_2、粉尘、SO_2　　B．烟尘、NO_2、SO_2

C．烟尘、粉尘、SO_2　　D．烟尘、PM_{10}、SO_2

30．开发区大气环境容量是指满足环境质量目标的前提下污染物的（　　）。

A．最佳排放总量　　B．最小排放总量

C．允许排放总量　　D．排放总量

31．大气环境容量与污染物总量控制要结合开发区规划分析和污染控制措施，提出区域环境容量利用方案和（　　）污染物排放总量控制指标。

A．远期　　B．近期　　C．中期　　D．长远

32．对拟接纳开发区污水的水体，下列（　　）情况原则上不要求确定水环境容量。

A．近海水域　　B．海湾

C．常年径流的湖泊　　D．季节性河流

33．对开发区水环境容量与废水排放总量，如预测的各项总量值均低于基于技术水平约束下的总量控制和基于水环境容量的总量控制指标，可选择（　　）的指标提出总量控制方案。

A．最大　　B．中间　　C．其中之一　　D．最小

34．当开发区土地利用的生态适宜度较低或区域环境敏感性较高时，应考虑（　　）的大规模、大范围调整。

A．选址　　B．规划目标　　C．总体发展规模　　D．产业结构

35．当开发区发展目标受区外重大污染源影响较大时，在不能进行选址调整时，要提出对（　　）进行调整的计划方案，并建议将此计划纳入开发区总体规划之中。

A．规划目标　　B．规划布局

C．区外环境污染控制　　D．环保基础设施建设

36．一般情况下，开发区边界应与外部较敏感地域保持一定的（　　）距离。

A．绿化防护　　B．空间防护　　C．安全防护　　D．卫生防护

37．开发区大气环境影响减缓措施应从改变能流系统及能源转换技术方面进行分析，重点是（　　）的集中转换以及煤的集中转换技术的多方案比较。

A．石油　　B．重油　　C．煤　　D．能源

38．开发区对典型工业行业，可根据清洁生产、循环经济原理从原料输入、工艺流程、产品使用等方面进行分析，提出（　　）与减缓措施。

A．替代方案　　B．治理方案　　C．改进方案　　D．防治对策

二、不定项选择题（每题的备选项中至少有一个符合题意）

1．《开发区区域环境影响评价技术导则》适用于经济技术开发区、高新技术产业开发区、（　　）等类似区域开发的环境影响评价的一般性原则、内容、方

法和要求。

A．旅游度假区　　B．城市总体规则

C．边境经济合作区　　D．保税区

E．工业园区

2．根据《开发区区域环境影响评价技术导则》，开发区环境影响评价需设置社会影响评价专题的有（　　）的开发区规划。

A．涉及大量征用土地和移民搬迁

B．开发建设和经济发展较快

C．可能导致原址居民生活方式、工作性质发生大的变化

D．各类资源消耗较大

3．依据《开发区区域环境影响评价技术导则》，在提出开发区污染物总量控制方案工作内容要求时，应考虑到对（　　）的原则要求。

A．集中供热　　B．污水集中处理排放

C．生活垃圾的分类、回收与处置　　D．固体废物分类处置

4．根据《开发区区域环境影响评价技术导则》，区域污染源分析的主要因子应满足的要求有（　　）。

A．国家规定的重点控制污染物

B．地方政府规定的重点控制污染物

C．开发区规划中确定的主导行业或重点行业的特征污染物

D．当地环境介质最为敏感的污染因子

5．根据《开发区区域环境影响评价技术导则》，确定开发区大气环境容量需要考虑的因素有（　　）。

A．确定所涉及区域各功能区环境质量目标及环境质量达标情况

B．开发区与所在区域的经济承受能力

C．当地地形与气象条件

D．适当的环境容量计算方法

6．根据《开发区区域环境影响评价技术导则》，以下属于区域环境状况调查和评价内容的有（　　）。

A．地下水开采现状　　B．土壤环境质量现状

C．环境保护目标分布　　D．区域居民饮用水来源与质量

E．水土流失现状

7．适用《开发区区域环境影响评价技术导则》的包括（　　）。

A．北京市海淀区交通规划环境影响评价

B．海港保税区环境影响评价

C．边境经济合作区环境影响评价

D．上海市 2010—2020 年轨道交通网规划环境影响评价

8．根据《开发区区域环境影响评价技术导则》，开发区目标协调性分析包括的内容有（　　）。

A．与环境保护规划的协调性　　B．与农业发展规划的协调性

C．与环境功能区划的协调性　　D．与所在区域总体规划的协调性

9．根据．《开发区区域环境影响评价技术导则》，下列因子中，属于开发区总量控制指标的有（　　）。

A．粉尘　　B．二氧化氮

C．总磷　　D．受纳水体最为敏感的特征因子

10．根据《开发区区域环境影响评价技术导则》，需要对产生的生态影响制定补偿措施的有（　　）。

A．需要保护的敏感地区　　B．恢复速度较慢的自然资源

C．普遍存在的再生周期短可恢复的资源　　D．需要保护的生物物种分布区

11．《开发区区域环境影响评价技术导则》适用于经济技术开发区、（　　）等区域开发，以及工业园区等类似区域开发的环境影响评价。

A．保税区　　B．边境经济合作区　　C．旅游度假区

D．自然保护区　　E．高新技术产业开发区

12．开发区区域环境影响评价重点包括（　　）。

A．从环境保护角度论证开发区环境保护方案，包括污染集中治理设施的规模、工艺和布局的合理性，优化污染物排放口及排放方式

B．对拟议的开发区各规划方案进行环境影响分析比较和综合论证，提出完善开发区规划的建议和对策

C．识别开发区的区域开发活动可能带来的主要环境影响，以及可能制约开发区发展的环境因素

D．分析确定开发区主要相关环境介质的环境容量，研究提出合理的污染物排放总量控制方案

E．公众参与

13．一般情况，下列不是开发区环境影响评价实施方案的基本内容有（　　）。

A．开发区规划简介　　B．开发区污染源分析

C．开发区及其周边地区的环境状况　　D．规划方案的初步分析

E．环境容量与污染物排放总量控制

14．一般情况，下列（　　）是开发区环境影响评价实施方案的基本内容。

A．评价专题的设置和实施方案

B．开发活动环境影响识别和评价因子选择

C．评价范围和评价标准

D．公众参与

E．规划方案的初步分析

15．开发区规划方案初步分析的内容包括（　　）。

A．开发区选址的合理性分析　　B．开发区规划目标的协调性分析

C．开发区总体规划的综合论证　　D．开发区能源结构分析

16．开发区选址的合理性分析是根据（　　）分析开发区规划选址的优势和制约因素。

A．开发区规模　　B．开发区性质

C．发展目标　　D．生产力配置基本要素

17．开发区区域环境评价专题的设置要体现区域环评的特点，突出（　　）等涉及全局性、战略性内容。

A．规划的合理性分析和规划布局论证　　B．排污口优化

C．集中供热（汽）　　D．环境容量和总量控制

E．能源清洁化

18．下列（　　）属区域环境现状调查和评价的内容。

A．区域空气环境质量状况　　B．地表水和地下水环境质量状况

C．土地利用类型和分布情况　　D．区域声环境状况

E．环境敏感区分布和保护现状

19．规划方案分析应将开发区规划方案放在区域发展的层次上进行合理性分析，突出（　　）。

A．开发区投入产出的合理性　　B．开发区总体发展目标

C．开发区布局的合理性　　D．开发区环境功能区划的合理性

20．开发区总体布局及区内功能分区的合理性分析包括（　　）。

A．分析开发区规划确定的区内各功能组团的性质

B．分析开发区规划确定的区内各功能组团与相邻功能组团的边界和联系

C．根据开发区选址合理性分析确定的基本要素，分析开发区内各功能组团的发展目标和各组团间的优势与限制因子

D．分析各组团间的功能配合以及现有的基础设施及周边组团设施对该组团功能的支持

E．合理性分析可采用列表的方式说明开发区规划发展目标和各功能组团间的相容性

21．开发区规划与所在区域发展规划的协调性分析是将开发区所在区域的

（　　）与开发区规划作详细对比，分析开发区规划是否与所在区域的总体规划具有相容性。

A．总体规划　　B．布局规划
C．国土规划　　D．环境功能区划

22．环境功能区划的合理性分析包括（　　）。

A．对比开发区规划和开发区所在区域布局规划中对开发区内各分区或地块的环境功能要求
B．对比开发区规划和开发区所在区域总体规划中对开发区内各分区或地块的环境功能要求
C．分析开发区环境功能区划和开发区所在区域总体环境功能区划的异同点
D．根据环境功能区划的分析结果，对开发区规划中不合理的环境功能分区提出改进建议

23．开发区规划方案分析的内容包括（　　）。

A．环境功能区划的合理性分析
B．开发区土地利用的生态适宜度分析
C．开发区规划与所在区域发展规划的协调性分析
D．开发区总体布局及区内功能分区的合理性分析
E．据规划方案综合论证的结果，提出减缓环境影响的调整方案和污染控制措施与对策

24．开发区确定大气污染物总量控制指标主要是（　　）。

A．NO_2　　B．烟尘　　C．粉尘　　D．SO_2

25．开发区在提出污染物总量控制方案的工作内容要求时，应考虑（　　）的原则要求。

A．集中供热　　B．污水集中处理排放
C．固体废物分类处置　　D．集中供水

26．开发区大气污染物总量控制主要内容有（　　）。

A．结合开发区规划分析和污染控制措施，提出区域环境容量利用方案和近期污染物排放总量控制指标
B．对涉及的区域进行环境功能区划，确定各功能区环境空气质量目标
C．根据环境质量现状，分析不同功能区环境质量达标情况
D．结合当地地形和气象条件，选择适当方法，确定开发区大气环境容量
E．选择总量控制指标：烟尘、粉尘、SO_2

27．分析评价开发区规划实施对生态环境的影响时，对于预计可能产生的显著不利影响，要求从（　　）等方面提出和论证实施生态环境保护措施的基本框架。

A．恢复　　B．补偿　　C．保护　　D．建设

28．开发区规划综合论证的内容包括（　　）。

A．开发区经济效益的可达性

B．开发区环境功能区划的合理性和环境保护目标的可达性

C．开发区总体布局的合理性

D．开发区总体发展目标的合理性

E．开发区土地利用的生态适宜度分析

29．开发区区域开发，主要的环境保护对策包括对开发区（　　）的调整方案。

A．规划目标　　B．规划布局　　C．总体发展规模

D．产业结构　　E．环保基础设施建设

30．开发区水环境影响减缓措施应重点考虑（　　）。

A．污水集中处理　　B．深度处理与回用系统

C．废水排放的优化布局　　D．废水排放方式的选择

E．污水土地处理

参考答案

一、单项选择题

1. A　2. D　3. B　4. B　5. C　6. D　7. C　8. A　9. C　10. C　11. D　12. D　13. C　14. B　15. B　16. C　17. B

18. B　【解析】实施方案相当于大纲编制，污染物排放总量控制方案属报告书内容。

19. B　20. A　21. A　22. C

23. D　【解析】开发区生产力配置有12个基本要素。

24. A　25. B　26. A　27. C　28. A　29. C　30. C　31. B　32. D　33. D　34. A　35. C　36. B　37. C　38. A

二、不定项选择题

1. ACDE　【解析】选项B属规划环评的范畴。

2. AC　3. ABD　4. ABCD

5. ACD　【解析】方法不同，计算的结果不同，因此，是考虑的因素。

6. ABCD　【解析】水土流失现状属于生态现状调查内容。

7. BC　【解析】选项A和D属规划环评的范畴。

8. ABCD

9. ACD　【解析】该导则的总量控制指标与国家“十二五”环保规划的总量指标有所不同。

10. ABD　11. ABCE　12. ABCD

13. BE　【解析】环境影响评价实施方案的基本内容一般包括六点：① 开发区规划简介。② 开发区及其周边地区的环境状况。③ 规划方案的初步分析。④ 开发活动环境影响识别和评价因子选择。⑤ 评价范围和评价标准。⑥ 评价专题的设置和实施方案。

14. ABCE　15. AB

16. BCD　【解析】开发区生产力配置一般有12个基本要素，即土地、水资源、矿产或原材料资源、能源、人力资源、运输条件、市场需求、气候条件、大气环境容量、水环境容量、固体废物处理处置能力、启动资金。

17. ABCDE　18. ABCDE　19. BCD　20. ABCDE　21. ABD　22. BCD　23. ABCDE　24. BCD　25. ABC　26. ABCDE　27. ABCD　28. BCDE　29. ABCDE　30. ABCD

第九章　规划环境影响评价技术导则　总纲

一、单项选择题（每题的备选项中，只有一个最符合题意）

1. 下列（　　）不适用《规划环境影响评价技术导则　总纲》。

A. 长江流域水资源综合规划

B. 某直辖市城市总体发展规划

C. 某集团公司关于“十二五”的发展规划

D. 某省国土资源局关于土地利用的规划

2. 下列（　　）不适用《规划环境影响评价技术导则　总纲》。

A. 某设区的市级国土利用开发规划

B. 某直辖市高新技术产业开发区

C. 某省能源发展规划

D. 某省林业行政主管部门关于林业的发展规划

3. 下列关于规划环境影响评价技术导则体系的构成，说法错误的是（　　）。

A. 规划环境影响评价技术导则属该体系构成的一部分

B. 综合性规划的环境影响评价技术导则和规范属于该体系的一部分

C. 专项规划的环境影响评价技术导则和规范不属于该体系的一部分

D. 综合性规划和专项规划的环境影响评价技术导则应根据技术导则制（修）定

4. 根据《规划环境影响评价技术导则　总纲》，（　　）是规划应满足的环境保护要求，是开展规划环境影响评价的依据。

A. 环境敏感区　　B. 重点生态功能区

C. 环境目标　　D. 生态系统完整性

5. 根据《规划环境影响评价技术导则　总纲》，评价的规划及与其相关的开发活动在规划周期和一定范围内对资源与环境造成的叠加的、复合的、协同的影响，这里的影响是指（　　）。

A. 间接环境影响　　B. 累积环境影响

C. 跟踪环境影响　　D. 长远环境影响

6. 根据《规划环境影响评价技术导则　总纲》，关于跟踪评价的说法错误的是（　　）。

A．通过跟踪评价结果，可以采取减缓不良环境影响的改进措施

B．通过跟踪评价可以对正在实施的规划方案进行修订，甚至终止其实施

C．跟踪评价是应对规划不确定性的最有效手段

D．跟踪评价是应对规划不确定性的有效手段之一

7．根据《规划环境影响评价技术导则　总纲》，下列关于重点生态功能区的叙述，说法错误的有（　　）。

A．生态系统脆弱或生态功能重要，资源环境承载能力较低的地区

B．生态系统脆弱或生态功能重要，资源环境承载能力较高的地区

C．不具备大规模高强度工业化、城镇化开发条件的地区

D．必须把增强生态产品生产能力作为首要任务，从而应该限制进行大规模高强度工业化、城镇化开发的地区

8．下列哪个环境影响评价原则属于《规划环境影响评价技术导则　总纲》中规定的？（　　）

A．全程互动　　B．公众参与

C．早期介入　　D．可操作性

9．下列哪个环境影响评价原则不属于《规划环境影响评价技术导则　总纲》中规定的？（　　）

A．一致性　　B．科学性

C．层次性　　D．早期介入

10．根据《规划环境影响评价技术导则　总纲》，下列关于环境目标和评价指标的说法错误的是（　　）。

A．环境目标是开展规划环境影响评价的依据

B．评价指标是量化了的环境目标

C．评价指标值都应是定量的指标值

D．不同规划时段应满足的环境目标可以不同

11．根据《规划环境影响评价技术导则　总纲》，下列（　　）不属于规划分析的内容。

A．规划概述　　B．资源与环境承载力评估

C．规划的协调性分析　　D．规划的不确定性分析

12．根据《规划环境影响评价技术导则　总纲》，下列（　　）不属于规划概述的内容。

A．规划的环保设施建设　　B．规划实施所依托的资源与环境条件

C．规划开发强度分析　　D．规划的空间范围和空间布局

13．根据《规划环境影响评价技术导则　总纲》，关于规划协调性分析，下列

（　　）是错误的。

A．分析规划在所属规划体系中的位置

B．筛选出与本规划相关的主要环境保护法律法规、环境经济与技术政策、资源利用和产业政策，并分析本规划与其相关要求的符合性

C．分析规划与国家级、省级主体功能区规划在功能定位、开发原则和环境政策要求等方面的符合性

D．分析规划目标、规模、布局等各规划要素与下层位规划的符合性

14．根据《规划环境影响评价技术导则　总纲》，在规划协调性分析时，应筛选出在评价范围内与本规划所依托的资源和环境条件相同的（　　），并在考虑累积环境影响的基础上，逐项分析规划要素与同层位规划在环境目标、资源利用、环境容量与承载力等方面的一致性和协调性。

A．上层位规划　　B．同层位规划

C．下层位规划　　D．所有层位规划

15．根据《规划环境影响评价技术导则　总纲》，通过规划协调性分析，主要应做的内容是（　　）。

A．筛选备选规划方案或规划调整备选方案

B．指出规划方案存在的问题

C．提出修改规划方案

D．明确规划的不确定性因素

16．根据《规划环境影响评价技术导则　总纲》，规划基础条件的不确定性分析应重点分析（　　）。

A．规划实施依托的资源、环境条件可能发生的变化情况

B．规划产业结构、规模、布局方面可能存在的变化情况

C．规划建设时序可能存在的变化情况

D．规划实施依托的法规、政策条件可能发生的变化情况

17．根据《规划环境影响评价技术导则　总纲》，下列（　　）不属于现状调查的内容。

A．环保基础设施建设及运行情况调查

B．资源赋存与利用状况调查

C．环境质量与生态状况调查

D．规划协调性调查

18．根据《规划环境影响评价技术导则　总纲》，下列（　　）不属资源赋存与利用状况调查的内容。

A．经济规模与增长率

B. 能源生产和消费总量、结构

C. 能源利用效率

D. 矿产资源类型与储量、生产和消费总量

19. 根据《规划环境影响评价技术导则　总纲》，下列哪个不属于环境影响识别的原则？（　　）

A. 一致性　　B. 整体性　　C. 层次性　　D. 全程互动

20. 根据《规划环境影响评价技术导则　总纲》，下列（　　）不属于规划环境影响预测和评价的内容。

A. 估算关键性资源的需求量　　B. 规划的不确定性分析

C. 累积环境影响预测与分析　　D. 资源与环境承载力评估

21. 根据《规划环境影响评价技术导则　总纲》，下列（　　）不属于规划环境影响预测和评价的内容。

A. 规划实施产生的大气污染物预测

B. 规划实施产生特定污染物的环境影响预测

C. 区域生物多样性、生态系统连通性、破碎度及功能等的影响预测

D. 环境影响减缓对策和措施

22. 根据《规划环境影响评价技术导则　总纲》，关于资源与环境承载力评估，说法错误的是（　　）。

A. 资源与环境承载力评估是评估资源（水资源、土地资源、能源、矿产等）与环境承载能力的现状及利用水平，不需考虑累积环境影响

B. 资源与环境承载力评估要重点判定区域资源与环境对规划实施的支撑能力

C. 资源与环境承载力评估要重点判定规划实施是否导致生态系统主导功能发生显著不良变化或丧失

D. 资源与环境承载力评估是一个动态分析过程

23. 根据《规划环境影响评价技术导则　总纲》，下列（　　）不属于规划方案的环境合理性论证的内容。

A. 论证规划目标与发展定位的合理性

B. 论证环境保护目标与评价指标的可达性

C. 论证规划方案与国家全面协调可持续发展战略的符合性

D. 论证规划能源结构、产业结构的环境合理性

24. 根据《规划环境影响评价技术导则　总纲》，从保障区域、流域可持续发展的角度，下列关于规划方案的可持续发展论证，说法错误的是（　　）。

A. 论证规划实施能否使其消耗（或占用）资源的市场供求状况有所改善，能否解决区域、流域经济发展的资源“瓶颈”

B．论证规划实施能否使其依赖的生态系统保持稳定，能否使生态服务功能逐步提高

C．论证规划实施能否使其依赖的环境状况整体改善

D．论证规划实施能否使其所在区域经济有一定的长足发展

25．根据《规划环境影响评价技术导则　总纲》，对资源、能源消耗量大、污染物排放量高的行业规划，在综合论证时，其重点是（　　）。

A．论述规划方案的合理性

B．论述规划确定的发展规模、布局（及选址）和产业结构的合理性

C．论述交通设施结构、布局等的合理性

D．论述规划选址及各规划要素的合理性

26．根据《规划环境影响评价技术导则　总纲》，对于开发区及产业园区等规划，在综合论证时，其重点是（　　）。

A．论述规划方案的合理性

B．论述规划确定的发展规模、布局（及选址）和产业结构的合理性

C．论述交通设施结构、布局等的合理性

D．论述规划选址及各规划要素的合理性

27．根据《规划环境影响评价技术导则　总纲》，规划的环境影响减缓对策和措施是针对环境影响评价（　　）实施后产生的不良环境影响，提出的政策、管理或者技术等方面的建议。

A．所有的规划方案　　B．推荐的规划方案

C．现有的规划方案　　D．备选的规划方案

28．根据《规划环境影响评价技术导则　总纲》，下列关于规划环境影响评价中的环境保护对策与减缓措施，说法错误的是（　　）。

A．环境影响减缓对策和措施应具有可操作性

B．环境影响减缓对策和措施应具有可伸缩性

C．如规划方案中包含有具体的建设项目，提出建设项目环境影响评价内容的具体简化建议

D．环境影响减缓对策和措施包含政策、管理或者技术等方面的建议

29．根据《规划环境影响评价技术导则　总纲》，如规划方案中包含有具体的建设项目，下列说法错误的是（　　）。

A．提出建设项目环境影响评价的重点内容和基本要求

B．对建设项目提出污染防治措施建设和环境管理等要求

C．无需对建设项目提出相应的环境准入

D．提出建设项目环境影响评价内容的具体简化建议

30．根据《规划环境影响评价技术导则　总纲》，下列（　　）不属于规划的环境影响预防对策和措施。

A．建议发布的管理规章和制度

B．划定禁止和限制开发区域

C．设定环境准入条件

D．生态补偿

31．根据《规划环境影响评价技术导则　总纲》，下列（　　）不属于规划环境影响的修复补救措施。

A．生态修复与建设

B．清洁能源与资源替代

C．设定环境准入条件

D．环境治理

32．根据《规划环境影响评价技术导则　总纲》，下列内容中，不属于跟踪评价方案主要评价内容的是（　　）。

A．总结规划环境影响评价的经验和教训

B．对规划实施全过程中已经或正在造成的影响提出监控要求

C．明确公众对规划实施区域环境与生态影响的意见和对策建议的调查方案

D．对规划实施中所采取的预防或减轻不良环境影响的对策和措施提出分析和评价的具体要求

33．根据《规划环境影响评价技术导则　总纲》，下列（　　）不属于规划环境影响报告书公开的主要内容。

A．规划概况

B．规划的主要环境影响

C．规划的优化调整建议

D．环境影响识别与评价指标体系构建

34．根据《规划环境影响评价技术导则　总纲》，下列（　　）不属于规划环境影响报告书公开的主要内容。

A．评价结论

B．规划的主要环境影响

C．公众参与单位与个人信息

D．预防或者减轻不良环境影响的对策与措施

35．根据《规划环境影响评价技术导则　总纲》，下列内容中，可不纳入规划环境影响评价结论的是（　　）。

A．环境影响后评价方案及主要内容和要求

B．公众参与意见和建议处理情况，不采纳意见的理由说明

C．规划实施可能造成的主要生态、环境影响预测结果和风险评价结论

D．评价区域的生态系统完整性和敏感性、环境质量现状和变化趋势、资源利用现状，明确对规划实施具有重大制约的资源、环境要素

36．根据《规划环境影响评价技术导则　总纲》，下列内容中，可不纳入规划环境影响评价结论的是（　　）。

A．规划方案的综合论证结论

B．规划的环境影响减缓对策和措施

C．跟踪评价的主要内容和要求

D．环境影响识别与评价指标体系内容

37．根据《规划环境影响评价技术导则　总纲》，下列内容中，不属于规划环境影响报告书主要内容的是（　　）。

A．环境影响识别与评价指标体系构建

B．规划分析

C．环境影响跟踪评价

D．环境影响后评价

38．根据《规划环境影响评价技术导则　总纲》，下列内容中，属于规划环境影响篇章（或说明）主要内容的是（　　）。

A．公众参与

B．环境影响分析依据

C．规划编制全程互动情况及其作用

D．环境影响识别与评价指标体系构建

二、不定项选择题（每题的备选项中至少有一个符合题意）

1．下列规划中，环境影响评价适用《规划环境影响评价技术导则　总纲》的有（　　）。

A．国家煤化工发展规划

B．某中央企业“十二五”发展规划

C．某省旅游部门组织编制的旅游开发专项规划

D．某设区的市级林业部门组织编制的林业开发专项规划

2．下列（　　）属于规划环境影响评价技术导则体系。

A．规划环境影响评价技术导则

B．综合性规划和专项规划的环境影响评价技术导则

C．综合性规划和专项规划的环境影响评价技术规范

D．开发区区域环境影响评价技术导则

3．根据《规划环境影响评价技术导则　总纲》，生态系统完整性是反映生态系统在外来干扰下维持自然状态、稳定性和自组织能力的程度，应从（　　）进行评价。

A．生态系统的组成　　B．生态系统的结构

C．生态系统的功能　　D．景观和斑块

4．根据《规划环境影响评价技术导则　总纲》，规划不确定性主要来源于（　　）。

A．规划方案本身在某些内容上不全面、不具体

B．规划的环境影响存在累积性

C．规划编制时设定的某些资源环境基础条件，在规划实施过程中发生的能够预期的变化

D．规划方案本身在某些内容上不明确

5．根据《规划环境影响评价技术导则　总纲》，规划环境影响评价应在（　　）介入，并与规划方案的研究和规划的编制、修改、完善全过程互动。

A．规划研究阶段　　B．规划纲要编制阶段

C．规划报批阶段　　D．规划启动阶段

6．根据《规划环境影响评价技术导则　总纲》，规划环境影响评价原则有（　　）。

A．全程互动　　B．一致性

C．整体性　　D．科学性

7．根据《规划环境影响评价技术导则　总纲》，下列（　　）不属于规划环境影响评价原则。

A．科学性　　B．层次性

C．公众参与　　D．早期介入

8．下列（　　）属于《规划环境影响评价技术导则　总纲》中规定的内容。

A．识别主要环境影响和制约因素　　B．规划方案综合论证

C．编制跟踪评价方案　　D．环境现状调查与评价

9．下列（　　）属于《规划环境影响评价技术导则　总纲》中规定的。

A．公众参与　　B．规划纲要初步分析

C．编制后评价方案　　D．环境影响预测与评价

10．根据《规划环境影响评价技术导则　总纲》，下列（　　）属于现状调查的内容。

A．社会经济概况调查

B．资源赋存与利用状况调查

C．环境质量与生态状况调查

D．环保基础设施建设及运行情况调查

11．根据《规划环境影响评价技术导则　总纲》，现状调查与评价的制约因素分析重点分析（　　）。

A．评价区域环境现状和环境质量

B．大气环境功能区划、保护目标及各功能区环境空气质量达标情况

C．生态功能与环境保护目标间的差距

D．资源赋存与利用状况调查

12．根据《规划环境影响评价技术导则　总纲》，对于某些有可能产生难降解、易生物蓄积、长期接触对人体和生物产生危害作用的重金属污染物、无机和有机污染物、放射性污染物、微生物等的规划，应识别规划实施（　　）。

A．产生的污染物与人体接触的时间

B．产生的污染物与人体接触的途径

C．产生的污染物与人体接触的方式

D．产生的污染物可能造成的人群健康影响

13．根据《规划环境影响评价技术导则　总纲》，对资源、环境要素的重大不良影响，可从规划实施是否导致（　　）进行分析与判断。

A．区域环境功能变化

B．资源与环境利用严重冲突

C．人群健康状况发生显著变化

D．区域经济结构发生显著变化

14．根据《规划环境影响评价技术导则　总纲》，下列（　　）属于环境目标和评价指标的确定原则。

A．国家和区域确定的可持续发展战略

B．环境保护的政策与法规

C．资源利用的政策与法规

D．上层位规划

15．根据《规划环境影响评价技术导则　总纲》，确定环境目标和评价指标时，规划在不同规划时段应满足的环境目标可根据（　　）情况确定。

A．产业政策

B．规划区域、规划实施直接影响的周边地域的生态功能区划和环境保护规划

C．生态建设规划确定的目标

D．环境保护行政主管部门以及区域、行业的其他环境保护管理要求

16．根据《规划环境影响评价技术导则　总纲》，下列关于评价指标的说法正确的是（　　）。

A．评价指标的选取应能体现国家发展战略和环境保护战略、政策、法规的要求

B．评价指标的选取应能体现规划的行业特点及其主要环境影响特征，符合评价区域生态、环境特征

C．评价指标的选取应易于统计、比较和量化

D．国内政策、法规和标准中没有的评价指标值可由编制单位自行确定

17．根据《规划环境影响评价技术导则　总纲》，规划分析应包括（　　）。

A．规划概述　　B．规划的协调性分析

C．规划开发强度分析　　D．规划的不确定性分析

18．根据《规划环境影响评价技术导则　总纲》，在规划协调性分析时，筛选出在评价范围内与本规划依托的资源和环境条件相同的同层位规划后，重点分析规划与同层位的（　　）等规划之间的冲突和矛盾。

A．环境风险　　B．环境保护

C．生态建设　　D．资源保护与利用

19．根据《规划环境影响评价技术导则　总纲》，规划的不确定性分析包括（　　）。

A．规划基础条件的不确定性分析　　B．规划重大环境风险的不确定性分析

C．规划具体方案的不确定性分析　　D．规划不确定性的应对分析

20．根据《规划环境影响评价技术导则　总纲》，下列（　　）属于规划分析的方式和方法。

A．博弈论　　B．智暴法

C．情景分析　　D．德尔菲法

21．根据《规划环境影响评价技术导则　总纲》，规划环境影响预测内容包括（　　）。

A．规划开发强度分析　　B．影响预测与评价

C．累积环境影响预测与分析　　D．资源与环境承载力评估

22．根据《规划环境影响评价技术导则　总纲》，规划开发强度分析的内容包括（　　）。

A．估算关键性资源的需求量

B．估算污染物的排放量

C．估算规划实施的生态影响范围和持续时间

D．估算规划实施的主要生态因子的变化量

23．根据《规划环境影响评价技术导则　总纲》，关于影响预测与评价的内容，说法正确的是（　　）。

A．预测不同发展情景对自然保护区、饮用水水源保护区等环境敏感区、重点生

态功能区和重点环境保护目标的影响，评价其是否符合相应的保护要求

B. 对于规划实施可能产生重大环境风险源的，应进行危险源、事故概率、规划区域与环境敏感区及环境保护目标相对位置关系等方面的分析，开展环境风险评价

C. 清洁生产分析，重点评价产业发展的单位国内生产总值或单位产品的能源、资源利用效率和污染物排放强度、固体废物综合利用率等的清洁生产水平，不需进行循环经济分析

D. 对于某些有可能产生难降解、易生物蓄积、长期接触对人体和生物产生危害作用的重金属污染物的规划，需开展人群健康影响状况分析

24. 根据《规划环境影响评价技术导则 总纲》，累积环境影响预测与分析包括（ ）。

A. 识别和判定规划实施可能发生累积环境影响的条件、方式和途径

B. 识别和判定规划实施可能发生累积环境影响的政策、法规和经济条件

C. 预测和分析规划实施与其他相关规划在时间和空间上累积的资源、环境、生态影响

D. 预测和分析规划实施与其他相关规划在时间和空间上累积的经济影响

25. 根据《规划环境影响评价技术导则 总纲》，规划方案的综合论证内容包括（ ）。

A. 规划方案的经济合理性论证　　B. 规划方案的环境合理性论证

C. 规划方案的可持续发展论证　　D. 规划方案的技术合理性论证

26. 根据《规划环境影响评价技术导则 总纲》，规划方案的环境合理性论证包括（ ）。

A. 论证规划目标与发展定位的合理性

B. 论证规划规模的环境合理性

C. 论证规划布局的环境合理性

D. 论证规划能源结构、产业结构的环境合理性

27. 根据《规划环境影响评价技术导则 总纲》，对资源、能源消耗量大和污染物排放量高的行业规划，在环境影响评价综合论证时，重点从（ ）等方面，论述规划确定的发展规模、布局（及选址）和产业结构的合理性。

A. 区域资源、环境对规划的支撑能力

B. 规划实施对敏感环境保护目标与节能减排目标的影响程度

C. 清洁生产水平、人群健康影响状况

D. 促进两型社会建设和生态文明建设

28. 根据《规划环境影响评价技术导则 总纲》，某省级国土部门编制的省级

国土开发利用规划，在环境影响评价综合论证时，重点从（　　）论述规划方案的合理性。

A．区域资源、环境对规划实施的支撑能力

B．规划实施对生态系统及环境敏感区组成、结构、功能造成的影响

C．规划实施潜在的生态风险

D．区域资源、环境及城市基础设施对规划实施的支撑能力能否满足可持续发展要求

29．根据《规划环境影响评价技术导则　总纲》，对于开发区及产业园区等规划，在环境影响评价综合论证时，重点从（　　）等方面，综合论述规划选址及各规划要素的合理性。

A．区域资源、环境对规划实施的支撑能力

B．规划实施对敏感环境保护目标与节能减排目标的影响程度

C．规划实施可能造成的事故性环境风险与人群健康影响状况

D．规划的清洁生产与循环经济水平

30．根据《规划环境影响评价技术导则　总纲》，对于城市规划、国民经济与社会发展规划等综合类规划，在环境影响评价综合论证时，重点从（　　）论述规划方案的合理性。

A．改善人居环境质量

B．优化城市景观生态格局

C．促进两型社会建设和生态文明建设

D．区域资源、环境及城市基础设施对规划实施的支撑能力能否满足可持续发展要求

31．根据《规划环境影响评价技术导则　总纲》，规划的环境影响减缓对策和措施包括（　　）等内容。

A．影响预防　　B．影响最小化

C．影响减量化　　D．对造成的影响进行全面修复补救

32．根据《规划环境影响评价技术导则　总纲》，下列（　　）属于规划的环境影响预防对策和措施。

A．建立健全环境管理体系

B．划定禁止和限制开发区域

C．设定环境准入条件

D．建立环境风险防范与应急预案

33．根据《规划环境影响评价技术导则　总纲》，规划的环境影响减缓对策和措施中，影响最小化对策和措施可从（　　）等方面提出。

A．环境保护基础设施　　　　　　　B．污染控制设施建设方案

C．清洁生产和循环经济实施方案　　D．建立健全环境管理体系

34．根据《规划环境影响评价技术导则　总纲》，下列哪些内容属于规划环境影响报告书公开的主要内容？（　　）

A．规划概况

B．规划的主要环境影响

C．规划的优化调整建议

D．预防或者减轻不良环境影响的对策与措施

35．根据《规划环境影响评价技术导则　总纲》，公众参与的主要形式有（　　）。

A．座谈会　　　　B．论证会　　　　C．听证会　　　D．调查问卷

36．根据《规划环境影响评价技术导则　总纲》，下列关于规划环境影响报告书公众参与的叙述，说法错误的是（　　）。

A．对于政策性、宏观性较强的规划，参与的人员可以直接环境利益相关群体的代表为主

B．对于内容较为具体的开发建设类规划，参与的人员还应包括直接环境利益相关群体的代表

C．处理公众参与的意见和建议时，对于已采纳的，应在环境影响报告书中明确说明修改的具体内容

D．处理公众参与的意见和建议时，对于不采纳的，不必说明理由

37．根据《规划环境影响评价技术导则　总纲》，下列内容中，须纳入规划环境影响评价结论的是（　　）。

A．评价区域的生态系统完整性和敏感性、环境质量现状和变化趋势、资源利用现状，明确对规划实施具有重大制约的资源、环境要素

B．规划实施可能造成的主要生态环境影响预测结果和风险评价结论

C．环境保护目标与评价指标的可达性评价结论

D．跟踪评价方案，跟踪评价的主要内容和要求

38．根据《规划环境影响评价技术导则　总纲》，在规划环境影响评价结论中，下列（　　）属于规划方案的综合论证结论。

A．环境保护目标与评价指标的可达性评价结论

B．规划要素的优化调整建议

C．规划的协调性分析结论

D．规划方案的环境合理性和可持续发展论证结论

39．根据《规划环境影响评价技术导则　总纲》，在规划环境影响评价结论中，下列（　　）属于规划的环境影响减缓对策和措施结论。

A．规划方案的环境合理性和可持续发展论证结论

B．环境准入条件

C．环境风险防范与应急预案的构建方案

D．生态建设和补偿方案

40．根据《规划环境影响评价技术导则　总纲》，下列内容中，属于规划环境影响篇章（或说明）主要内容的是（　　）。

A．环境影响分析依据

B．规划方案综合论证和优化调整建议

C．环境影响减缓措施

D．公众参与

41．根据《规划环境影响评价技术导则　总纲》，下列内容中，（　　）属于规划环境影响篇章（或说明）中的环境影响减缓措施。

A．给出跟踪评价方案，明确跟踪评价的具体内容和要求

B．规划方案中包含有具体的建设项目，给出重大建设项目环境影响评价要求、环境准入条件和管理要求

C．针对不良环境影响的预防、减缓（最小化）及对造成的影响进行全面修复补救的对策和措施

D．公众参与的补救

参考答案

一、单项选择题

1．C

2．B　【解析】选项B属《开发区区域环境影响评价技术导则》的适用范围。

3．C　4．C　5．B

6．C　【解析】跟踪评价指规划编制机关在规划的实施过程中，对规划已经和正在造成的环境影响进行监测、分析和评价的过程，用以检验规划环境影响评价的准确性以及不良环境影响减缓措施的有效性，并根据评价结果，采取减缓不良环境影响的改进措施，或者对正在实施的规划方案进行修订，甚至终止其实施。是应对规划不确定性的有效手段之一。

7．B　【解析】重点生态功能区指生态系统脆弱或生态功能重要，资源环境承载能力较低，不具备大规模高强度工业化、城镇化开发的条件，必须把增强生态产品生产能力作为首要任务，从而应该限制进行大规模高强度工业化、城镇化

开发的地区。

8. A 【解析】选项BCD属原《规划环境影响评价技术导则（试行）》中的原则。

9. D 10. C

11. B 【解析】选项B属规划环境影响预测内容。

12. C 【解析】选项C属规划环境影响预测内容。

13. D 【解析】选项D的正确说法是分析规划目标、规模、布局等各规划要素与上层位规划的符合性，重点分析规划之间在资源保护与利用、环境保护、生态保护要求等方面的冲突和矛盾。

14. B

15. A 【解析】从多个规划方案中筛选出与各项要求较为协调的规划方案作为备选方案，或综合规划协调分析结果，提出与环保法规、各项要求相符合的规划调整方案作为备选方案。

16. A

17. D 【解析】现状调查的内容主要有5个方面：自然地理状况调查、社会经济概况调查、环保基础设施建设及运行情况调查、资源赋存与利用状况调查、环境质量与生态状况调查。

18. A 【解析】选项A属于社会经济概况调查的内容。

19. D 【解析】全程互动和科学性属规划环评的原则，环境影响识别的原则只有三个。

20. B 【解析】选项B属规划开发强度分析的内容。

21. D 22. A

23. C 【解析】选项C是规划方案的可持续发展论证。

24. D 25. B 26. D 27. B 28. B 29. C

30. D 【解析】选项D属于修复补救措施。预防对策和措施可从建立健全环境管理体系、建议发布的管理规章和制度、划定禁止和限制开发区域、设定环境准入条件、建立环境风险防范与应急预案等方面提出。

31. C 【解析】修复补救措施主要包括生态修复与建设、生态补偿、环境治理、清洁能源与资源替代等措施。

32. A 【解析】选项A不属于跟踪评价的内容。

33. D 【解析】公开的环境影响报告书的主要内容包括：规划概况、规划的主要环境影响、规划的优化调整建议和预防或者减轻不良环境影响的对策与措施、评价结论。

34. C 35. A 36. D

37. D　【解析】规划环境影响报告书应包括以下主要内容：总则、规划分析、环境现状调查与评价、环境影响识别与评价指标体系构建、环境影响预测与评价、规划方案综合论证和优化调整建议、环境影响减缓措施、环境影响跟踪评价、公众参与、评价结论。

38. B　【解析】规划环境影响篇章（或说明）应包括以下主要内容：环境影响分析依据、环境现状评价、环境影响分析、预测与评价、环境影响减缓措施等。

二、不定项选择题

1. ACD　【解析】国务院有关部门、设区的市级以上地方人民政府及其有关部门组织编制的“一土三域十个专项规划”都属导则的适用范围。

2. ABC　3. ABC　4. ACD　5. BD　6. ABCD　7. CD　8. ABCD　9. ABD

10. ABCD　【解析】现状调查的内容主要有 5 个方面：自然地理状况调查、社会经济概况调查、环保基础设施建设及运行情况调查、资源赋存与利用状况调查、环境质量与生态状况调查。

11. AC　【解析】制约因素分析是基于上述现状评价和规划分析结果，结合环境影响回顾与环境变化趋势分析结论，重点分析评价区域环境现状和环境质量、生态功能与环境保护目标间的差距，明确提出规划实施的资源与环境制约因素。

12. BCD　【解析】对于某些有可能产生难降解、易生物蓄积、长期接触对人体和生物产生危害作用的重金属污染物、无机和有机污染物、放射性污染物、微生物等的规划，还应识别规划实施产生的污染物与人体接触的途径、方式（如经皮肤、口或鼻腔等）以及可能造成的人群健康影响。

13. ABC　【解析】对资源、环境要素的重大不良影响，可从规划实施是否导致区域环境功能变化、资源与环境利用严重冲突、人群健康状况发生显著变化三个方面进行分析与判断。

14. ABCD　【解析】环境目标和评价指标的确定原则较多。导则是这样规定的：环境目标是开展规划环境影响评价的依据。规划在不同规划时段应满足的环境目标可根据国家和区域确定的可持续发展战略，环境保护的政策与法规，资源利用的政策与法规，产业政策，上层位规划，规划区域，规划实施直接影响的周边地域的生态功能区划和环境保护规划，生态建设规划确定的目标，环境保护行政主管部门以及区域、行业的其他环境保护管理要求确定。

15. ABCD

16. ABC　【解析】评价指标值的确定应符合相关产业政策、环境保护政策、法规和标准中规定的限值要求，国内政策、法规和标准中没有的指标值也可参考国际标准确定；对于不易量化的指标可经过专家论证，给出半定量的指标值或定性说明。

17. ABD 【解析】选项C属规划环境影响预测内容。

18. BCD

19. ACD 【解析】规划的不确定性分析主要包括规划基础条件的不确定性分析、规划具体方案的不确定性分析及规划不确定性的应对分析三个方面。

20. ABCD 【解析】规划分析的方式和方法较多，主要有：核查表、叠图分析、矩阵分析、专家咨询（如智暴法、德尔斐法等）、情景分析、博弈论、类比分析、系统分析等。

21. ABCD

22. ABCD 【解析】规划开发强度分析的内容类似建设项目的工程分析。主要生态因子的变化量包括生物量、植被覆盖率、珍稀濒危和特有物种生境损失量、水土流失量、斑块优势度等。

23. ABD 【解析】对于工业、能源、自然资源开发等专项规划和开发区、工业园区等区域开发类规划，应进行清洁生产分析，重点评价产业发展的单位国内生产总值或单位产品的能源、资源利用效率和污染物排放强度、固体废物综合利用率等清洁生产水平；对于区域建设和开发利用规划，以及工业、农业、畜牧业、林业、能源、自然资源开发的专项规划，需要进行循环经济分析，重点评价污染物综合利用途径与方式的有效性和合理性。

24. AC 25. BC

26. ABCD 【解析】除4个选项外，规划方案的环境合理性论证还有一点：论证环境保护目标与评价指标的可达性。

27. ABC

28. BC 【解析】对土地利用的有关规划和区域、流域、海域的建设、开发利用规划，以及农业、畜牧业、林业、能源、水利、旅游、自然资源开发专项规划，重点从规划实施对生态系统及环境敏感区组成、结构、功能造成的影响，以及潜在的生态风险，论述规划方案的合理性。注意：这个考点容易结合具体的规划改变命题形式。

29. ACD 【解析】选项B属资源、能源消耗量大、污染物排放量高的行业规划的论证重点之一。

30. ABCD 【解析】对于城市规划、国民经济与社会发展规划等综合类规划，重点从区域资源、环境及城市基础设施对规划实施的支撑能力能否满足可持续发展要求、改善人居环境质量、优化城市景观生态格局、促进两型社会建设和生态文明建设等方面，综合论述规划方案的合理性。

31. ABD 32. ABCD

33. ABC 【解析】选项D属预防对策。

34. ABCD　【解析】公开的环境影响报告书的主要内容包括：规划概况、规划的主要环境影响、规划的优化调整建议和预防或者减轻不良环境影响的对策与措施、评价结论。

35. ABCD

36. AD　【解析】选项A的正确说法是：对于政策性、宏观性较强的规划，参与的人员可以规划涉及的部门代表和专家为主。

37. ABCD　【解析】规划环境影响评价结论较多，需注意每个结论的小结论。

38. ABCD　【解析】规划方案的综合论证结论，主要包括规划的协调性分析结论，规划方案的环境合理性和可持续发展论证结论，环境保护目标与评价指标的可达性评价结论，规划要素的优化调整建议等。

39. BCD　【解析】规划的环境影响减缓对策和措施，主要包括环境管理体系构建方案、环境准入条件、环境风险防范与应急预案的构建方案、生态建设和补偿方案、规划包含的具体建设项目环境影响评价的重点内容和要求等。

40. AC

41. ABC　【解析】规划环境影响篇章（或说明）中的环境影响减缓措施包括：详细说明针对不良环境影响的预防、减缓（最小化）及对造成的影响进行全面修复补救的对策和措施。如规划方案中包含有具体的建设项目，还应给出重大建设项目环境影响评价要求、环境准入条件和管理要求等。给出跟踪评价方案，明确跟踪评价的具体内容和要求。注意：跟踪评价也属于篇章（或说明）中的环境影响减缓措施。但规划环境影响评价报告书中的跟踪评价是单独成章的。

第十章 建设项目环境风险评价技术导则

一、单项选择题（每题的备选项中，只有一个最符合题意）

1. 环境风险评价中的最大可信事故是指在所有预测概率不为零的事故中（　　）的事故。

A．发生概率最大　　B．安全隐患最大

C．造成财产损失最大　　D．对环境（或健康）危害最严重

2. 某拟建项目的环境风险评价中，最大可信事故风险值 R_{max} 与同行业可接受风险水平 R_L 相比，$R_{max}>R_L$。下列关于该项目环境风险可接受性的判断，正确的是（　　）。

A．可以接受

B．采取进一步减少事故的措施后可以接受

C．即使采取进一步减少事故的措施，也不可以接受

D．采取进一步减少事故的措施后，重新评价其环境风险后再进行判断

3. 下列对于环境风险评价与安全评价之间关系的表述，正确的是（　　）。

A．安全评价包括环境风险评价

B．环境风险评价与安全评价不相关

C．安全评价即是环境风险评价

D．安全评价的资料可用于环境风险评价

4. 按照《建设项目环境风险评价技术导则》，环境风险评价工作级别判定依据是（　　）。

A．行业特点、重大危险源判定结果以及环境敏感程度

B．环境敏感程度、贮存危险性物质数量以及物质危险性

C．环境敏感程度、重大危险源判定结果以及物质危险性

D．物质危险性、重大危险源判定结果以及贮存危险性物质数量

5. 按照《建设项目环境风险评价技术导则》，一级环境风险评价的完整工作内容是（　　）。

A．对事故影响说明影响范围和程度，提出应急措施

B．对事故影响说明影响范围和程度，制订应急措施

C. 定量预测，提出防范措施，制订应急预案

D. 定量预测，说明影响范围和程度，提出防范、减缓和应急措施

6. 《建设项目环境风险评价技术导则》中，环境风险分为（　　）三种类型。

A. 火灾、爆炸、中毒　　B. 爆炸、恶臭、中毒

C. 火灾、泄漏、恶臭　　D. 爆炸、泄漏、火灾

7. 环境风险评价中，如项目的最大可信事故风险值处于可接受水平，说明（　　）。

A. 应对该项目其他事故进行风险计算　　B. 该项目不存在环境风险

C. 该项目不需要制订应急预案　　D. 该项目仍需制订应急预案

8. 以下适用于《建设项目环境风险评价技术导则》的是（　　）。

A. 核建设项目　　B. 化肥厂氨罐扩建项目

C. 火电厂供水系统改造项目　　D. 新建维修厂通风系统项目

9. 甲、乙、丙、丁四个项目均存在重大危险源，各项目所涉及的危险源分别为剧毒危险性物质、一般毒性危险物质、可燃易燃危险性物质和爆炸危险性物质，从危险源角度判断下述需要进行二级评价的是（　　）项目。

A. 甲　　B. 乙　　C. 丙　　D. 丁

10. 根据《建设项目环境风险评价技术导则》，涉及氰化钠生产、使用、贮运的建设项目，其环境风险评价工作级别为一级的条件是（　　）。

A. 所有氰化钠生产项目　　B. 环境敏感地区

C. 安全评价认为存在问题　　D. 非重大危险源

11. 根据《建设项目环境风险评价技术导则》，以下可不作为二级环境风险评价基本内容的是（　　）。

A. 源项分析　　B. 后果计算　　C. 风险识别　　D. 风险管理

12. 根据《建设项目环境风险评价技术导则》，以下应进行环境风险评价的建设项目是（　　）。

A. 钢材物流中心　　B. 海滨浴场

C. 鞭炮贮运仓库　　D. 核电站

13. 以下风险事故不适用《建设项目环境风险评价技术导则》的是（　　）。

A. 甲醇罐爆炸　　B. 液氮罐爆炸

C. 天然气田井喷　　D. 炼油厂污水处理厂输送管道断裂

14. 《建设项目环境风险评价技术导则》规定的环境风险评价工作程序是（　　）。

A. 源项分析、风险识别、后果计算、风险计算和评价、风险管理

B. 风险识别、源项分析、后果计算、风险计算和评价、风险管理

C．风险识别、后果计算、源项分析、风险计算和评价、风险管理

D．源项分析、后果计算、风险识别、风险计算和评价、风险管理

15．下列建设项目不适用《建设项目环境风险评价技术导则》的是（　　）。

A．核建设项目　　B．铁矿矿山新建项目

C．电子芯片新建项目　　D．钢铁厂高炉扩建项目

16．根据《建设项目环境风险评价技术导则》，（　　）属于环境风险事故。

A．试车期间的超标排放

B．突然停电造成有毒有害物质的泄漏

C．大修前设备、管道吹扫造成的超标排放

D．生活污水处理装置运行异常造成的超标排放

17．根据《建设项目环境风险评价技术导则》，环境风险评价工作程序中源项分析阶段的工作目标是（　　）。

A．确定风险值　　B．确定危害程度

C．确定重大风险源　　D．确定最大可信事故

18．根据《建设项目环境风险评价技术导则》，（　　）不属于风险识别范围。

A．公用工程系统　　B．环境风险水平

C．工程环保设施　　D．生产过程排放的“三废”污染物

19．根据《建设项目环境风险评价技术导则》，在进行风险计算和评价时，目前暂不对风险事故损害后果进行评价的是（　　）。

A．致畸、致癌等慢性损害后果

B．半致死浓度范围内的人口分布

C．水生生态损害阈浓度范围内的水生生态分布

D．工作场所短时间接触允许浓度范围内的人口分布

20．《建设项目环境风险评价技术导则》不适用于（　　）的环境风险评价。

A．有色金属冶炼加工项目　　B．核建设项目

C．化学纤维制造项目　　D．石油和天然气开采与炼制项目

21．《建设项目环境风险评价技术导则》适用于涉及有毒有害和易燃易爆物质的（　　）等的新建、改建、扩建和技术改造项目（不包括核建设项目）的环境风险评价。

A．生产、使用、贮运　　B．生产

C．生产、使用　　D．生产、贮运

22．最大可信事故是指在所有预测的概率（　　）的事故中，对环境（或健康）危害最严重的重大事故。

A．为零　　B．大于1　　C．不为零　　D．大于或等于1

23．环境风险评价的目的是分析和预测建设项目存在的潜在危险、有害因素，

建设项目（　　）可能发生的突发性事件或事故，引起有毒有害和易燃易爆等物质泄漏，所造成的人身安全与环境影响和损害程度，提出合理可行的防范、应急与减缓措施，以使建设项目事故率、损失和环境影响达到可接受水平。

A．建设期间　　B．运行期间

C．建设、运行、退役期间　　D．建设和运行期间

24．在条件允许的情况下，可利用（　　）开展环境风险评价。

A．风险值　　B．类比法

C．安全评价数据　　D．最大可信灾害事故风险值

25．根据评价项目的物质危险性和功能单元重大危险源判定结果，以及环境敏感程度等因素，将环境风险评价工作划分为（　　）。

A．一、二、三级　　B．二、三级

C．一、二、三、四级　　D．一级、二级

26．如环境风险评价的区域位于环境敏感地区，则该建设项目的环境风险评价工作等级为（　　）。

A．三级　　B．二级　　C．一级　　D．一级或二级

27．重大危险源是指长期或短期生产、加工、运输、使用或贮存危险物质，且危险物质的数量（　　）临界量的功能单元。

A．等于　　B．等于或超过　　C．等于或低于　　D．超过

28．环境风险一级评价应按《建设项目环境风险评价技术导则》对事故影响进行（　　）预测，说明影响范围和程度，提出防范、减缓和应急措施。

A．定量　　B．定性　　C．定量或定性　　D．半定量

29．如评价项目的物质危险源属非重大危险源，其环境风险评价工作等级为（　　）。

A．三级　　B．二级　　C．一级　　D．一级或二级

30．环境风险评价工作程序的第一步骤是（　　）。

A．源项分析　　B．后果计算　　C．风险识别　　D．风险评价

31．在环境风险评价工作环节中，在源项分析后应做（　　）工作。

A．应急措施　　B．后果计算　　C．风险识别　　D．风险评价

32．在环境风险评价工作环节中，如果经风险评价得出“可接受风险水平”，则应提出（　　）。

A．应急措施　　B．风险管理指标

C．风险管理方案　　D．风险后管理方案

33．风险识别范围包括生产设施风险识别和（　　）。

A．公用工程系统风险识别　　B．生产原材料风险识别

C. 生产产品风险识别　　D. 生产过程涉及的物质风险识别

34. 在风险识别环境资料的收集过程中，重点收集（　　）资料。

A. 厂址周边环境　　B. 人口分布

C. 区域环境资料　　D. 厂址内环境

35. 风险识别风险类型，根据有毒有害物质放散起因，分为（　　）类型。

A. 一种　　B. 二种　　C. 三种　　D. 四种

36. 风险识别风险类型，根据（　　），分为火灾、爆炸和泄漏三种类型。

A. 有毒有害物质扩散规律　　B. 有毒有害物质产生的后果

C. 有毒有害物质性质　　D. 有毒有害物质放散起因

37. 根据有毒有害物质放散起因，环境风险类型分为（　　）三种类型。

A. 一级、二级、三级　　B. 重大危险源、中等危险源、一般危险源

C. 有毒、易燃、爆炸　　D. 火灾、爆炸和泄漏

38. 大气环境风险评价，首先（　　）。

A. 计算浓度分布　　B. 计算浓度最大值和最小值

C. 计算损害范围　　D. 计算损害值

39. 大气环境风险评价，首先计算浓度分布，然后按（　　）规定的短时间接触容许浓度给出该浓度分布范围及在该范围内的人口分布。

A. 《工业企业设计卫生标准》　　B. 《工作场所有害因素职业接触限值》

C. 《危险废物贮存污染控制标准》　　D. 《工业场所有害因素职业接触限值》

40. 在制定风险防范措施时，厂址及周围居民区、环境保护目标应设置（　　）。

A. 空间防护距离　　B. 安全防护距离

C. 卫生防护距离　　D. 防火间距

41. 在制定风险防范措施时，厂区周围工矿企业、车站、码头、交通干道等应设置（　　）。

A. 安全防护距离和防火间距　　B. 安全防护距离

C. 卫生防护距离和防火间距　　D. 空间防护距离和防火间距

二、不定项选择题（每题的备选项中至少有一个符合题意）

1. 下列项目中，可根据《建设项目环境风险评价技术导则》开展环境风险评价的有（　　）。

A. 新建铜火法冶炼项目　　B. 城市煤气管网改造项目

C. 核电站建设项目　　D. 甲醇扩能改造项目

E. 火电厂氨法脱硫环保治理工程

2. 环境风险评价中，重大危险源识别包括对（　　）的识别。

A．贮运系统　　B．环境功能区

C．环境敏感性　　D．生产设施

3．环境风险评价中，物质风险识别包括对（　　）的识别。

A．主要原辅材料　　B．中间产品

C．燃料　　D．产品　　E．设备

4．某建设项目环境风险评价中，可用于源项分析的资料有（　　）。

A．同类项目的事故统计

B．项目周边的环境保护目标

C．防止毒物向环境转移的措施

D．装置、贮罐危险和毒性物质的在线量调查

5．根据《建设项目环境风险评价技术导则》，源项分析的内容有（　　）。

A．确定最大可信事故的发生概率　　B．物质危险性识别

C．后果计算　　D．危险化学品的泄漏量

6．根据《建设项目环境风险评价技术导则》，属于源项分析的方法是（　　）。

A．类比法　　B．矩阵法

C．概率法　　D．指数法

7. 根据《建设项目环境风险评价技术导则》，属于源项分析定量方法是（　　）。

A．因素图分析法　　B．概率法

C．加权法　　D．指数法

8．根据《建设项目环境风险评价技术导则》，最大可信事故概率确定方法有（　　）。

A．类比法　　B．概率法

C．事件树　　D．事故树分析法

9．根据《建设项目环境风险评价技术导则》，危险化学品泄漏量的计算内容包括（　　）。

A．液体泄漏速率　　B．气体泄漏速率

C．两相流泄漏　　D．泄漏液体蒸发量

10．根据《建设项目环境风险评价技术导则》，下列哪些不属于危险化学品泄漏量的计算内容。（　　）

A．液体泄漏速率　　B．固体泄漏速率

C．泄漏时间　　D．泄漏液体蒸发量

11．根据《建设项目环境风险评价技术导则》，环境风险评价必须收集的资料有（　　）。

A．安全评价资料　　B．可行性研究报告

C．供气供电专项报告　　　　D．周围环境人口调查资料

12．根据《建设项目环境风险评价技术导则》，以下属于环境风险防范措施的有（　　）。

A．油罐区周边设置围堰　　　　B．调整总图平面布置

C．设置污水处理调节池　　　　D．氨贮罐区设置水喷淋装置

E．减少、限制危险物质贮存量

13.《建设项目环境风险评价技术导则》规定的环境风险评价工作重点有（　　）。

A．事故引起厂（场）界内人群伤害的防护

B．事故引起厂（场）界外人群伤害的预测

C．事故引起厂（场）界外人群伤害的防护

D．事故引起厂（场）界内人群伤害的预测

14．已知甲醇、乙醚属易燃化学品，苯、甲苯属有毒化学品。根据《建设项目环境风险评价技术导则》，下列化学品仓库中，属于重大风险源的有（　　）。

A．贮存物品为甲醇，设计贮存量为 600 t（临界量为 500 t）

B．贮存物品为甲苯，设计贮存量为 450 t（临界量为 500 t）

C．贮存物品为苯、甲苯，苯设计贮存量为 25 t（临界量为 50 t），甲苯贮存量为 200 t（临界量为 500 t）

D．贮存物品为甲醇、乙醚，甲醇设计贮存量为 300 t（临界量为 500 t），乙醚设计贮存量为 300 t（临界量为 500 t）

15．《建设项目环境风险评价技术导则》适用于涉及有毒有害和易燃易爆物质的生产、使用、贮运等的（　　）的环境风险评价。

A．新建项目　　　　B．扩建项目　　　　C．改建项目

D．技术改造项目　　　　E．核建设项目

16．下列（　　）新建、改建、扩建和技术改造项目需要开展环境风险评价。

A．信息化学品制造、化学纤维制造　　　　B．有色金属冶炼加工

C．石油和天然气开采与炼制　　　　D．化学原料及化学品制造

E．采掘业

17．环境风险评价中指的突发性事件或事故一般不包括（　　）。

A．技术设计引发爆炸　　　　B．自然灾害

C．人为破坏　　　　D．机器故障引发大面积溢油

18．环境风险评价的工作重点是（　　）。

A．事故对生态系统影响的预测和防护

B．事故引起厂（场）界外环境质量的恶化

C．事故引起厂（场）界外人群的伤害

D．事故引起厂（场）界外生产、生活设施的破坏

19．环境风险评价的工作等级是依据评价项目的（　　）等因素来划分的。

A．工程特点　　B．物质危险性

C．功能单元重大危险源判定结果　　D．环境敏感程度

20．风险识别范围包括（　　）。

A．生产设施风险识别　　B．项目所处地理位置风险识别

C．项目所处气象条件风险识别　　D．生产过程涉及的物质风险识别

21．物质风险识别范围包括（　　）。

A．主要原材料及辅助材料、燃料　　B．中间产品

C．最终产品　　D．贮运系统

E．生产过程排放的“三废”污染物

22．物质危险性识别主要对项目涉及的（　　）进行危险性识别和综合评价，筛选环境风险评价因子。

A．易碎、易裂物质　　B．有毒有害物质

C．易燃物质　　D．易爆物质

23．物质风险识别的类型包括（　　）。

A．火灾　　B．爆炸　　C．泄漏　　D．洪灾

24．风险值是风险评价表征量，包括（　　）。

A．事故的发生时间　　B．事故的危害程度

C．事故的发生概率　　D．事故的危害概率

25．对以生态系统损害为特征的事故风险评价，按损害的生态资源的价值进行比较分析，给出（　　）。

A．损害范围　　B．浓度分布　　C．损害值　　D．损害阈

26．鉴于目前毒理学研究资料的局限性，风险值计算对（　　）等慢性损害后果目前尚不计入。

A．急性死亡　　B．非急性死亡的致伤、致残

C．非急性死亡的致畸、致癌　　D．呼吸道疾病

27．风险防范措施包括（　　）、消防及火灾报警、系统紧急救援站或有毒气体防护站设计等。

A．工艺技术设计安全防范措施　　B．自动控制设计安全防范措施

C．电气、电讯安全防范措施　　D．危险化学品贮运安全防范措施

E．选址、总图布置和建筑安全防范措施

28．在制定风险防范措施时，厂区总平面布置要符合防范事故要求，有（　　）。

A．应急救援设施　　B．应急救援通道

C．防火、防爆、防中毒处理系统　　D．防腐方案

E．应急疏散及避难所

29．应急计划区中的危险目标包括（　）。

A．装置区　　B．贮罐区　　C．运输区　　D．环境保护目标

30．事故应急救援关闭程序与恢复措施的内容包括（　）。

A．事故现场控制和清除污染措施

B．规定应急状态下的报警通讯方式、通知方式

C．规定应急状态终止程序

D．邻近区域解除事故警戒及善后恢复措施

E．事故现场善后处理，恢复措施

参考答案

一、单项选择题

1. D　2. D　3. D　4. C　5. D　6. D

7. C　【解析】考查如最大可信事故风险值处于可接受水平是否需要制订应急预案。

8. B　【解析】建设项目环境风险评价技术导则的适用范围关键要抓住“有无有毒有害、易燃易爆物质”这几个关键词。

9. B　【解析】这类出题形式要求对评价等级表格中的内容熟悉，请考生重视。

10. B　【解析】环境敏感地区工作级别全部为一级。

11. B　【解析】考查二级环境风险评价基本内容，后果计算类似于定量预测。二级评价对风险识别、源项分析和对事故影响进行简要分析，提出防范、减缓和应急措施。

12. C　【解析】该题关键是要抓住“有毒有害、易燃易爆物质”。

13. D　【解析】该题还是应关键抓住“有毒有害、易燃易爆的物质”。

14. B　【解析】环境风险评价工作程序也是环境风险评价的基本工作内容。

15. A

16. B　【解析】环境风险事故的概念需抓住“突发性”这个关键词。

17. D　【解析】其他几个选项不属考查源项分析阶段的工作目标。

18. B　19. A　20. B　21. A　22. C　23. D　24. C　25. D　26. C　27. B　28. A　29. B　30. C　31. B

32. A　【解析】如果经风险评价得出“不可接受风险水平”，则应进行“风

险管理”工作，然后再进行深入的“源项分析”。

33. D　34. B　35. C　36. D　37. D　38. A　39. B　40. C　41. A

二、不定项选择题

1. ABDE　【解析】《建设项目环境风险评价技术导则》的适用范围不包括核电站。

2. AD　【解析】重大危险源识别不包括环境。

3. ABCD

4. AD　【解析】源项分析类似于项目环评的工程分析中的源强分析。

5. AD

6. ABCD　【解析】源项分析的方法有：定性分析方法：类比法，加权法和因素图分析法，首推类比法；定量分析法：概率法和指数法。

7. BD

8. ACD　【解析】最大可信事故概率确定方法有事件树、事故树分析法或类比法。

9. ABCD　【解析】泄漏量计算包括液体泄漏速率、气体泄漏速率、两相流泄漏、泄漏液体蒸发量计算。

10. BC

11. ABD　【解析】供气供电专项报告不属环境风险评价必须收集的资料。

12. ABDE

13. BC　【解析】环境风险评价应把事故引起厂（场）界外人群的伤害、环境质量的恶化及对生态系统影响的预测和防护作为评价工作重点。

14. A　【解析】危险性物质的数量等于或超过临界量的功能单元，定为重大危险源。

15. ABCD　16. ABCDE　17. BC　18. ABC　19. BCD　20. AD　21. ABCE　22. BCD　23. ABC　24. BC　25. AC　26. ABC　27. ABCDE

28. ABE　【解析】选项C属“工艺技术设计安全防范措施”。

29. ABD　30. CDE

第十一章　建设项目竣工环境保护验收技术规范　生态影响类

一、单项选择题（每题的备选项中，只有一个最符合题意）

1. 根据《建设项目竣工环境保护验收技术规范　生态影响类》，以下尚不具备验收调查运行工况要求的是（　　）。

A. 环保设施正常运行，运量达到设计能力 50%，但运行稳定的铁路工程

B. 已正常运行但产油量只达到 50%的油田开发工程

C. 生产能力达到 80%的矿山采选工程

D. 生产能力达到 75%的农业开发项目

2. 根据《建设项目竣工环境保护验收技术规范　生态影响类》，以下表述符合验收调查标准确定原则的是（　　）。

A. 只需按现行的环境保护标准进行验收调查

B. 按环境影响评价文件批复后颁布的标准进行验收调查

C. 按环境影响评价文件规定的标准验收调查，不用考虑现行标准

D. 现阶段暂时还没有标准的可按实际调查给出结果

3. 根据《建设项目竣工环境保护验收技术规范　生态影响类》，验收调查一般包括的时段是（　　）。

A. 工程前期、施工期、试运行期

B. 工程前期、施工期、运行期

C. 施工期、试运行期、运行期

D. 试运行期、运行期、退役期

4. 根据《建设项目竣工环境保护验收技术规范　生态影响类》，以下不属于公路建设工程验收调查的重点是（　　）。

A. 核实实际工程内容变更情况

B. 环境保护制度执行情况

C. 汽车尾气对公路收费人员身体健康的危害

D. 工程环保投资情况

5. 依据《建设项目竣工环境保护验收技术规范　生态影响类》，验收调查工作阶段划分正确的是（　　）。

A．初步调查、详细调查、编制调查报告三个阶段

B．初步调查、编制实施方案、详细调查、编制调查报告四个阶段

C．准备、初步调查、编制实施方案、详细调查、编制调查报告五个阶段

D．确定项目来源、准备、编制实施方案、详细调查、编制调查报告五个阶段

6．依据《建设项目竣工环境保护验收技术规范 生态影响类》，验收调查时段划分为（ ）。

A．施工期、运行期两个时段

B．施工期、试运行期两个时段

C．工程前期、施工期、试运行期三个时段

D．工程前期、施工期、试运行期、运行期四个时段

7．某建成的高速公路项目，短期内交通量无法达到设计能力的75%。依据《建设项目竣工环境保护验收技术规范 生态影响类》，该公路项目可进行竣工环境保护验收调查的运行工况要求是（ ）。

A．必须等待交通达到设计能力的75%或以上

B．应在车辆畅通、交通量达到设计能力的50%或以上的条件下

C．在主体工程运行稳定、环保设施运行正常的条件下，交通量必须达到设计能力的30%或以上

D．应在主体工程运行稳定、环保设施运行正常的条件下进行，注明实际调查工况

8．某工程竣工环境保护验收调查时，发现工程存在一些环保问题，依据《建设项目竣工环境保护验收技术规范 生态影响类》，该工程竣工环境保护验收的结论是（ ）。

A．建议不通过竣工环境保护验收

B．建议对部分工程通过竣工环境保护验收

C．对存在环保问题的工程提出整改方案后，建议通过竣工环境保护验收

D．限期整改后，建议通过竣工环境保护验收

9．根据《建设项目竣工环境保护验收技术规范 生态影响类》，验收调查的时段一般划分为（ ）。

A．施工期、运行期和试运行期　　B．施工期、运行近期和运行远期

C．工程前期、施工期和试运行期　　D．工程前期、运行近期和运行远期

10．某建成的高速公路项目，短期内交通量无法达到设计能力的75%。根据《建项目竣工环境保护验收技术规范 生态影响类》，该公路项目可进行竣工环境保护验收调查的运行工况要求是（ ）。

A．必须等待交通量达到设计能力的75%或以上

B. 应在主体工程运行稳定的条件下，交通量必须达到设计能力的60%或以上

C. 应在主体工程运行稳定、环境保护设施运行正常的条件下，交通量必须达到设计能力的30%或以上

D. 应在主体工程运行稳定、环境保护设施运行正常的条件下进行，注明实际调查工况

11. 在某工程竣工环境保护验收中，发现部分工程主要污染物的排放未达标。根据《建设项目竣工环境保护验收技术规范　生态影响类》，该工程竣工环境保护验收调查结论是（　　）。

A. 建议暂不通过竣工环境保护验收

B. 建议不通过竣工环境保护验收

C. 限期整改后，建议通过竣工环境保护验收

D. 提出整改方案后，建议通过竣工环境保护验收

12. 下列（　　）行业不属于《建设项目竣工环境保护验收技术规范　生态影响类》的适用范围。

A. 风力发电　　B. 火电　　C. 高压输变电线路　　D. 渔业

13. 验收调查工作可分为（　　）个阶段。

A. 二　　B. 三　　C. 四　　D. 五

14. 对于公路、铁路、轨道交通等线性工程以及港口项目，验收调查应在工况稳定、生产负荷达到近期预测生产能力（或交通量）（　　）以上的情况下进行。

A. 65%　　B. 70%　　C. 75%　　D. 80%

15. 对水利水电项目、输变电工程、油气开发工程（含集输管线）、矿山采选验收调查时，按（　　）执行。

A. 行业特征

B. 工况稳定、生产负荷达到近期预测生产能力75%以上的情况下

C. 工况稳定、生产负荷达到近期预测生产能力70%以上的情况下

D. 地方环境保护标准

16. 对分期建设、分期投入生产的建设项目（如水利、水电项目分期蓄水、发电等）应（　　）开展验收调查工作。

A. 按设计能力　　B. 全部竣工后　　C. 按工序　　D. 分阶段

17. 生态影响类项目环保竣工验收调查时，原则上采用建设项目（　　）经环境保护部门确认的环境保护标准与环境保护设施工艺指标进行验收。

A. 环境影响评价阶段　　B. 初步设计阶段

C. 可研阶段　　D. 修订新颁布的环境保护标准

18. 生态影响类项目环保竣工验收调查时，如出现修订新颁布的环境保护标准

时，建设项目验收标准采用（　　）验收。

A．环境影响评价阶段环保部门认可的标准

B．修订新颁布的环境保护标准

C．地方标准

D．A 和 B 都可以

19．生态影响类项目环保竣工验收调查时，如现阶段暂时还没有环境保护标准的可按（　　）给出结果。

A．发达国家环境保护标准　　B．实际调查情况

C．国外其他国家环境保护标准　　D．临时制订的环境保护标准

20．工程调查时提供工程平面布置图（或线路走向示意图），应标注（　　）。

A．主要工程设施　　B．主要工程设施和环境敏感目标

C．环境敏感目标　　D．主要建筑物、河流、道路、人口分布

21．生态影响的环境保护措施主要是针对（　　）的保护措施。

A．居住区　　B．水环境

C．生态敏感目标（水生、陆生）　　D．水土流失防治

22．涉及范围区域较大、人力勘察较为困难或难以到达的建设项目，其生态影响调查的方法往往采用（　　）。

A．文件资料调查　　B．现场勘察

C．公众意见调查　　D．遥感调查

23．生态影响调查的现场勘察时，勘察区域与勘察对象应基本能覆盖建设项目所涉及区域的（　　）以上。

A．90%　　B．80%　　C．70%　　D．60%

24．生态影响调查的现场勘察时，对于建设项目涉及的范围较大、无法全部覆盖的，可根据（　　）的原则，选择有代表性的区域与对象进行重点现场勘察。

A．随机性和典型性　　B．代表性和典型性

C．随机性和敏感性　　D．网状方格

25．生态影响调查结论与建议中，总结的内容主要是（　　）。

A．建设项目对环境影响评价文件及环境影响评价审批文件要求的落实情况

B．建设项目对环境保护行政主管部门颁布的法律法规的执行情况

C．建设项目执行环境保护标准的情况

D．建设项目对环保措施的投入运行情况

二、不定项选择题（每题的备选项中至少有一个符合题意）

1．根据《建设项目竣工环境保护验收技术规范　生态影响类》，水利工程生态

影响的环境保护措施调查的内容有（ ）。

A．设计中提出的低温水缓解工程措施　　B．渣场挡土墙对野生动物的影响

C．施工中设置的野生动物通道　　D．生态用水泄水建筑物

2．《建设项目竣工环境保护验收技术规范　生态影响类》规定的验收调查标准的确定原则有（ ）。

A．环境影响评价文件中有明确规定的，按其规定作为验收标准

B．现阶段暂时还没有环境保护标准的，可调查类似的项目，用类比结果作为验收标准

C．现阶段暂时还没有环境保护标准的，可用物料衡算、热量平衡等数学计算的结果作为验收标准

D．现阶段暂时还没有环境保护标准的，可按实际调查情况给出结果

3．某石油输送管线（地埋式）设计长度 240 km，在施工中为避让环境敏感点，管线绕行，最终长度 246 km，依据《建设项目竣工环境保护验收技术规范　生态影响类》，该工程验收调查的重点有（ ）。

A．工程变更前后的总投资变化情况

B．环境敏感目标基本情况及变更情况

C．施工期和试运行期公众反映强烈的环境问题

D．工程环保投资情况

4．依据《建设项目竣工环境保护验收技术规范　生态影响类》，某铁矿项目竣工环境保护验收调查中，其工程概况调查内容包括（ ）。

A．地理位置　　B．项目组成

C．项目工程量　　D．项目环保投资效益分析

5．根据《建设项目竣工环境保护验收技术规范　生态影响类》，关于验收调查标准，说法正确的有（ ）。

A．对已修订新颁布的环境保护标准，按新标准进行验收

B．现阶段暂时还没有环境保护标准的可按实际调查情况给出结果

C．环境影响评价文件和环境影响评价审批文件中有明确规定的，按其规定作为验收标准

D．原则上采用环评阶段经环境保护部门确认的环境保护标准与环境保护设施工艺指标进行验收

6．根据《建设项目竣工保护验收技术规范　生态影响类》，某高速公路采取的下列措施中，属于环境保护措施的有（ ）。

A．边坡防护工程　　B．野生动物通道

C．取弃土场平整绿化　　D．服务区人工景观工程

7．《建设项目竣工环境保护验收技术规范　生态影响类》规定了生态影响类建设项目竣工环境保护验收调查（　　）。

A．总体要求　　B．实施方案的编制要求

C．监测内容和技术的要求　　D．调查报告的编制要求

8．下列（　　）行业属《建设项目竣工环境保护验收技术规范　生态影响类》的适用范围。

A．管道运输　　B．牧业　　C．海岸带开发

D．区域、流域开发　　E．高压输变电线路

9．下列（　　）行业属《建设项目竣工环境保护验收技术规范　生态影响类》的适用范围。

A．城市道路　　B．天然气开采

C．风力发电　　D．农业　　E．旅游开发

10．验收调查工作可分为（　　）阶段。

A．准备　　B．初步调查　　C．编制实施方案

D．详细调查　　E．编制调查报告

11．对于（　　）项目，验收调查应在工况稳定、生产负荷达到近期预测生产能力（或交通量）75%以上的情况下进行。

A．公路　　B．铁路　　C．油气集输管线

D．港口　　E．轨道交通

12．下列关于生态影响类项目环保竣工验收调查采用标准的说法，正确的有（　　）。

A．对已修订新颁布的环境保护标准应按新标准验收

B．环境影响评价文件和环境影响评价审批文件中有明确规定的按其规定作为验收标准

C．现阶段暂时还没有环境保护标准的可按实际调查情况给出结果

D．环境影响评价文件和环境影响评价审批文件中没有明确规定的，可按法律、法规、部门规章的规定参考国家、地方或发达国家环境保护标准

13．根据工程建设过程，生态影响类项目环保验收调查时段一般分为（　　）时段。

A．运行期　　B．工程前期　　C．施工期　　D．试运行期

14．下列属生态影响类项目环境保护竣工验收调查重点的是（　　）。

A．环境质量和主要污染因子达标情况

B．环境敏感目标基本情况及变更情况

C．实际工程内容及方案设计变更造成的环境影响变化情况

D．环境影响评价制度及其他环境保护规章制度执行情况

E．核查实际工程内容及方案设计变更情况

15．下列属生态影响类项目环境保护竣工验收调查重点的是（　　）。

A．环境影响评价文件及环境影响评价审批文件中提出的主要环境影响

B．工程施工期和试运行期实际存在的及公众反映强烈的环境问题

C．环境保护设计文件、环境影响评价文件及环境影响评价审批文件中提出的环境保护措施落实情况及其效果、污染物排放总量控制要求落实情况、环境风险防范与应急措施落实情况及有效性

D．验证环境影响评价文件对污染因子达标情况的预测结果

E．工程环境保护投资情况

16．环境敏感目标调查，应调查下列（　　）内容。

A．规模　　B．地理位置

C．所属管辖行政区　　D．所处环境功能区及保护

E．与工程的相对位置关系

17．下列关于环境敏感目标调查的内容和要求，说明正确的是（　　）。

A．环境敏感目标调查的内容应附图、列表说明

B．注明实际环境敏感目标与环境影响评价文件中的变化情况及变化原因

C．环境敏感目标调查的内容可以全部用文字描述

D．环境敏感目标调查的内容包括地理位置、规模、与工程的相对位置关系、所处环境功能区及保护内容等

18．工程调查的内容包括（　　）。

A．提供适当比例的工程地理位置图和工程平面图　　B．工程效果图

C．工程建设过程　　D．工程概况

19．工程建设过程属工程调查的内容之一，其应说明下列（　　）内容。

A．环境保护设施设计单位、施工单位和工程环境监理单位

B．工程开工建设时间和投入试运行时间

C．环境影响评价文件完成及审批时间

D．初步设计完成及批复时间

E．建设项目立项时间和审批部门

20．环境保护措施落实情况调查应包括（　　）。

A．给出环境影响评价、设计和实际采取的生态保护和污染防治措施对照、变化情况

B．对环境影响评价文件及环境影响评价审批文件所提各项环境保护措施的落实情况一一予以核实、说明

C．社会影响的环境保护措施落实情况

D．生态影响的环境保护措施落实情况

E．污染影响的环境保护措施落实情况

21．下列（　　）是生态影响的环境保护措施。

A．移民安置措施　　B．低温水缓解工程措施

C．土壤质量保护和占地恢复措施　　D．生态监测措施

E．生态用水泄水建筑物及运行方案

22．根据《建设项目竣工环境保护验收技术规范　生态影响类》，水利工程生态影响的环境保护措施调查的内容有（　　）。

A．设计中提出的低温水缓解工程措施

B．渣场挡土墙对野生动物的影响

C．施工中设置的野生动物通道

D．生态用水泄水建筑物

23．生态影响调查方法有（　　）。

A．文件资料调查　　B．现场勘察　　C．公众意见调查

D．类比调查　　E．遥感调查

24．根据建设项目的特点设置生态影响调查内容，一般包括（　　）。

A．工程沿线生态状况

B．工程占地情况调查

C．工程影响区域内植被情况和水土流失情况调查

D．工程影响区域内生态敏感目标和人文景观的调查

E．工程影响区域内不良地质地段、水利设施、农业灌溉系统情况调查

25．生态影响调查结论是全部调查工作的结论，编写时重点概括说明（　　），在此基础上，对环境保护措施提出改进措施和建议。

A．工程建设成后产生的主要环境问题

B．工程建设前后的主要环境问题

C．现有环境保护措施的有效性

D．公众调查的意见

26．根据生态影响的调查和分析的结果，客观、明确地从技术角度论证工程是否符合建设项目竣工环境保护验收条件，主要包括（　　）。

A．不能通过竣工环境保护验收

B．建议通过竣工环境保护验收

C．处罚后，建议通过竣工环境保护验收

D．限期整改后，建议通过竣工环境保护验收

参考答案

一、单项选择题

1. A 【解析】注意不同类别项目验收调查运行工况的不同要求。

2. D 【解析】高频考点。本题主要考查生态影响类项目验收调查标准确定原则。

3. A 4. C 5. C 6. C

7. D 【解析】高频考点。运行工况要求除有 75%以上的规定外，还有一些特殊情况需注意。

8. D 【解析】是否通过验收的结论只有两个，一是通过竣工环境保护验收；二是限期整改后，建议通过竣工环境保护验收。下列情况应提出整改后验收：主要环境保护设施未按要求建设或重大生态保护措施未落实；主要污染物的排放未达标或超过总量控制指标，生态保护效果差距较大的。另外，有群众环保投诉或存在污染纠纷的，应要求建设单位首先妥善解决上述问题，才能进行环保验收。

9. C 【解析】高频考点，多年考过此知识点。

10. D 【解析】高频考点。

11. C 12. B 13. D 14. C 15. A 16. D 17. A

18. A 【解析】原则上采用建设项目环境影响评价阶段经环境保护部门确认的环境保护标准与环境保护设施工艺指标进行验收，对已修订新颁布的环境保护标准应提出验收后按新标准进行达标考核的建议。

19. B 20. B 21. C 22. D 23. B 24. A 25. A

二、不定项选择题

1. ABCD 【解析】四个选项都是环保措施。

2. ABD 【解析】高频考点。验收调查标准的把握具有应用性，必须掌握。

3. BCD 【解析】总投资变化情况并不是验收的重点。

4. ABC 【解析】环保投资效益分析并不是工程概况调查内容。

5. BCD 【解析】该考点为高频考点。

6. ABC 【解析】服务区人工景观工程不是环保措施。

7. ABD 【解析】该规范规定了监测内容和监测结果的要求，但没有规定监测技术的要求。

8. ABCDE 9. ABCDE 10. ABCDE

11. ABDE 【解析】对于水利水电项目、输变电工程、油气开发工程（含集输管线）、矿山采选可按其行业特征执行，在工程正常运行的情况下即可开展验收调查工作。

12. BCD　【解析】对已修订新颁布的环境保护标准应提出验收后按新标准进行达标考核的建议。

13. BCD　14. ABCDE　15. ABCDE

16. ABDE　【解析】调查其地理位置、规模、与工程的相对位置关系、所处环境功能区及保护内容等，附图、列表予以说明，并注明实际环境敏感目标与环境影响评价文件中的变化情况及变化原因。

17. ABD　18. ACD　19. ABCDE　20. ABCDE　21. BCDE　22. ABCD　23. ABCE　24. ABCDE　25. AC　26. BD

第十二章　有关固体废弃物污染控制标准

一、单项选择题（每题的备选项中，只有一个最符合题意）

1. 某城镇建设一座生活垃圾填埋处置场，以下不能入场填埋的废弃物是(　　)。

A．居民厨房垃圾　　B．居民的破旧衣物

C．废弃的花木　　D．禽畜养殖废物

2. 按照《生活垃圾填埋污染控制标准》，以下不属于生活垃圾渗滤液排放控制项目的是（　　）。

A．pH 值　　B．悬浮物

C．生化需氧量　　D．化学需氧量

3. 根据《生活垃圾填埋场污染控制标准》，生活垃圾填埋场环境监测必须监测的项目是（　　）。

A．二氧化硫　　B．挥发酚

C．大肠菌值　　D．动植物油

4. 《生活垃圾填埋场污染控制标准》除适用于生活垃圾填埋场建设、运行和封场后的维护与管理外，其部分规定也适用于（　　）的建设、运行。

A．与生活垃圾填埋场配套建设的生活垃圾转运站

B．与生活垃圾填埋场配套建设的污水处理厂

C．生活垃圾焚烧场

D．生活垃圾堆肥场

5. 根据《生活垃圾填埋场污染控制标准》，生活垃圾填埋场选址的标高应位于重现期不小于（　　）的洪水位之上，并建设在长远规划中的水库等人工蓄水设施的淹没区和保护区之外。

A．100 年一遇　　B．30 年一遇

C．50 年一遇　　D．150 年一遇

6. 拟建生活垃圾填埋场有可靠防洪设施的山谷型填埋场，并经过环境影响评价证明（　　）对生活垃圾填埋场的环境风险在可接受范围内。

A．地震　　B．泥石流　　C．火灾　　D．洪水

7. 生活垃圾填埋场场址的位置及与周围人群的距离（　　），并经地方环境保

护行政主管部门批准。

A．应依据环境影响评价结论确定　　B．300 m

C．500 m　　D．400 m

8．根据《生活垃圾填埋场污染控制标准》，生活污水处理厂污泥经处理后含水率小于（　　），可以进入生活垃圾填埋场填埋处置。

A．50%　　B．60%　　C．70%　　D．80%

9．根据《生活垃圾填埋场污染控制标准》，（　　）起，现有全部生活垃圾填埋场应自行处理生活垃圾渗滤液并执行规定的水污染排放浓度限值。

A．2008年7月1日　　B．2010年1月1日

C．2011年7月1日　　D．2012年1月1日

10．2011年7月1日前，现有生活垃圾填埋场无法满足《生活垃圾填埋场污染控制标准》（GB 16889—2008）中表2规定的水污染物排放浓度限值要求的，满足相应的条件时可将生活垃圾渗滤液送往（　　）进行处理。

A．城市一级污水处理厂　　B．城市三级污水处理厂

C．工业区集中污水处理厂　　D．城市二级污水处理厂

11．根据《生活垃圾填埋场污染控制标准》，生活垃圾填埋场的填埋工作面上2 m以下高度范围内，甲烷的体积分数应（　　）。

A．不大于0.1%　　B．不小于0.8%

C．不大于0.5%　　D．不大于1%

12．根据《生活垃圾填埋场污染控制标准》，当生活垃圾填埋场通过导气管道直接排放填埋气体时，导气管排放口的甲烷的体积分数应（　　）。

A．不大于20%　　B．不大于15%

C．不大于10%　　D．不大于5%

13．生活垃圾转运站产生的渗滤液，应在转运站内对渗滤液进行处理，（　　），总汞、总镉、总铬、六价铬、总砷、总铅等污染物浓度限值达到《生活垃圾填埋场污染控制标准》（GB 16889—2008）中表2规定的浓度限值，其他水污染物排放控制要求由企业与城镇污水处理厂根据其污水处理能力商定或执行相关标准。

A．排入环境水体的

B．排入设置城市污水处理厂的排水管网的

C．排入未设置污水处理厂的排水管网的

D．自行处理的

14．掺加生活垃圾的工业窑炉，其污染控制参照执行《生活垃圾焚烧污染控制标准》的前提条件是（　　）。

A．掺加生活垃圾质量须超过入炉（窑）物料总质量的10%

B．掺加生活垃圾质量须超过入炉（窑）物料总质量的20%

C．掺加生活垃圾质量须超过入炉（窑）物料总质量的30%

D．掺加生活垃圾质量须超过入炉（窑）物料总质量的40%

15．下列（　　）不适用《生活垃圾焚烧污染控制标准》。

A．生活污水处理设施产生的污泥专用焚烧炉

B．一般工业固体废物的专用焚烧炉

C．掺加生活垃圾质量须超过入炉（窑）物料总质量的30%的工业窑炉

D．危险废物焚烧炉

16．根据《生活垃圾焚烧污染控制标准》，下列关于选址的说法，正确的是（　　）。

A．生活垃圾焚烧厂厂址的场界应位于居民区500 m以外

B．生活垃圾焚烧厂厂址的场界应位于居民区800 m以外

C．生活垃圾焚烧厂厂址的场界应位于居民区1 000 m以外

D．生活垃圾焚烧厂厂址的位置及其与周围人群的距离依据环境影响评价结论确定

17．根据《生活垃圾焚烧污染控制标准》，下列废物中，不符合入炉要求的是（　　）。

A．由生活垃圾产生单位自行收集的混合生活垃圾

B．生活垃圾堆肥处理过程中筛分工序产生的筛出物

C．电子废物及其处理处置残余物

D．服装加工行业产生的性质与生活垃圾相近的一般工业固体废物

18．根据《生活垃圾焚烧污染控制标准》，下列废物中，不符合入炉要求的是（　　）。

A．危险废物

B．其他生化处理过程中产生的固态残余组分

C．按照相关行业技术规范要求进行破碎毁形和消毒处理并满足消毒效果检验指标的《医疗废物分类目录》中的感染性废物

D．食品加工行业产生的性质与生活垃圾相近的一般工业固体废物

19．根据《生活垃圾焚烧污染控制标准》，下列关于生活垃圾焚烧厂的排放控制要求，说法错误的是（　　）。

A．生活垃圾渗滤液和车辆清洗废水可经收集在生活垃圾焚烧厂内处理，处理后满足相关标准后可直接排放

B．生活垃圾渗滤液和车辆清洗废水可送至生活垃圾填埋场渗滤液处理设施处理，处理后满足相关标准可直接排放

C．生活垃圾渗滤液和车辆清洗废水可通过污水管网或采用密闭输送方式送至采

用二级处理方式的城市污水处理厂处理，但应满足相应条件

D．生活垃圾焚烧飞灰与焚烧炉渣应按危险废物进行管理

20．下列废物不适用《危险废物贮存污染控制标准》的是（　　）。

A．石棉　　B．重金属　　C．金属淤泥　　D．尾矿

21．根据《危险废物贮存污染控制标准》，危险废物贮存设施的底部必须（　　）。

A．低于地下水最高水位　　B．高于地下水最高水位

C．高于地下水最低水位　　D．低于地下水最低水位

22．根据《危险废物贮存污染控制标准》，危险废物贮存设施的场界应位于居民区（　　）以外。

A．应依据环境影响评价结论确定　　B．800 m

C．500 m　　D．1 000 m

23．根据《危险废物贮存污染控制标准》，危险废物贮存设施应位于居民中心区（　　）最大风频的下风向。

A．多年　　B．近 5 年　　C．常年　　D．近 3 年

24．根据《危险废物贮存污染控制标准》，危险废物贮存设施应选在地质结构稳定，地震烈度不超过（　　）的区域内。

A．6 度　　B．7 度　　C．8 度　　D．9 度

25．根据《危险废物贮存污染控制标准》，危险废物贮存设施的基础必须防渗，防渗层为至少（　　）厚黏土层（渗透系数≤10^{-7} cm/s）。

A．1 m　　B．2 m　　C．3 m　　D．1.5 m

26．某企业拟建设危险废物贮存设施，其选址邻近一条小河，根据《危险废物贮存污染控制标准》，该贮存设施场界必须距小河（　　）。

A．100 m　　B．150 m

C．200 m　　D．应依据环境影响评价结论确定

27．根据《危险废物填埋污染控制标准》，危险废物填埋地下水位应在不透水层（　　）m 以下，否则须提高防渗设计标准。

A．1　　B．3　　C．5　　D．6

28．根据《危险废物焚烧污染控制标准》，以下符合焚烧厂选址基本要求的是（　　）。

A．建在 GB 3838 中规定的地表水环境质量Ⅱ类功能区

B．建在 GB 3095 中规定的环境空气质量二类功能区

C．建在人口密集的居住区

D．建在居民区主导风向的上风向区

29．根据《危险废物贮存污染控制标准》，以下不符合危险废物贮存设施选址

基本要求的是（　　）。

A．区域地质结构稳定，地震烈度 6 度

B．场界位于居民区 1 000 m 外

C．设施底部低于地下水最高水位 1 m

D．位于居民中心区常年最大风频的下风向

30．以下不适用于《危险废物填埋污染控制标准》的有（　　）。

A．含汞废物填埋　　B．含放射性废物填埋

C．卤化物溶剂填埋　　D．含氰化物填埋

31．根据《危险废物填埋污染控制标准》，危险废物填埋场场址必须位于（　　）的洪水标高线以上，并在长远规划中的水库等人工蓄水设施淹没区和保护区之外。

A．30 年一遇　　B．50 年一遇

C．80 年一遇　　D．100 年一遇

32．根据《危险废物填埋污染控制标准》，危险废物填埋场场址必须有足够大的可使用面积以保证填埋场建成后具有（　　）或更长的使用期，在使用期内能充分接纳产生的危险废物。

A．10 年　　B．20 年　　C．30 年　　D．40 年

33．根据《危险废物填埋污染控制标准》，危险废物填埋场距飞机场、军事基地的距离应在（　　）以上。

A．2 000 m　　B．3 000 m

C．依据环境影响评价结论确定　　D．4 000 m

34．根据《危险废物填埋污染控制标准》，危险废物填埋场场界应位于居民区（　　）以外，并保证在当地气象条件下对附近居民区大气环境不产生影响。

A．500 m　　B．600 m

C．800 m　　D．依据环境影响评价结论确定

35．根据《危险废物填埋污染控制标准》，危险废物填埋场场址距地表水域的距离不应小于（　　）。

A．50 m　　B．100 m

C．依据环境影响评价结论确定　　D．150 m

36．根据《危险废物焚烧污染控制标准》，危险废物焚烧厂不允许建设在（　　）主导风向的上风向地区。

A．农业区　　B．商业区　　C．工业区　　D．居民区

37．根据《一般工业固体废弃物贮存、处置场污染控制标准》，一般工业固体废弃物贮存、处置场分为（　　）。

A．Ⅰ级场和Ⅱ级场　　B．Ⅰ类场和Ⅱ类场

C．1 类场和 2 类场　　D．Ⅰ类场、Ⅱ类场、Ⅲ类场

38．根据《一般工业固体废弃物贮存、处置场污染控制标准》，一般工业固体废弃物贮存、处置场应选在工业区和居民集中区主导风向下风侧，厂界距居民集中区（　　）以外。

A．依据环境影响评价结论确定　　B．500 m

C．600 m　　D．700 m

39．根据《一般工业固体废弃物贮存、处置场污染控制标准》，一般工业固体废弃物贮存、处置场禁止选在江河、湖泊、水库（　　）的滩地和洪泛区。

A．最高水位线以上　　B．最低水位线以下

C．最高水位线以下　　D．最低水位线以上

40．根据《一般工业固体废弃物贮存、处置场污染控制标准》，一般工业固体废弃物贮存、处置场禁止选在江河、湖泊、水库最高水位线以下的滩地和（　　）。

A．洪泛区　　B．蓄滞洪区

C．防洪保护区　　D．蓄洪区

41．根据《一般工业固体废弃物贮存、处置场污染控制标准》，一般工业固体废弃物贮存、处置Ⅱ类场应选在防渗性能好的地基上，天然基础层地表距地下水位的距离不得小于（　　）。

A．4.5 m　　B．3.5 m　　C．2.5 m　　D．1.5 m

42．根据《一般工业固体废物贮存、处置场污染控制标准》，当Ⅱ类场址天然基础层渗透系数大于（　　）cm/s 时，需采用天然或人工材料构筑防渗层。

A．1×10^{-7}　　B．1×10^{-9}

C．1×10^{-11}　　D．1×10^{-12}

43．根据《一般工业固体废物贮存、处置场污染控制标准》，贮存、处置场的大气污染物控制项目为（　　）。

A．H_2S　　B．NO_x

C．CO　　D．颗粒物

44．以下适用《一般工业固体废物贮存、处置场污染控制标准》的是（　　）。

A．煤矸石贮存场设计　　B．落地油泥贮存场运行

C．含铅废物贮存场监督管理　　D．含镍废物贮存场建设

45．根据《一般工业固体废物贮存、处置场污染控制标准》，一般工业固体废物贮存处置场污染控制与监测可以不考虑的是（　　）。

A．渗滤液　　B．噪声　　C．地下水　　D．大气

46．根据《危险废物贮存污染控制标准》的规定，下列符合危险废物贮存设施的选址要求是（　　）。

A．设施底部低于地下水最高水位线

B．位于居民中心区冬季最大风频的上风向

C．场界距居民区100 m

D．建在易燃、易爆等危险品仓库、高压输电线防护区域以外

47．根据《危险废物填埋污染控制标准》的规定，下列符合危险废物填埋场选址要求的是（　　）。

A．距军事基地的距离300 m

B．填埋场场址位于50年一遇的洪水标高线以上

C．距地表水域距离为100 m

D．场址足够大，以保证建成后具有10年以上的使用期

48．根据《危险废物焚烧污染控制标准》的规定，各类焚烧厂不允许建在（　　）地区。

A．居民区主导风向的下风向

B．当地全年最小风频的上风向

C．居民区主导风向的上风向

D．当地全年最小风频的下风向

49．下列区域中允许建立危险废物焚烧厂的是（　　）。

A．《环境空气质量标准》（GB 3095）中的一类功能区

B．《环境空气质量标准》（GB 3095）中的二类功能区

C．《地表水环境质量标准》（GB 3838—2002）中的Ⅰ类功能区

D．《地表水环境质量标准》（GB 3838—2002）中的Ⅱ类功能区

50．下列废物中，适用于《危险废物焚烧污染控制标准》的是（　　）。

A．具有放射性的危险废物　　B．生活垃圾

C．易爆的危险废物　　D．低热值的危险废物

51．按《一般工业固体废物贮存、处置场污染控制标准》规定，Ⅱ类场场址应选在防渗性能好的地基上，天然基础层地表距地下水位的距离不得小于（　　）m。

A．0.8　　B．1.0

C．1.2　　D．1.5

52．依据《一般工业固体废物贮存、处置场污染控制标准》，贮存处置场在使用、关闭或封场后对地下水的控制项目，可根据所贮存、处置的固体废物的（　　）进行选择。

A．温度　　B．SS

C．特征组分　　D．电导率

53．按照《生活垃圾填埋污染控制标准》，以下不属于生活垃圾渗滤液排放控

制项目的是（　　）。

A．pH值　　B．色度
C．生化需氧量　　D．化学需氧量

54．某企业拟建设危险废物贮存设施，其选址邻近一条小河，根据《危险废物贮存污染控制标准》，该贮存设施场界必须距小河（　　）以外。

A．100 m　　B．150 m
C．依据环境影响评价结论确定　　D．250 m

55．根据《危险废物填埋污染控制标准》，危险废物填埋场地下水位应在不透水层（　　）m以下，否则须提高防渗设计标准。

A．1　　B．3
C．5　　D．6

56．《生活垃圾填埋场污染控制标准》中控制的污染物不包括（　　）。

A．总汞　　B．总铬
C．总铜　　D．总铅

57．以下固体废物不适用《危险废物贮存污染控制标准》的是（　　）。

A．废有机溶剂　　B．铬选矿场的矿砂
C．变电站的废变压器油　　D．汽车制造厂的漆渣

58．依据《危险废物填埋污染控制标准》，关于危险废物填埋场选址，符合要求的是（　　）。

A．地下水位应在不透水层1.5 m以下　　B．距离军事基地2 500 m
C．地质结构相对简单、稳定、没有断层　　D．距地表水的距离不应小于100 m

59．依据《危险废物焚烧污染控制标准》，关于危险废物焚烧厂选址，符合要求的是（　　）。

A．厂址位于自然保护区内的实验区
B．厂址位于城市商业区
C．厂址远离地表水体，邻近400 m有一座化肥厂
D．厂址下风向500 m处有一村镇

60．依据《一般工业固体废物贮存、处置场污染控制标准》，可进入一般工业固体废物处置场处置的固体废物是（　　）。

A．厨余垃圾　　B．平板玻璃厂的废玻璃
C．电镀厂的含铬渣　　D．废弃的电子线路板

61．根据《生活垃圾填埋场污染控制标准》，可作为生活垃圾填埋场选址的区域是（　　）。

A．一般林地　　B．活动沙丘区

C．国家保密地区　　　　　　　　D．城市工业发展规划区

62．根据《生活垃圾填埋场污染控制标准》，可直接入场进行填埋的废物是（　　）。

A．生活垃圾焚烧产生的飞灰　　　　B．生活垃圾焚烧产生的炉渣

C．危险废物焚烧产生的飞灰　　　　D．医疗废物焚烧产生的底渣

63．根据《生活垃圾填埋场污染控制标准》，关于生活垃圾转运站渗滤液的处理方式，说法正确的是（　　）。

A．排到站外的Ⅴ类地表水体中　　B．排到站外的农田灌溉渠中做农肥

C．入自设的防渗池内，自然蒸发　　D．密闭运输到城市污水处理厂处理

64．下列固体废物处置中，（　　）不适用于《危险废物填埋污染控制标准》。

A．化工厂的有机淤泥

B．汽车厂的含油废棉丝

C．采矿厂的放射性固体废物

D．皮革制品厂的皮革废物（铬鞣溶剂）

65．关于危险废物填埋场选址，（　　）符合《危险废物填埋污染控制标准》要求。

A．优先选用废弃的矿坑　　　　B．填埋场与居民区的距离600 m

C．地下水位在不透水层下1.5 m处　　D．填埋场建成后可保证使用15年

66．下列固体废物处置中，（　　）不适用于《危险废物焚烧污染控制标准》。

A．含油污泥　　　　　　　　B．有机磷农药残液

C．含汞废活性炭　　　　　　D．含硝酸铵的废活性炭

67．下列固体废物处置中，（　　）适用于《一般工业固体废物贮存、处置场污染控制标准》。

A．废衣物　　　　　　　　B．废有机溶剂

C．电厂粉煤灰　　　　　　D．废弃电子线路板

68．根据《一般工业固体废物贮存、处置场污染控制标准》，某煤矸石贮存场（煤矸石含硫量大于2%）的大气污染控制项目是（　　）。

A．TSP、PM_{10}　　　　　　B．TSP、SO_2

C．CO、SO_2　　　　　　D．NO_2、SO_2

69．不适用《固体废物鉴别标准　通则》的是（　　）。

A．放射性废物的鉴别　　　　B．液态废物的鉴别

C．物质的固体废物鉴别　　　D．物品的固体废物鉴别

70．根据《固体废物鉴别标准　通则》，下列关于其适用范围的说法，错误的是（　　）。

A．液态废物的鉴别，适用于本标准

B．本标准不适用于放射性废物的鉴别

C．本标准适用于固体废物的分类

D．对于有专用固体废物鉴别标准的物质的固体废物鉴别，不适用于本标准

71．根据《固体废物鉴别标准　通则》，下列哪个不属于依据产生来源的固体废物。（　　）

A．执法机关查处没收的毒品　　B．侵犯知识产权的书

C．钻井泥浆　　D．填埋处置的生活垃圾

72．根据《固体废物鉴别标准　通则》，下列哪个不属于依据产生来源的固体废物。（　　）

A．生产筑路材料　　B．水泥窑协同处置的污染土壤

C．生产砖的污染土壤　　D．植物枝叶

73．根据《固体废物鉴别标准　通则》，下列哪个不属于的固体废物。（　　）

A．石油炼制过程中产生的废酸液

B．煤气净化产生的煤焦油

C．有机化工生产过程中产生的废母液

D．煤气净化产生的煤焦油，在现场直接返回到另一条生产生产线

74．根据《固体废物鉴别标准　通则》，下列哪个作为固体废物管理的物质。（　　）

A．直接留在采空区符合 GB 18599 中第 I 类一般工业固体废物要求的尾矿

B．直接留在采空区符合 GB 18599 中第 I 类一般工业固体废物要求的煤矸石

C．直接返回到采空区符合 GB 18599 中第 I 类一般工业固体废物要求的采矿废石

D．金属矿、非金属矿和煤炭开采、选矿过程中产生的废石、尾矿、煤矸石

75．根据《固体废物鉴别标准　通则》，下列哪个应作为液体废物管理的物质。（　　）

A．满足《医疗机构水污染物排放标准》的医疗废水

B．排入城镇污水处理厂的生活废水

C．排入工业园区污水处理站的废酸液

D．石油炼制过程中产生的废酸液

二、不定项选择题（每题的备选项中至少有一个符合题意）

1．《生活垃圾填埋场污染控制标准》不适用于（　　）的处置场所。

A．生活垃圾填埋　　B．工业固体废物　　C．危险物

D. 尾矿场　　　　E. 灰渣场

2. 根据《生活垃圾填埋场污染控制标准》，生活垃圾填埋场场址不应选在（　　）。

A. 农业保护区　　　　B. 文物（考古）保护区

C. 供水远景规划区　　　　D. 国家保密地区

E. 自然保护区

3. 根据《生活垃圾填埋场污染控制标准》，生活垃圾填埋场的选址应符合（　　）。

A. 区域性环境规划　　　　B. 环境卫生设施建设规划

C. 当地的农业发展规划　　　　D. 当地的城市规划

4. 根据《生活垃圾填埋场污染控制标准》，生活垃圾填埋场场址不应选在（　　）。

A. 风景名胜区　　　　B. 城市工农业发展规划区

C. 生活饮用水水源保护区　　　　D. 矿产资源储备区

E. 军事要地

5. 根据《生活垃圾填埋场污染控制标准》，生活垃圾填埋场场址的选择应避开下列（　　）区域。

A. 活动中的坍塌、滑坡和隆起地带　　　　B. 石灰岩溶洞发育带

C. 活动沙丘区　　　　D. 稳定的冲积扇及冲沟地区

E. 泥炭

6. 根据《生活垃圾填埋场污染控制标准》，生活垃圾填埋场场址的选择应避开下列（　　）区域。

A. 破坏性地震及活动构造区　　　　B. 活动中的断裂带

C. 废弃矿区的活动塌陷区　　　　D. 海啸及涌浪影响区

E. 湿地

7. 根据《生活垃圾填埋场污染控制标准》，下列废物可以直接进入生活垃圾填埋场填埋处置的是（　　）。

A. 未经处理的餐饮废物

B. 生活垃圾堆肥处理产生的固态残余物

C. 生活垃圾焚烧炉渣（不包括焚烧飞灰）

D. 环境卫生机构收集的混合生活垃圾

E. 服装加工、食品加工以及其他城市生活服务行业产生的性质与生活垃圾相近的一般工业固体废物

8. 根据《生活垃圾填埋场污染控制标准》，下列废物可以直接进入生活垃圾填埋场填埋处置的是（　　）。

A. 电子废物

B. 企事业单位产生的办公废物

C. 医疗废物焚烧残渣（包括飞灰、底渣）

D. 含水率小于 30%，二噁英含量低于 3 μg TEQ/kg 的生活垃圾焚烧飞灰

E. 禽畜养殖废物

9. 根据《生活垃圾填埋场污染控制标准》，下列废物不得在生活垃圾填埋场中填埋处置的是（　　）。

A. 满足相关要求的医疗废物焚烧残渣（包括飞灰、底渣）

B. 未经处理的餐饮废物

C. 未经处理的粪便

D. 禽畜养殖废物

E. 电子废物及其处理处置残余物

10. 2011 年 7 月 1 日前，现有生活垃圾填埋场无法满足《生活垃圾填埋场污染控制标准》（GB 16889—2008）中表 2 规定的水污染物排放浓度限值要求的，满足下列哪些条件时可将生活垃圾渗滤液送往城市二级污水处理厂进行处理？（　　）

A. 生活垃圾渗滤液在填埋场经过处理后，总汞、总镉、总铬、六价铬、总砷、总铅等污染物浓度达到 GB 16889—2008 表 2 规定的浓度限值

B. 城市二级污水处理厂每日处理生活垃圾渗滤液总量不超过污水处理量的 1%，并不超过城市二级污水处理厂额定的污水处理能力

C. 生活垃圾渗滤液应均匀注入城市二级污水处理厂

D. 不影响城市二级污水处理厂的污水处理效果

11. 根据《生活垃圾填埋场污染控制标准》，生活垃圾填埋场不得建设在下列（　　）。

A. 居民密集居住区

B. 国务院和国务院有关主管部门及省、自治区、直辖市人民政府划定的自然保护区、风景名胜区、生活饮用水水源地和其他需要特别保护的区域内

C. 直接与航道相通的地区

D. 活动的坍塌地带、断裂带、地下蕴矿带、石灰坑及溶岩洞区

E. 地下水补给区、洪泛区、淤泥区

12. 根据《生活垃圾填埋场污染控制标准》，一般情况，下列是生活垃圾填埋场渗滤液排放控制项目的是（　　）。

A. DO　　B. SS　　C. COD　　D. BOD_5　　E. 大肠菌值

13. 《危险废物贮存污染控制标准》适用于危险废物的（　　）。

A. 产生者　　B. 经营者　　C. 使用者　　D. 管理者

14. 《危险废物焚烧污染控制标准》适用于除（　　）以外的危险废物焚烧设施的设计、环境影响评价、竣工验收以及运行过程中的污染控制管理。

A．易爆 B．易燃 C．剧毒 D．具有放射性

15．根据《危险废物焚烧污染控制标准》，集中式危险废物焚烧厂不允许建设在人口密集的（ ）。

A．文化区 B．商业区 C．工业区 D．居住区

16．根据《危险废物焚烧污染控制标准》，危险废物焚烧厂不允许建设在下列功能区的是（ ）。

A．地表水环境质量Ⅰ类功能区 B．环境空气质量一类功能区

C．环境空气质量二类功能区 D．地表水环境质量Ⅱ类功能区

17．根据《危险废物焚烧污染控制标准》，危险废物焚烧厂不允许建设在下列区域的是（ ）。

A．水产养殖区 B．集中式生活饮用水地表水源一级保护区

C．风景名胜区 D．集中式生活饮用水地表水源二级保护区

E．农村地区

18．根据《危险废物焚烧污染控制标准》，符合危险废物填埋场选址要求的有（ ）。

A．距人畜居栖点 500 m B．场界应位于地表水域 150 m 以外

C．建在溶洞区 D．建在距离军事基地 5 km 外

19．《一般工业固体废弃物贮存、处置场污染控制标准》适用于（ ）的一般工业固体废物贮存、处置场的建设、运行和监督管理。

A．新建 B．扩建 C．改建 D．已经建成投产 E．退役

20．《一般工业固体废弃物贮存、处置场污染控制标准》不适用于（ ）填埋场。

A．纺织工业垃圾 B．危险废物

C．生活垃圾 D．水泥工业垃圾

21．根据《一般工业固体废弃物贮存、处置场污染控制标准》，下列关于一般工业固体废弃物贮存、处置场场址选择要求的说法，正确的是（ ）。

A．所选场址应符合当地城乡建设总体规划要求

B．应避开断层、断层破碎带、溶洞区，以及天然滑坡或泥石流影响区

C．禁止选在自然保护区、风景名胜区和其他需要特别保护的区域

D．Ⅱ类场应优先选用废弃的采矿坑、塌陷区

E．Ⅰ类场应避开地下水主要补给区和饮用水水源含水层

22．根据《一般工业固体废弃物贮存、处置场污染控制标准》，属于自燃性煤矸石的贮存、处置场，大气以（ ）为控制项目。

A．二氧化氮 B．二氧化硫 C．一氧化碳 D．颗粒物

23．根据《一般工业固体废弃物贮存、处置场污染控制标准》，下列关于一般工业固体废弃物贮存、处置场的地下水的控制项目，说法错误的有（　　）。

A．工业固体废弃物关闭或封场后的控制项目，可选择所贮存、处置的固体废物的特征组分为控制项目

B．贮存、处置场投入使用前，以 GB/T 14848 规定的项目为控制项目

C．贮存、处置场投入使用前，以所贮存、处置的固体废物的特征组分为控制项目

D．使用过程中和关闭或封场后的控制项目，以 GB/T 14848 规定的项目为控制项目

24．《一般工业固体废弃物贮存、处置场污染控制标准》适用于（　　）的一般工业固体废弃物贮存、处置场的建设、运行和监督管理。

A．新建　　B．扩建

C．改建　　D．已经建成投产

25．某危险废物填埋场选址位于荒山沟里，场界周边 1 km 内无居民区，地下水位在不透水层 1 m 以下，场界边缘处有一活动断裂带。据此判断，可能制约该危险废物填埋场选址可行性的因素有（　　）。

A．地下水位　　B．现场黏土资源

C．活动断裂带　　D．无进场道路

26．根据《生活垃圾填埋污染控制标准》，以下地区不得建设生活垃圾填埋场的有（　　）。

A．荒山坡　　B．城市工农业发展规划区

C．文物（考古）保护区　　D．国家保密地区

27．依据《生活垃圾填埋场污染控制标准》，生活垃圾填埋场选址应避开的区域有（　　）。

A．经济林区　　B．成片一般农田

C．活动沙丘区　　D．城市规划区

28．《一般工业固体废物贮存、处置场污染控制标准》规定的Ⅱ类场场址选择要求有（　　）。

A．应避开断层、溶洞区　　B．选在地下水主要补给区

C．选在江河最高水位线以下的滩地　　D．地下水位应在不透水层 1.5 m 以下

29．下列活动中，适用《生活垃圾填埋场污染控制标准》的有（　　）。

A．新建生活垃圾填埋场建设过程中的污染控制

B．新建生活垃圾填埋场运行过程中的污染控制

C．现有生活垃圾填埋场运行过程中的污染控制

D．与生活垃圾填埋场配套建设的生活垃圾转运站的建设、运行

30．根据《一般工业固体废物贮存、处置场污染控制标准》，场址符合Ⅱ类场选择要求的有（　　）。

A．位于基本农田保护区

B．不在地下水主要补给区

C．位于河流最高水位线之上的地区

D．天然基础层地表距地下水位的距离为1 m的地区

31．根据《固体废物鉴别标准　通则》，下列关于其适用范围的说法，正确的有（　　）。

A．放射性废物的鉴别适用本标准

B．本标准不适用于固体废物的分类

C．对于有专用固体废物鉴别标准的物质的固体废物鉴别，不适用于本标准

D．本标准适用于材料和物质的固体废物鉴别

32．根据《固体废物鉴别标准　通则》，本标准规定了（　　）。

A．依据产生来源的固体废物鉴别准则

B．在利用和处置过程中的固体废物鉴别准则

C．不作为固体废物管理的物质

D．不作为液态废物管理的物质

33．根据《固体废物鉴别标准　通则》，下列哪些属于利用和处置过程中的固体废物。（　　）

A．焚烧处置的生活垃圾　　　B．病害动物尸体

C．堆肥后的肥料　　　D．煤矸石

34．根据《固体废物鉴别标准　通则》，下列哪些不属于利用和处置过程中的固体废物。（　　）

A．科学研究用的污泥样品　　　B．企业生产的不合格品

C．填埋处置的工业垃圾　　　D．假冒伪劣产品

35．根据《固体废物鉴别标准　通则》，下列哪些不作为固体废物管理的物质。（　　）

A．实验室化验分析用的废酸液样品

B．生产筑路材料

C．科学研究用的动物粪便样品

D．修复后作为土壤用途使用的污染土壤

36．根据《固体废物鉴别标准　通则》，下列哪些不作为固体废物管理的物质。（　　）

A. 焚烧用的污染土壤

B. 修复后作为土壤用途使用的污染土壤

C. 作为锅炉使用的植物枝叶

D. 直接留在采空区符合 GB 18599 中第Ⅰ类一般工业固体废物要求的采矿废石

37. 根据《固体废物鉴别标准　通则》，下列哪些不作为固体废物管理的物质。(　　)

A. 直接留在采空区符合 GB 18599 中第Ⅰ类一般工业固体废物要求的尾矿

B. 采矿过程中产生的尾矿

C. 直接留在采空区符合 GB 18599 中第Ⅰ类一般工业固体废物要求的煤矸石

D. 采矿过程中产生的煤矸石

38. 根据《固体废物鉴别标准　通则》，下列哪些不作为液体废物管理的物质。(　　)

A. 化工生产过程中产生的废母液

B. 石油炼制过程中产生的废碱液经处理设施达标后的废水

C. 固体废物填埋场产生的渗滤液经处理设施达标后的废水

D. 固体废物填埋场产生的渗滤液

参考答案

一、单项选择题

1. D　2. A　3. C　4. A　5. C　6. D　7. A　8. B　9. C　10. D　11. A　12. D

13. B　【解析】排入环境水体或排入未设置污水处理厂的排水管网的渗滤液，应在转运站内对渗滤液进行处理，所有指标达到《生活垃圾填埋场污染控制标准》(GB 16889—2008) 表 2 规定的浓度限值。

14. C　【解析】掺加生活垃圾质量超过入炉（窑）物料总质量 30%的工业窑炉以及生活污水处理设施产生的污泥、一般工业固体废物的专用焚烧炉的污染控制参照本标准执行。

15. D

16. D　【解析】应依据环境影响评价结论确定生活垃圾焚烧厂厂址的位置及其与周围人群的距离。经具有审批权的环境保护行政主管部门批准后，这一距离可作为规划控制的依据。

17. C　【解析】危险废物和电子废物及其处理处置残余物不得在生活垃圾焚

烧炉中进行焚烧处置。

18. A 【解析】危险废物和电子废物及其处理处置残余物不得在生活垃圾焚烧炉中进行焚烧处置。其他三个选项都可以直接进入生活垃圾焚烧炉进行焚烧处置。

19. D 【解析】生活垃圾焚烧飞灰与焚烧炉渣应分别收集、贮存、运输和处置。生活垃圾焚烧飞灰应按危险废物进行管理，如进入生活垃圾填埋场处置，应满足GB 16889的要求；如进入水泥窑处置，应满足GB 30485的要求。

20. D 【解析】现把有关固体废物污染控制标准适用范围总结如下：

有关固体废物污染控制标准适用范围比较

标准类型	适用范围
《生活垃圾填埋污染控制标准》	
《危险废物贮存污染控制标准》	不适用于尾矿
《危险废物填埋污染控制标准》	不适用于放射性废物
《危险废物焚烧污染控制标准》	不适用于放射性和易爆废物

21. B

22. A 【解析】根据《危险废物贮存污染物控制标准》修改单（2013年），污染源与敏感区域之间的具体距离应根据污染源的性质和当地的自然、气象条件等因素，通过环境影响评价确定。

2013 年 6 月 8 日环保部针对《一般工业固体废物贮存、处置场污染控制标准》《危险废物贮存污染控制标准》《危险废物填埋污染控制标准》中的污染源与敏感区域等距离发布修改单。其共同点都是污染源与敏感区域等距离通过环境影响评价确定。

23. C 24. B

25. A 【解析】基础必须防渗，防渗层为至少 1 m 厚黏土层（渗透系数≤10^{-7} cm/s），或 2 mm 厚高密度聚乙烯，或至少 2 mm 厚的其他人工材料，渗透系数≤10^{-10} cm/s。

26. D 【解析】根据《危险废物贮存污染物控制标准》修改单（2013 年），污染源与敏感区域之间的具体距离应根据污染源的性质和当地的自然、气象条件等因素，通过环境影响评价确定。

27. B 28. B 29. C 30. B 31. D 32. A

33. C 【解析】根据《危险废物填埋污染控制标准》修改单（2013年），危险废物填埋场场址的位置及与周围人群的距离应依据环境影响评价结论确定，并经具有审批权的环境保护行政主管部门批准，可作为规划控制的依据。

34. D 35. C 36. D 37. B

38. A 【解析】根据《一般工业固体废物贮存、处置场污染控制标准》及《危险废物贮存污染控制标准》修改单（2013 年），应依据环境影响评价结论确定场址的位置及其与周围人群的距离，并经具有审批权的环境保护行政主管部门批准，并可作为规划控制的依据。

39. C　40. A　41. D　42. A　43. D　44. A　45. B　46. D

47. D　【解析】根据《危险废物填埋污染控制标准》修改单（2013 年），原标准中的距离都不能用，应依据环境影响评价的结论确定。

48. C　49. B　50. D　51. D　52. C　53. A

54. C　【解析】根据《危险废物贮存污染控制标准》修改单（2013 年），污染源与敏感区域之间的具体距离应根据污染源的性质和当地的自然、气象条件等因素，通过环境影响评价确定。

55. B　56. C

57. B　【解析】《危险废物贮存污染控制标准》的适用范围除尾矿外，适合所有的危险废物。铬选矿场的矿砂属于尾矿。

58. C　59. C

60. B　【解析】平板玻璃厂的废玻璃属于一般工业固体废物，厨余垃圾属生活垃圾，其余两个属危险废物。

61. A

62. B　【解析】生活垃圾焚烧飞灰和医疗废物焚烧残渣（包括飞灰、底渣）经处理后满足下列条件，可以进入生活垃圾填埋场填埋处置。

63. D　【解析】生活垃圾填埋场应设置污水处理装置，生活垃圾渗滤液（含调节池废水）等污水经处理并符合本标准规定的污染物排放控制要求后，可直接排放。

64. C

65. D　【解析】高频考点。选项 A 为避开的区域，选项 C 的深度应为 3 m。

66. D　【解析】易爆和放射性的危险废物不可燃烧。含硝酸铵的废活性炭具有爆炸性，不适用。

67. C　【解析】选项 B 和 D 属危险废物。

68. B

69. A　【解析】本标准不适用于放射性废物的鉴别。

70. C

71. D　【解析】选项 D 属于利用和处置过程中的固体废物。

72. A　【解析】选项 A 属于利用和处置过程中的固体废物。

73. D　【解析】“不经过贮存或堆积过程，而在现场直接返回到原生产过程或返回其产生过程的物质”不作为固体废物管理的物质。

74. D　【解析】选项 D 属固体废物，但“金属矿、非金属矿和煤炭采选过程中直接留在或返回到采空区的符合 GB 18599 中第Ⅰ类一般工业固体废物要求的采矿废石、尾矿和煤矸石”不按固体废物进行管理（但是带入除采矿废石、尾矿和煤矸石以外的其他污染物质的除外）；这样管理可以促使高炉渣、钢渣、粉煤灰、锅炉渣、煤矸石、尾矿等固体废物作为建材原料使用，减少堆存量。

75. D　【解析】“在石油炼制过程中产生的废酸液、废碱液、白土渣、油页岩渣”属固体废物。

二、不定项选择题

1. BCDE　【解析】选项 DE 属工业固体废物的一种。

2. ABCDE　3. ABD　4. ABCDE　5. ABCE　6. ABCDE　7. BCDE

8. B　【解析】选项 D 错的原因是：除满足题中的两个条件外，它还应满足浸出液污染物浓度限值的要求。

9. BCDE　10. ACD　11. ABCDE　12. BCDE　13. ABD　14. AD　15. ABD　16. ABD

17. BC　【解析】各类焚烧厂不允许建设在 GHZB 1 中规定的地表水环境质量Ⅰ类、Ⅱ类功能区和 GB 3095 中规定的环境空气质量一类功能区。选项 A 和 D 属地表水环境质量Ⅲ类功能区。选项 E 属环境空气质量二类功能区。

18. BD　【解析】注意：《危险废物焚烧污染控制标准》没有修改单。

19. ABCD　20. BC

21. ABC　【解析】Ⅰ类场应优先选用废弃的采矿坑、塌陷区。Ⅱ类场应避开地下水主要补给区和饮用水水源含水层。

22. BD

23. CD　【解析】GB/T 14848 是指《地下水质量标准》。

24. ABCD　25. AC

26. BCD　【解析】生活垃圾填埋场场址不应选在城市工农业发展规划区、农业保护区、自然保护区、风景名胜区、文物（考古）保护区、生活饮用水水源保护区、供水远景规划区、矿产资源储备区、军事要地、国家保密地区和其他需要特别保护的区域内。

27. CD　【解析】生活垃圾填埋场场址不应选在城市工农业发展规划区、农业保护区、自然保护区、风景名胜区、文物（考古）保护区、生活饮用水水源保护区、供水远景规划区、矿产资源储备区、军事要地、国家保密地区和其他需要特别保护的区域内。生活垃圾填埋场场址的选择应避开下列区域：破坏性地震及活动构造区；活动中的坍塌、滑坡和隆起地带；活动中的断裂带；石灰岩溶洞发育带；废弃矿区的活动塌陷区；活动沙丘区；海啸及涌浪影响区；湿地；尚未稳定的冲积扇及冲沟地区；泥炭以及其他可能危及填埋场安全的区域。

28. AD　【解析】高频考点。Ⅰ类、Ⅱ类场场址选择要求的知识点比较重要，考生务必比较记忆。

29. ABCD

30. BC　【解析】选项A属禁止行业，选项D的距离应为1.5 m。

31. BCD　32. ABCD

33. AC　【解析】以土壤改良、地块改造、地块修复和其他土地利用方式直接施用于土地或生产施用于土地的物质（包括堆肥），以及生产筑路材料。

34. BD　【解析】供实验室化验分析用或科学研究用固体废物样品不作为固体废物管理。填埋处置的工业垃圾属于利用和处置过程中的固体废物。

35. ACD

36. BCD　【解析】以下物质不作为固体废物管理：任何不需要修复和加工即可用于其原始用途的物质，或者在产生点经过修复和加工后满足国家、地方制定或行业通行的产品质量标准并且用于其原始用途的物质；不经过贮存或堆积过程，而在现场直接返回到原生产过程或返回其产生过程的物质；修复后作为土壤用途使用的污染土壤；供实验室化验分析用或科学研究用固体废物样品。金属矿、非金属矿和煤炭采选过程中直接留在或返回到采空区的符合GB 18599中第Ⅰ类一般工业固体废物要求的采矿废石、尾矿和煤矸石。但是带入除采矿废石、尾矿和煤矸石以外的其他污染物质的除外。

37. AC

38. BC　【解析】不作为液体废物管理的物质有：满足相关法规和排放标准要求可排入环境水体或者市政污水管网和处理设施的废水、污水；经过物理处理、化学处理、物理化学处理和生物处理等废水处理工艺处理后，可以满足向环境水体或市政污水管网和处理设施排放的相关法规和排放标准要求的废水、污水。废酸、废碱中和处理后产生的满足上述两条要求的废水。

参考文献

[1] 环境保护部．全国环境影响评价工程师职业资格考试大纲（2018 年版）．北京：中国环境出版社，2018．

[2] 环境保护部环境工程评估中心．环境影响评价技术导则与标准（2018 年版）．北京：中国环境出版社，2018．

[3] 环境保护部．建设项目环境影响评价技术导则　总纲（HJ 2.1—2016）．北京：中国环境出版社，2017．

[4] 环境保护部．环境影响评价技术导则　大气环境（HJ 2.2—2008）．北京：中国环境科学出版社，2009．

[5] 国家环境保护局．环境影响评价技术导则　地面水环境（HJ/T 2.3—93）．北京：中国环境科学出版社，1993．

[6] 环境保护部．环境影响评价技术导则　地下水环境（HJ 610－2016）．北京：中国环境出版社，2016．

[7] 环境保护部．环境影响评价技术导则　声环境（HJ 2.4—2009）．北京：中国环境科学出版社，2010．

[8] 环境保护部．环境影响评价技术导则　生态影响（HJ 19—2011）．北京：中国环境科学出版社，2011．

[9] 环境保护部．规划环境影响评价技术导则　总纲（HJ 130—2014）．

[10] 国家环境保护局．开发区区域环境影响评价技术导则（HJ/T 131—2003）．北京：中国环境科学出版社，2003．

[11] 国家环境保护局．建设项目环境风险评价技术导则（HJ/T 169—2004）．北京：中国环境科学出版社，2005．

[12] 国家环境保护局．建设项目竣工环境保护验收技术规范　生态影响类（HJ/T 394—2007）．北京：中国环境科学出版社，2008．